变风量空调模糊控制技术及应用

刘静纨 编著

中国建筑工业出版社

图书在版编目（CIP）数据

变风量空调模糊控制技术及应用/刘静纨编著.—北京：
中国建筑工业出版社，2011.7
ISBN 978-7-112-13068-9

Ⅰ.①变… Ⅱ.①刘… Ⅲ.①变风量-空调-模糊控制
Ⅳ.①TB657.2

中国版本图书馆CIP数据核字（2011）第043913号

本书重点介绍了五种模糊控制方法，即模糊控制、自调整模糊控制、模糊PID控制、神经网络模糊预测控制、模糊神经网络控制，将五种模糊控制方法分别应用于变风量空调系统中，对室内温度（回风温度）、送风温度进行了控制研究。

全书共分14章，即绪论、变风量空调系统、变风量空调系统末端装置、变风量空调系统的控制、模糊控制的理论基础、模糊控制理论及其设计方法、神经网络、模糊控制技术在变风量空调系统中的应用、自调整模糊控制技术在变风量系统中的应用、模糊PID控制在变风量空调系统中的应用研究、神经网络模糊预测控制在变风量空调系统中的应用、基于嵌入式控制器的变风量空调控制系统、模糊神经网络控制在变风量空调系统中的应用、楼控系统的通信网络架构。

本书可以作为暖通空调设计人员、变风量空调系统设计人员以及高等院校暖通空调专业、自动控制专业等大、中专学生和研究生的参考书籍。

责任编辑：张文胜　姚荣华
责任设计：张　虹
责任校对：陈晶晶　赵　颖

变风量空调模糊控制技术及应用
刘静纨　编著

*

中国建筑工业出版社出版、发行（北京西郊百万庄）
各地新华书店、建筑书店经销
华鲁印联（北京）科贸有限公司制版
北京盈盛恒通印刷有限公司印制

*

开本：787×1092毫米　1/16　印张：16 3/4　字数：415千字
2011年10月第一版　2011年10月第一次印刷
定价：39.00元
ISBN 978-7-112-13068-9
(20441)

版权所有　翻印必究
如有印装质量问题，可寄本社退换
（邮政编码　100037）

前言

与定风量空调系统相比，变风量空调系统是通过固定送风温度，改变送风量来达到调节空调房间温度的目的的。由于变风量空调系统可以根据室内负荷的变化来改变送风量，在大多数情况下送风量远远小于系统的最大送风量，从而可以降低送风机的转速，减小送风机的能耗，达到节约能耗的目的。研究表明，与定风量空调系统相比，变风量空调系统能够大大降低能耗。因此，在国家大力倡导节能减耗的背景下，对变风量空调系统这一建筑设备中的耗能大户进行研究具有重大的社会意义和经济意义。

作为传统的控制理论，经典控制理论和现代控制理论都要求其控制对象具有精确的数学模型，而变风量空调系统是一个典型的时滞非线性系统，难以建立表征其内部机理的精确的数学模型，因此难以采用经典控制理论和现代控制理论对变风量空调系统进行良好、有效的控制。智能控制将控制理论和人工智能技术灵活地结合起来，其控制方法适应对象的复杂性和不确定性。智能控制是控制理论发展的高级阶段，它主要用来解决那些用传统控制理论难以解决的复杂系统的控制问题。作为智能控制的重要分支，模糊控制无需知道被控对象精确的数学模型，可以将被控对象作为一个"黑箱"来处理，只需根据误差和误差变化，按照模糊控制规则设计合理的模糊控制器，将模糊控制器的输出作为被控对象的输入，就可以对非线性被控对象进行有效的控制。

本书重点介绍了5种模糊控制方法，即模糊控制、自调整模糊控制、模糊PID控制、神经网络模糊预测控制、模糊神经网络控制，将5种模糊控制方法分别应用于变风量空调系统中，对室内温度（回风温度）、送风温度进行了控制研究。

本书第1章是绪论。简要介绍了变风量空调系统的概况和研究意义，介绍了智能控制的产生背景和特点，并对作为智能控制重要分支的模糊控制、神经网络控制、预测控制的特点、发展现状和相关文献进行了评述。

第2章介绍变风量空调系统。介绍了变风量空调系统的基本组成、基本原理和特点，简要介绍了变风量空调系统的几种类型以及在变风量空调系统设计中应该注意的几个问题。

第3章介绍变风量空调系统末端装置。分别介绍了节流型变风量末端装置、风机动力型变风量末端装置、旁通型变风量末端装置以及诱导型变风量末端装置。

第4章介绍变风量空调系统的控制。简要介绍了室内温度控制、新风量控制、室内正压控制和送风温度控制。

第5章介绍模糊控制的理论基础。介绍了作为模糊控制的理论基础——模糊数学的基本知识，包括模糊子集的定义和计算、模糊集合和经典集合的联系、隶属函数、模糊矩阵、模糊关系、模糊关系的合成、模糊向量的笛卡儿乘积、模糊逻辑与模糊推理等内容。

第6章介绍模糊控制理论及其设计方法。介绍了模糊控制的基本结构、基本原理和基本的设计方法；介绍了PID控制器的基本原理和特点；介绍了将模糊控制与PID控制相结

前言

合的模糊-PID复合控制；介绍了自适应模糊控制的特点和主要类型。

第7章介绍神经网络。介绍了生物神经元和人工神经元模型；介绍了人工神经元常用的输出变换函数及人工神经网络模型、人工神经网络的学习方法和学习算法；介绍了前向反馈（BP）神经网络和径向基函数（Radial Basis Function）神经网络；介绍了反馈神经网络，分别介绍了离散型Hopfield神经网络和连续型Hopfield网络；介绍了神经网络控制，分别介绍了基于神经网络的非线性系统辨识以及基于神经网络的非线性系统控制。

第8章介绍模糊控制技术在变风量系统中的应用。针对变风量空调实验系统的特点和控制要求，分别设计了室内温度模糊控制系统、送风温度模糊控制系统，并将其应用于变风量空调实验系统中，对变风量空调实验系统的回风温度（室内温度）、送风温度进行了模糊控制。

第9章介绍自调整模糊控制技术在变风量系统中的应用。介绍了带有调整因子的模糊控制器，然后针对变风量空调实验系统的特点和控制要求，设计了一种在全论域范围内带有自调整因子的模糊控制器，并将其应用于变风量空调实验系统中，分别对室内温度、送风温度、室内二氧化碳浓度进行了实时在线控制。

第10章介绍模糊PID控制在变风量空调系统中的应用研究。介绍了模糊PID控制器控制原理和模糊PID参数模糊调整规则，分别设计了变风量空调系统的送风温度、回风温度和新风自整定模糊PID控制系统，并将其应用于变风量空调实验系统中，分别同时对变风量空调实验系统的送风温度、回风温度（室内温度）和二氧化碳浓度进行了实时在线控制。

第11章介绍神经网络模糊预测控制在变风量空调系统中的应用。运用BP神经网络建立了变风量空调系统的预测模型，采用贝叶斯正则化方法对模型进行了辨识；采用自调整模糊控制器作为优化控制器，提出了一种适用于时变非线性MIMO系统的神经网络模糊预测控制算法。最后采用本章提出的控制算法，对变风量空调系统的送风温度、回风温度（室内温度）进行了仿真控制。

第12章介绍基于嵌入式控制器的变风量空调控制系统。以实际的变风量空调实验系统为研究对象，从硬件和软件两个方面介绍了完整的变风量空调控制系统。

第13章介绍模糊神经网络控制在变风量空调系统中的应用。

第14章介绍楼控系统的通信网络架构。

本书第1~10章由刘静纨编写，第11章和第12章由刘静纨、魏东、朱为明编写，第13章由胡玉玲编写，第14章由张少军编写。全书由刘静纨统稿。

本书的编著受到了住房和城乡建设部2009年科技计划项目（项目编号：2009-K1-26）以及北京建筑工程学院2009年博士基金项目（项目编号：100900915）的资助。

由于编者水平有限，书中疏漏之处在所难免，恳请读者批评指正。

编著者
2010年8月

目　录

第1章　绪论 ·· 1
　1.1　变风量空调系统发展概况 ·· 1
　1.2　智能控制 ·· 2
　1.3　模糊控制 ·· 4
　1.4　神经网络 ·· 6
　　1.4.1　神经网络的发展概况 ·· 6
　　1.4.2　神经网络 ··· 7
　1.5　预测控制 ·· 9
　1.6　本书的主要研究内容及章节安排 ·· 10
　　1.6.1　主要研究内容 ··· 10
　　1.6.2　本书章节安排 ··· 11

第2章　变风量空调系统 ··· 14
　2.1　变风量空调系统的基本组成 ·· 14
　2.2　变风量空调系统的基本原理 ·· 15
　2.3　变风量空调系统的特点 ·· 16
　2.4　智能建筑与热舒适性 ··· 17
　　2.4.1　智能建筑 ··· 17
　　2.4.2　热舒适性 ··· 19
　2.5　空调系统节能 ··· 20
　2.6　变风量空调系统选择 ··· 21
　　2.6.1　单风道型变风量空调系统 ·· 21
　　2.6.2　风机动力型变风量空调系统 ··· 23
　　2.6.3　组合式单风道型变风量空调系统 ·· 24
　　2.6.4　双风道型变风量空调系统 ··· 27
　　2.6.5　诱导型变风量空调系统 ·· 29
　　2.6.6　变风量空调系统设计中的几个问题 ··· 29

第3章　变风量空调系统末端装置 ··· 33
　3.1　节流型变风量末端装置 ·· 33
　3.2　风机动力型变风量末端装置 ·· 35
　　3.2.1　串联式风机动力型变风量末端装置 ··· 36
　　3.2.2　并联式风机动力型变风量末端装置 ··· 37
　3.3　旁通型变风量末端装置 ·· 38
　3.4　诱导型变风量末端装置 ·· 38

目 录

第4章 变风量空调系统的控制
4.1 室内温度控制 …… 40
4.1.1 变风量末端装置控制 …… 40
4.1.2 变风量空调系统送风机控制 …… 41
4.2 新风量控制 …… 44
4.2.1 新风量的确定 …… 44
4.2.2 新风量的测量 …… 45
4.2.3 新风量的控制 …… 46
4.3 室内正压控制 …… 48
4.4 送风温度控制 …… 51

第5章 模糊控制的理论基础
5.1 概述 …… 54
5.2 经典集合及其运算 …… 55
5.2.1 集合的概念及定义 …… 55
5.2.2 集合的运算性质 …… 57
5.2.3 关系与映射 …… 57
5.2.4 集合的表示 …… 60
5.3 模糊子集及其运算 …… 61
5.3.1 模糊子集的定义及表示方法 …… 61
5.3.2 模糊子集的运算 …… 63
5.3.3 模糊集合与经典集合的联系 …… 65
5.4 隶属函数 …… 66
5.4.1 隶属函数的确定方法 …… 66
5.4.2 常用的隶属函数 …… 67
5.5 模糊关系与模糊矩阵 …… 74
5.5.1 模糊关系 …… 74
5.5.2 模糊矩阵 …… 76
5.6 模糊向量 …… 79
5.7 模糊语言 …… 80
5.7.1 模糊变量 …… 80
5.7.2 语言变量 …… 81
5.7.3 模糊语言 …… 82
5.7.4 语言值及其四则运算 …… 86
5.7.5 模糊语言变量 …… 88
5.8 模糊逻辑 …… 89
5.8.1 普通命题及其基本逻辑运算 …… 89
5.8.2 模糊逻辑 …… 91
5.9 模糊推理 …… 92
5.9.1 判断与推理 …… 92

  5.9.2 模糊推理 ·· 93

第6章 模糊控制理论及其设计方法 ··· 97
 6.1 模糊控制的工作原理 ·· 98
  6.1.1 模糊控制系统的基本结构 ·· 98
  6.1.2 模糊控制器的基本结构 ·· 98
  6.1.3 模糊控制系统的工作原理 ·· 99
 6.2 模糊控制器的设计方法 ·· 101
  6.2.1 模糊控制器的结构设计 ·· 101
  6.2.2 模糊控制规则的设计 ·· 102
  6.2.3 精确量的模糊化 ·· 105
  6.2.4 模糊控制状态表及模糊关系 ·· 107
  6.2.5 模糊推理与模糊判决 ·· 108
  6.2.6 模糊控制查询表及算法流程图 ······································ 109
 6.3 模糊控制与PID控制相结合 ··· 111
  6.3.1 PID控制 ·· 111
  6.3.2 模糊控制与PID控制相结合 ·· 117
 6.4 自适应模糊控制 ··· 121
  6.4.1 自适应控制 ·· 121
  6.4.2 自适应模糊控制 ·· 123

第7章 神经网络 ·· 127
 7.1 生物神经元与人工神经元模型 ·· 127
  7.1.1 生物神经元 ·· 127
  7.1.2 人工神经元模型 ·· 128
  7.1.3 人工神经网络模型 ·· 129
  7.1.4 神经网络的学习 ·· 130
 7.2 前向反馈（BP）神经网络 ··· 132
  7.2.1 感知器 ·· 133
  7.2.2 前向反馈（BP）神经网络 ·· 134
  7.2.3 径向基函数神经网络 ·· 139
 7.3 反馈神经网络 ··· 142
  7.3.1 离散型Hopfield网络 ·· 142
  7.3.2 连续型Hopfield网络 ·· 144
 7.4 神经网络控制 ··· 146
  7.4.1 基于神经网络的非线性系统辨识 ·································· 146
  7.4.2 基于神经网络的非线性系统控制 ·································· 148

第8章 模糊控制技术在变风量空调系统中的应用 ·················· 152
 8.1 变风量空调系统的特点及控制要求 ··································· 152
  8.1.1 变风量空调系统的基本结构 ·· 152
  8.1.2 变风量空调系统的特点 ·· 152

目 录

  8.1.3 变风量空调系统的控制特点 ………………………………………… 153
  8.1.4 控制目标 ……………………………………………………………… 153
  8.1.5 控制要求 ……………………………………………………………… 153
 8.2 变风量空调系统室内温度模糊控制系统的设计 …………………………… 153
  8.2.1 室温模糊控制器的结构设计 ………………………………………… 153
  8.2.2 精确量的模糊化 ……………………………………………………… 154
  8.2.3 模糊控制规则设计 …………………………………………………… 158
  8.2.4 反映控制规则的模糊关系的计算 …………………………………… 158
  8.2.5 模糊控制查询表的建立 ……………………………………………… 159
 8.3 变风量空调系统送风温度模糊控制系统的设计 …………………………… 160
 8.4 模糊控制在变风量空调系统中的应用 ……………………………………… 160

第9章 自调整模糊控制技术在变风量系统中的应用 ……………………………… 162
 9.1 带有调整因子的控制规则 …………………………………………………… 162
 9.2 模糊控制规则的自调整与自寻优 …………………………………………… 162
 9.3 在全论域范围内带有自调整因子的模糊控制器 …………………………… 163
 9.4 变风量空调系统自调整模糊控制系统的设计 ……………………………… 164
  9.4.1 室内空气品质 ………………………………………………………… 164
  9.4.2 新风自调整模糊控制器的设计 ……………………………………… 165
  9.4.3 变风量空调系统室内温度、送风温度自调整模糊控制器的设计 … 166
 9.5 变风量空调系统的湿度控制 ………………………………………………… 166
  9.5.1 空调除湿技术 ………………………………………………………… 166
  9.5.2 变风量空调系统的湿度控制 ………………………………………… 168
 9.6 全论域范围内带有自调整因子的模糊控制器在变风量空调系统中的应用 …… 168

第10章 模糊PID控制在变风量空调系统中的应用研究 ………………………… 171
 10.1 模糊PID控制器控制原理 ………………………………………………… 171
 10.2 模糊PID参数模糊调整规则 ……………………………………………… 172
 10.3 变风量空调系统模糊自整定PID控制器的设计 ………………………… 174
  10.3.1 模糊语言变量的选取和论域的划分 ……………………………… 175
  10.3.2 确定各语言论域上的隶属度函数 ………………………………… 176
  10.3.3 制定模糊控制规则 ………………………………………………… 176
  10.3.4 模糊推理及去模糊化 ……………………………………………… 178
 10.4 模糊自整定PID控制在变风量空调系统中的应用 ……………………… 178

第11章 神经网络模糊预测控制在变风量空调系统中的应用 …………………… 181
 11.1 基于神经网络的变风量空调系统预测模型的建立 ……………………… 181
  11.1.1 正则化方法 ………………………………………………………… 182
  11.1.2 基于贝叶斯方法的神经网络预测模型辨识 ……………………… 183
  11.1.3 神经网络模型结构的确定 ………………………………………… 186
  11.1.4 训练样本数据采集及数据的预处理 ……………………………… 187
  11.1.5 训练神经网络模型 ………………………………………………… 188

	11.1.6 模型辨识结果	188
11.2	神经网络模糊预测控制方法描述	191
11.3	自调整模糊控制器的优化算法描述	192
11.4	神经网络模糊预测优化控制的算法流程	194
11.5	神经网络模糊预测控制在变风量空调系统中的仿真研究	194

第12章 基于嵌入式控制器的变风量空调控制系统 198

- 12.1 控制系统硬件介绍 198
  - 12.1.1 变风量空调控制系统的功能及控制范围 198
  - 12.1.2 控制系统硬件组成 198
  - 12.1.3 传感变送机构与执行机构 200
- 12.2 控制系统软件设计介绍 200
  - 12.2.1 Windows CE 操作系统和 EVC 开发环境 200
  - 12.2.2 Windows 多线程同步技术 201
  - 12.2.3 数据存储技术应用 203
  - 12.2.4 软件模块图 205
  - 12.2.5 文件存储 206
  - 12.2.6 神经网络预测模型样本数据采集与智能控制结果在线显示界面 206

第13章 模糊神经网络控制在变风量空调系统中的应用 208

- 13.1 模糊神经网络 208
  - 13.1.1 常规模糊神经网络 208
  - 13.1.2 T-S模糊神经网络 212
- 13.2 模糊神经网络控制在变风量空调系统中的应用 215

第14章 楼控系统的通信网络架构 220

- 14.1 RS 232 和 RS 485 总线 220
  - 14.1.1 RS 232 总线 220
  - 14.1.2 RS 485 总线 222
- 14.2 管理层网络 223
  - 14.2.1 IEEE 802.3/4/5 标准的局域网 223
- 14.3 楼宇自控系统与集散控制系统 225
- 14.4 控制网络与局域网的区别以及控制网络的选择 226
  - 14.4.1 什么是控制网络 226
  - 14.4.2 控制网络与局域网的区别 227
  - 14.4.3 现场总线技术 227
- 14.5 LonWorks 现场总线 229
  - 14.5.1 LonWorks 模型分层 229
  - 14.5.2 神经元芯片 230
  - 14.5.3 LonWorks 技术在住宅小区和楼宇自动化系统中的应用举例 231
  - 14.5.4 LonWorks 网络与 Internet 的互联 233
  - 14.5.5 LonWorks 网络与 RS 485 总线的区别 233

目 录

14.6 CAN 总线 ·· 234
　14.6.1 CAN 总线的特点 ··· 235
　14.6.2 CAN 总线的基本通信规则和 CAN 总线的分层结构 ················ 235
　14.6.3 ISO 标准化的 CAN 协议 ·· 235
　14.6.4 CAN 总线技术在楼宇自控和消防系统中的应用 ······················ 236
14.7 EIB 总线 ··· 237
14.8 基于 InterBus 总线的智能楼宇控制系统 ······································· 238
14.9 BACnet 网络 ·· 239
　14.9.1 BACnet 协议概述 ·· 239
　14.9.2 BACnet 的体系和系统拓扑 ·· 240
　14.9.3 BACnet 的对象、服务 ··· 241
　14.9.4 一个典型的 BACtalk 应用系统——BACtalk 系统 ·················· 243
14.10 使用通透以太网的楼控系统 ··· 245
14.11 信息域网络和控制网络组合的部分方式 ······································· 247
参考文献 ··· 250

第1章 绪　　论

1.1 变风量空调系统发展概况

随着社会进步与建筑智能化技术的发展，人们对工作生活环境的舒适度、建筑设备的节能及高效运行的要求越来越高，尤其是在一些负荷变化较大的建筑物、多区域控制的建筑物中，传统的定风量空调系统已不能满足要求。在这些应用场合中，需要建立适时个性化调节且能满足分区控制等要求的空调系统，而变风量空调系统是一个理想的选择。

对于全空气空调系统来说，当室内负荷发生变化时，一般可以通过两种途径来维持室内的温度和湿度：一种是固定送风量而改变送风温度的定风量（CAV）系统；另一种是改变送入室内风量的变风量（VAV）系统。VAV 空调系统的基本思想是当室内空调负荷改变以及室内空气参数设定值变化时，自动调节空调系统送入房间的送风量，以满足室内人员的舒适要求或工艺生产要求。同时，送风量的自动调节可以最大限度地减少风机的动力，节约运行能耗。VAV 空调系统由 VAV 末端和 VAV 空调机组两部分组成。其中，VAV 末端根据控制区域的负荷变化，通过调节末端风阀的开度或调节加压风机的转速来控制房间的送风量，同时向空调机组控制器反馈 VAV 末端的工作状态。VAV 空调机组需具有风量调节功能，采用 VSD（Variable Speed Device）等变速驱动装置，根据各 VAV 末端的要求来调节风机的总送风量。

变风量空调（Variable Air Volume，VAV）系统在20世纪60年代产生于美国，因其具有舒适性、节能等特点，20世纪70年代石油危机后在欧美及日本得到广泛的应用，20世纪90年代末进入中国并逐步流行。但由于 VAV 空调系统末端设备结构较为复杂、系统整体性控制要求较高，其在国内的应用受到了一定的限制。但随着技术的发展和节能意识的提高，VAV 空调系统逐渐显示出其性能与节能的优势，国内的成功应用案例越来越多，并形成了各种控制策略。因此，深入研究 VAV 空调系统的控制策略，充分利用现代控制技术，实现 VAV 空调系统的协调稳定工作和优化运行具有重要意义，将有助于 VAV 空调系统在国内的进一步推广应用，并能充分发挥其舒适性和节能的优势。

随着人们工作生活环境的不断改善，建筑物能耗越来越大。在建筑物能耗中，暖通空调能耗占60%~70%，所以采用有效的空气调节方式对智能建筑系统节能具有重要意义。

送风量与空调负荷成正比的线性关系使得空调系统所需风量随负荷的减少而减少，而在空调系统运行的绝大部分时间内，空调系统总处于部分负荷状态，达到设计负荷运行状态的时间很少，一般不超过总运行时间的5%。所以与定风量空调系统相比，VAV 系统在降低运行能耗方面具有很大的优势。

变风量空调系统具有以下优点：

（1）由于变风量空调系统是通过调节送入室内的风量来适应负荷的变化，同时在确定

总风量时还可以考虑一定的同时使用情况,所以能够节约风机运行能耗,减小风机装机容量;

(2) 变风量空调系统的灵活性较好,易于改、扩建,尤其适用于格局多变的建筑物;

(3) 变风量空调系统属于全空气系统,它具有全空气系统的优点,可以利用新风消除室内负荷,没有风机盘管的凝水问题和霉变问题。

变风量空调系统是通过改变送风量来达到控制室温的目的,比传统的定风量空调系统节能效果好。但是,由于变风量空调系统是一个强耦合、非线性和参数时变的复杂多变量控制系统,采用传统控制方法易造成控制性能不稳定、达不到预期节能效果等情况出现,因此在我国变风量空调系统的使用率极低。近年来,随着变风量空调系统在世界范围内的日益普及,越来越多的研究人员开始关注变风量系统的控制问题。仿真和实验研究结果表明,变风量空调虽然可以节省能量消耗,但是如果希望达到预期的效能,还需采取自适应鲁棒控制策略。本书针对上述问题研究了变风量空调系统的控制策略,将模糊控制理论应用于变风量空调系统的控制中,采用不同的模糊控制方法对变风量空调系统进行了控制策略的研究、控制算法的设计,并应用不同的模糊控制方法对变风量空调系统进行了仿真研究和实时在线控制。同时,本书将能耗和舒适性作为优化性能指标,采用神经网络模糊预测控制算法对变风量空调系统进行了仿真控制研究,使变风量空调系统在满足室内人员舒适性要求的同时,还能达到能耗最小的目的。

1.2 智能控制

传统控制方法包括经典控制理论和现代控制理论。经典控制理论主要解决单输入单输出问题,主要采用传递函数、频率特性、根轨迹为基础的频域分析方法,所研究的系统大多是线性定常系统,对非线性系统,分析时采用的相平面法一般也不超过两个变量。经典控制理论能够较好地解决生产过程中的单输入单输出问题。以状态变量为基础的现代控制理论对于解决线性或非线性、定常或时变的多输入多输出系统的控制问题,获得了广泛而成功的应用。但是,无论采用经典控制理论还是现代控制理论设计的控制系统,都需要事先知道被控对象(或过程)精确的数学模型,然后根据数学模型以及给定的性能指标,选择适当的控制规律进行控制系统设计。然而,在许多情况下,被控对象的精确数学模型很难建立,这样一来,对于这类对象或过程就很难应用经典控制理论或现代控制理论进行控制。传统控制方法在实际应用中遇到很多难以解决的问题,主要表现在以下几点[14,15]:

(1) 实际系统由于存在复杂性、非线性、时变性、不确定性和不完全性等,无法获得精确的数学模型;

(2) 某些复杂的和包含不确定性的控制过程无法用传统的数学模型来描述,即无法解决建模问题;

(3) 针对实际系统往往需要进行一些比较苛刻的线性化假设,而这些假设往往与实际系统不相符合;

(4) 实际系统任务复杂,而传统的控制任务要求低,对复杂的控制任务无能为力。

在生产实践中,复杂控制问题可以通过熟练操作人员的经验和控制理论相结合去解决,由此产生了智能控制。智能控制将控制理论和人工智能技术灵活地结合起来,其控制

1.2 智能控制

方法适应对象的复杂性和不确定性。

智能控制是控制理论发展的高级阶段，它主要用来解决那些用传统控制理论难以解决的复杂系统的控制问题。智能控制的研究对象具备以下一些特点[16,17]：

(1) 不确定性的模型。智能控制适合于不确定性对象的控制，其不确定性包含两层意思：一是模型未知或知之甚少；二是模型的结构或参数可能在很大范围内变化。

(2) 高度的非线性。采用智能控制方法可以较好地解决非线性系统的控制问题。

(3) 复杂的任务要求。例如，智能机器人要求控制系统对一个复杂的任务具有自行规划和决策的能力，有自动躲避障碍运动到期望目标位置的能力。

所谓智能控制，即设计一个控制器（或系统），使之具有学习、抽象、推理、决策等功能，并能根据环境（包括被控对象或过程）信息的变化作出适应性反应，从而实现由人来完成的任务。智能控制的几个重要分支为专家控制、模糊控制、神经网络控制和遗传算法。

智能控制系统是一种实现某种控制任务的多层次结构的智能系统，如图1-1所示。图中广义控制对象表示通常意义下的控制对象和所处的外部环境；感知信息处理环节将传感器发送的信息加以处理，并在学习过程中不断进行辨识、整理和更新，以获得有用的信息；认知环节通过接收和存储知识、经验和数据，并进行分析处理，从而做出决策送至规划与控制策略环节；作为整个智能控制系统的核心，规划与控制策略环节根据给定任务要求、反馈信息及经验知识，进行自动搜索、推理决策、动作规划，最终产生具体的控制作用，并通过控制器和执行机构对控制对象进行控制。

智能控制的概念是针对被控系统的复杂性和不确定性而提出来的。智能控制系统应该具有学习、记忆和大范围的自适应和自组织能力，能够及时适应不断变化的环境，有效地处理各种信息，以减小不确定性，能够以安全和可靠的方式进行规划、生产和执行控制动作而达到预定的目标和良好的性能指标。

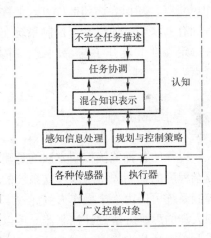

图1-1 智能控制系统结构图

智能控制系统具有以下特性：

(1) 智能控制系统具有较强的学习能力。系统应该具有对一个未知环境提供的信息进行识别、记忆、学习，并利用积累的知识和经验进一步优化、改进和提高自身性能的能力。智能控制系统的学习功能主要包括对控制对象参数的学习、对知识的更新与遗忘等。

(2) 智能控制系统具有较强的自适应能力。系统应该具有适应被控对象动力学特性变化、环境变化和运行条件变化的能力，这实质上是一种从输入到输出之间的映射关系。当系统的输入不是学习样本时，系统也能给出合适的输出。

(3) 智能控制系统具有较强的容错能力。系统对各类故障应该具有自诊断、屏蔽和自恢复能力。

(4) 智能控制系统具有较强的鲁棒性。系统性能对环境干扰和不确定性因素不敏感。

(5) 智能控制系统具有较强的组织功能。系统对于复杂任务和分散的传感信息具有自行组织和协调的功能，具有主动性和灵活性。智能控制器可以在任务要求的范围内自行决策，主动采取行动，使系统能够满足多目标、高标准的要求。

（6）智能控制系统具有良好的实时性。系统具有较强的在线实时响应能力。

智能控制系统一般包括分级递阶控制系统、专家控制系统、模糊控制系统、学习控制系统等。在实际应用中，几种方法往往结合在一起，用于一个实际的智能控制系统，从而建立起混合或集成的智能控制系统。

分级递阶控制系统按照智能程度的高低，由组织级、协调级和执行级组成。组织级是分级递阶控制系统的最高级，它通过人机接口和用户进行交互，执行最高决策的控制功能，监视并指导协调级和执行级的所有行为；协调级在组织级和执行级之间起连接作用，它的主要任务是协调各控制器的控制作用或协调各子系统执行，是分级递阶控制系统的次高级；执行级是分级递阶控制系统的最低级，它的控制过程通常是执行一个确定的动作。

专家控制是智能控制的重要分支。专家系统主要是指一个智能计算机程序系统，其内部含有大量的某个领域专家水平的知识与经验，能够利用人类专家的知识和解决问题的经验方法来处理该领域的高水平难题。专家系统具有启发性、透明性、灵活性、符号操作、不确定性推理等特点。应用专家系统的概念和技术，模拟人类专家的控制知识与经验而建造的系统，称为专家控制系统。专家控制系统作为一个人工智能和控制理论的交叉学科，也是智能控制理论的一个分支，它将人类某领域专家的经验知识与控制算法相结合，将知识模型和数学模型相结合，将符号推理与数值运算相结合，将知识信息处理技术与控制技术相结合，在未知环境下，仿效专家的智能，实现对系统的控制。但是，专家控制系统在知识获取、知识表达和推理方式上存在着诸如知识来源主要依靠专家经验、知识"瓶颈"等固有的缺陷，使得专家控制系统在工程应用上受到限制。而模糊控制和神经网络控制则在一定程度上避开了这个问题，并且它们的信息表达方式和推理方式更符合人的思维特点。

1.3 模糊控制

以往的各种传统控制方法均是建立在被控对象精确数学模型的基础上，然而随着系统复杂程度的提高，将难以建立系统的精确数学模型。在工程实践中，人们发现一个复杂的控制系统可以由一个操作人员凭着丰富的实践经验得到满意的控制效果。这说明，如果模拟人脑的思维方法设计控制器，可以实现复杂系统的控制，由此便产生了模糊控制。1965年，美国加州大学自动控制系 L. A. Zedeh 提出模糊集合理论，奠定了模糊控制的基础。L. A. Zedeh 教授提出的模糊集合理论，其核心是对复杂的系统或过程建立一种语言分析的数学模式，使自然语言能直接转化为计算机所能接受的算法语言。由于人的手动控制策略是通过操作者的长期实践经验积累而成的，它可通过人的自然语言加以叙述，将它们总结成一系列条件语句，即控制规则。这种控制属于一种语言控制，运用计算机来实现这些控制规则，计算机就起到了控制器的作用。然而，人的自然语言又具有模糊性，而传统控制方法恰恰无法处理这种模糊性。故这种语言控制又称为模糊语言控制，简称模糊控制。模糊集合和模糊逻辑的出现实时地解决了描述控制规则的条件语句，用模糊集合来描述模糊条件语句，组成了所谓的模糊控制器。这样，作为模糊数学一个重要分支的模糊控制理论便应运而生了。

与传统的控制技术相比较，模糊控制具有以下特点[18,19]：

（1）不需要在设计系统时建立被控对象的精确数学模型。模糊控制系统是一种基于规则的控制，它直接采用语言型控制规则，出发点是现场操作人员的控制经验或相关专家的知识。它是一种近似推理的控制，具有人类思维的若干特点，能够根据一系列的模糊知识和数据推导出符合实际逻辑关系的结论，不需要系统精确的数学模型。因此，特别适合于系统复杂、难于或根本无法建立数学模型、人工操作经验有效的非线性、时变及纯滞后系统的控制。

（2）适应性强。模糊控制中的知识表示、模糊规则和推理是基于专家知识或熟练操作者的成熟经验，并通过学习可不断更新，增强控制系统的适应能力。研究结果表明，对于确定的过程对象，用模糊控制与用PID控制的效果相当，但是对于非线性和时变等不确定系统，模糊控制却有较好的控制作用，同时对于非线性、噪声和纯滞后有较强的抑制能力，传统控制在这方面往往显得无能为力。

（3）鲁棒性强。由于模糊控制采用的不是二值逻辑，而是一种连续多值逻辑，所以当系统参数变化时，能比较容易实现稳定的控制，尤其适合于非线性、时变、滞后系统的控制。

（4）系统的规则和参数整定方便。只要通过对现场的工业过程进行定性的分析，就能较好地建立语言变量的控制规则和系统的控制参数，并且参数的适用范围较广。

（5）结构简单。系统的软硬件实现都比较方便。

模糊控制技术作为智能控制的重要分支之一，它的最大特点是针对各类具有非线性、强耦合、不确定性、时变的多变量复杂系统，在各个控制领域中得到广泛应用，并取得了良好的控制效果。最早取得应用成果的是在1974年，由英国伦敦大学E. H. Mamdani教授首先利用模糊语句组成的模糊控制器，应用于锅炉与汽轮机的运行控制，在实验室中获得成功。它不仅把模糊理论首先应用于控制，并且充分展示了模糊控制技术的应用前景。

自20世纪80年代后期开始，模糊控制进入了实用化阶段，并且其应用技术逐渐趋向成熟，应用面也逐渐扩展，以日本、美国等尤为突出。模糊控制已由早期的以大型机械设备和连续生产过程为主要对象，扩展到大众化机电产品，并且向复杂大系统、智能系统、人与社会系统以及生态系统等纵深方向拓展。

席爱民总结了模糊控制理论的研究成果，介绍了近几年在模糊模型辨识建模、模糊函数迫近器理论与分析、模糊控制器结构、合成推理规则与分层模糊推理等方面的研究成果，介绍了包括与解耦、预测、变结构等先进控制理论相集成的模糊控制器、与神经网络相集成的模糊-神经网络控制器等，介绍了模糊控制在各个领域的应用实例与研究成果[20]。王军采用带模糊积分器的多变量模糊解耦控制技术，对耦合强烈的四维传递函数矩阵进行解耦，通过计算机自动控制系统仿真，取得了较好的解耦效果[21]，该技术可以应用到变风量空调系统的解耦控制中。李峰等以变风量空调房间为研究对象，采用模糊控制与PID控制相结合，构成模糊自整定PID控制器，利用模糊控制器在线调整PID控制器的参数，进行计算机仿真，仿真结果显示控制效果比传统的PID控制效果好[22]。陈艳平等提出了变风量空调系统中的室温控制方案，针对控制对象的大惯性、大时延特点，采用了串级控制策略；针对对象的非线性、不确定性，主控器采用了一种新的模糊自整定PID

参数的方式，经仿真验证具有良好的动、静态特性，特别是在鲁棒性方面大大优于常规的PID控制器[23]。蒋林等基于多采样率数字控制技术，讨论了非线性连续被控对象的模糊控制器的设计问题，给出了优化数字控制器的设计方法，计算机仿真表明了设计方法的有效性[24]。朱万民等提出了一种新型模糊PID控制方法，设计了相应的模糊控制器，并以中央空调为控制对象进行了仿真实验，取得了较好的控制效果[25]。唐锐等提出了一种基于BP神经网络的模糊PID控制算法，仿真实例表明采用该算法能够较好地实现PID控制参数在线调整和优化[26]。

纵观模糊控制在变风量空调系统中的应用研究，大都停留在仿真阶段，模糊控制在变风量空调系统中应用研究的实时控制是目前的一个研究热点。

1.4 神经网络

1.4.1 神经网络的发展概况

对神经网络的研究始于20世纪40年代，以1943年美国心理学家McCulloch与数学家Pitts合作提出形式神经元的MP模型为代表，开创了对神经网络的理论研究。心理学家D. O. Hebb1949年出版了《行为组织》一书，提出神经元之间突触联系强度可变的假设，并提出神经元权值修改方案的Hebb学习准则，为神经网络的学习算法奠定了基础。1957年，美国计算机学家F. Rosenblatt提出了著名的感知器模型，它是一个具有三层网络的结构，连续可调权值矢量的MP神经网络模型，经过训练可以达到对一定输入矢量模式进行识别的目的。1962年，美国工程师B. Widrow和M. Hoff提出了自适应线性元件神经网络模型，该模型是感知器的变化形式，尤其在权矢量的算法上进行了改进，提高了训练收敛速度和精度，成功地应用于自适应信号处理和雷达天线控制等连续可调过程，成为第一个用于解决实际问题的人工神经网络。20世纪70年代，神经网络研究处于低谷，美国著名人工智能专家M. Minsky和S. Papert在《感知器》一书中指出感知机的缺陷，说明简单的神经网络只能运用于线性分类和求解，不能实现XOR逻辑函数问题和解决非线性分类等复杂问题。美国在此后15年里从未资助神经网络研究课题，原苏联有关机构也终止了对神经网络研究课题的资助。在这种情况下，专家们不得不放弃对神经网络的研究，使研究工作的发展进入了低谷，所以神经网络控制理论和控制方法的研究在这一阶段没有再发展。但是在这一阶段，仍然有不少研究工作者坚持神经网络领域的研究。美国波士顿大学自适应中心的Grossberg和Carpenter从生理学角度研究，提出了著名的自适应共振理论模型（ART），指出如果在全部神经元中有一个节点特别兴奋，其周围的神经元将受到抑制。1972年，芬兰的Kohonen提出的自组织映射模型是一种无导师学习网络，并逐步形成现在的无导师学习算法。同一时期，日本学者Fukushima研究了视觉与人脑的空间和时间的人工神经系统，提出了神经认知网络理论以及认识机能方面的模型。Rumelhart、McClelland及其PDP研究小组提出了BP理论以及误差的反向传播原理。这些研究为以后的神经网络研究的复苏提供了很好的理论基础。进入20世纪80年代后，神经网络的研究开始复兴，并很快达到新的高潮。1982年，美国物理学家Hopfield提出了一种递归网络——Hopfield网络模型，首次引入了能量函数的概念，使网络稳定性的研究有了明确的判据。随后，

Hopfield 又设计出用电子线路实现这一网络的方案，同时开拓了神经网络用于联想记忆和优化计算的新途径，彻底打破了神经网络研究停滞不前的局面，大大地促进了神经网络的研究。1986 年，以 Rumelhart 和 McCelland 为首的 PDP 研究小组建立了并行分布处理理论，在《并行分布式处理》一书中系统地提出了多层网络学习算法（误差反向传播算法），即后来著名的 BP 算法。

随着神经网络理论研究的发展，神经网络控制开始受到重视。神经网络用于非线性控制主要有三种方式：一是在各种基于模型的控制结构（如内模控制、模型参考自适应控制、预测控制等）中作为对象的模型或逆模型；二是在自适应控制中作为迭代学习控制器；三是与其他智能控制方法如专家系统、模糊控制相结合，为它们提供非参数化对象模型、推理模型等。神经网络与各种控制原理相结合已经提出了多种控制结构。

目前，神经网络的研究及其应用已经渗透到智能控制、模式识别、信号处理、计算机视觉、图像处理、机器人、优化计算、知识处理、通信、生物医学工程等多个领域，并取得了很多研究成果。

1.4.2 神经网络

人工神经网络是对生物神经系统功能的模拟，是由人工建立的以有向图为拓扑结构的动态系统，它通过对连续或断续的输入作状态响应而进行信息处理。

人工神经网络是一个并行和分布式的信息处理网络结构，由许多个神经元组成，每一个神经元有一个单一的输出，可以连接到很多其他神经元，其输入有多个连接通路，每个连接通路对应一个连接权系数。神经网络具有以下特性[27,28]：

（1）神经网络具有非线性逼近能力。由于神经网络具有任意逼近非线性映射的能力，因此，神经网络在用于非线性系统控制时，具有更大的发展前途。

（2）神经网络具有并行分布处理能力。神经网络具有高效并行结构，可以对信息进行高速并行处理。

（3）神经网络具有学习和自适应功能，能够根据系统过去的记录，找出输入输出之间的内在联系，从而求得问题的答案；这一处理过程不依靠对问题的先验知识和规则，因此，神经网络具有较好的自适应性。

（4）神经网络具有数据融合能力，可以同时对定性数据和定量数据进行操作。

（5）神经网络具有多输入、多输出网络结构，可以处理多变量问题；

（6）神经网络的并行结构便于硬件实现。

从控制理论和系统辨识的观点来看，神经网络处理非线性系统的能力是最为重要的特性。由于神经网络具有表达非线性映射的能力，因此最容易应用于非线性控制器和预估器的综合。

一个神经网络的有效性可以通过神经网络的泛化能力来评价。所谓泛化能力是指利用神经网络逼近非线性函数的能力，找出蕴含在有限样本数据中的输入和输出之间的本质联系，即映射关系，从而对于未经训练的输入也能给出合适的输出，即具备泛化功能。输出的准确度越高，说明神经网络的泛化能力越强。有关神经网络泛化能力的研究得到了研究人员的高度重视，但是至今研究人员还未能提出一套完整的理论来保证神经网络的泛化能力。

影响神经网络泛化能力的因素很多,例如网络选取、学习算法的选择、初值的选择等,如果希望提高神经网络的泛化能力,必须满足以下几个必要条件:

(1) 逼近对象的复杂程度。

(2) 足够的训练数据及训练数据的代表性。神经网络训练数据中必须包含充足的对象信息,只有这样,经过训练的神经网络才可能以期望的精度逼近输入、输出数据之间存在的函数关系。神经网络训练样本数据要足够多,能够表现出对象所有可能的动态特性。只有样本数据充分,网络才能具有良好的泛化能力。

(3) 神经网络的复杂程度,即网络结构的大小。

(4) 所要学习的输入、输出数据之间隐含的函数要尽可能光滑。也就是说,如果输入信号有较小的改变,则在大多数情况下,输出信号也只有较小的改变。对于连续输入、输出信号,函数的光滑性隐含着输入空间中函数一阶导数的连续性。对于严重不光滑函数,神经网络无法获得良好的泛化能力。通常,对输入空间进行非线性变换可以提高函数的光滑性,并改善泛化能力。

从理论上看,多层前馈神经网络的泛化能力与数据源的实际复杂度、学习样本的数量与分布、网络结构与规模、学习算法等多种因素有关。在神经网络泛化能力的研究中主要包括:

(1) 当神经网络的结构确定之后,再确定训练样本数,以使神经网络的泛化能力最大。

(2) 当训练样本数确定之后,进一步确定最佳的网络结构以使神经网络的泛化能力最大。

神经网络的结构对泛化能力的影响主要表现在以下两个方面:

(1) 过拟合。如果一个神经网络的结构选取过大,它的自由度就大,训练时不仅学习了训练样本,而且也学习了噪声或随机特性,并没有真正学习到系统的规律。这样的神经网络对于未经训练的输入不能给出合适的输出,完全没有泛化能力,这种情况就称为过拟合。

(2) 过训练。一个神经网络的结构如果选取过小,则很难训练。如果初值选取不当,神经网络很容易陷入局部极小值,而且训练误差较大,训练误差的下降速度很慢。刚开始时,随着训练误差越来越小,测试误差也越来越小;但是,达到某个点后,随着训练误差越来越小,测试误差却越来越大,如图 1-2 所示。这种情况称为过训练。

一个神经网络必须具有足够的复杂程度以便能逼近研究对象,但是一个结构太复杂的神经网络会产生过拟合,这样的神经网络虽然训练误差很小,但是没有泛化能力。为了避免产生过拟合和过训练,通常把神经网络的数据分成两部分:一部分作为训练数据,用来训练神经网络;另一部分作为测试数据,用来测试泛化误差;可以选取不同结构的神经网络来分别进行训练,根据训练结果和误差来选择能够足够逼近对象的最小结构;还可以采取修剪技术,在结构复杂的神经网络的训练过程中,逐

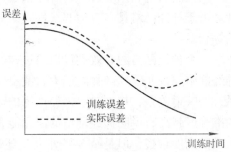

图 1-2 神经网络的过训练

渐淘汰权值小的连接，最后得到适当结构的神经网络以达到良好的泛化能力。

直至今天，神经网络结构与泛化能力的研究仍然是神经网络的一个研究热点。

1.5 预测控制

以状态空间法为基础的现代控制理论是20世纪60年代初期发展起来的，它对自动控制技术的发展起到了积极的推动作用，但存在理论与实际应用不协调的现象。人们试图寻找模型要求低、在线计算方便、控制综合效果好的算法，预测控制相应而生。

预测控制是一种直观、启发式、开放式的控制策略，预测控制具有三个本质特征，即预测模型、滚动优化和反馈校正[45]。

(1) 预测模型

预测控制中必须建立一个描述过程动态行为的预测模型，预测模型应具有预测的功能，即能够根据系统的历史信息和选定的未来输入，预测其未来输出值。对预测控制来说，建模的核心问题是怎样根据对象的已知信息作出较好的预测，因为高质量的对象模型是提高预测控制性能的前提条件。这里只强调模型的预测功能，而没有结构形式上的限制。模型概念在预测控制中已不是指狭义的数学模型，而是指能服务于预测的对象的任何一个信息集合。把模型的概念拓展为一般的信息集合，为进一步研究建立高质量的模型预测方法铺设了广阔的道路。

(2) 反馈校正

由于对象的验前信息的不充分性，实际系统中还存在非线性、时变、模型失配、干扰等因素的影响，不管采用什么预测模型，预测值和实测值之间总存在一定的偏差，称为预测误差。预测误差必然要影响控制品质，因此只有根据预测误差不断进行反馈校正，才能保证预测趋向准确。校正减轻了信息预测的压力，二者互相补充，提高了预测控制的鲁棒性能。

(3) 滚动优化

作为一类优化控制算法，预测控制与通常的离散最优控制算法不同，不是采用一个不变的全局优化目标，而是采用滚动式的有限时域优化策略。这意味着优化过程不是一次离线进行的，而是反复在线进行的。这种有限优化目标的方法，在理想情况下只能得到全局的次优解，但其滚动实施，却能顾及由于模型失配、时变、干扰等引起的不确定性，及时进行弥补，始终把新的优化建立在实际的基础上，使控制保持实际上的最优。这种启发式的滚动优化策略，兼顾了对未来充分长时间内的理想优化和实际存在的不确定性的影响，是最优控制对于对象和环境不确定性的妥协。在复杂的工业环境中，要比建立在理想条件下的最优控制更加实际与有效。

预测控制的三个特征，即预测模型、滚动优化和反馈校正，正是一般控制论中模型、控制、反馈概念的具体体现。由于模型结构的多样性，我们可以根据对象的特点和控制的要求，以最简易的方式集结信息，建立预测模型。滚动优化策略的采用，可以把实际系统中的不确定因素考虑在优化过程中，形成动态的优化控制，并可处理约束和多种形式的优化目标。因此，预测控制考虑了不确定及其他复杂性的影响，是对传统最优控制的修正，因而更加贴近复杂系统控制的实际要求，这是预测控制在复杂系统领域受到重视的根本原因。

预测控制的基本思想是，首先预测系统未来的输出状态，再去确定当前时刻的控制动作，即先预测后控制，所以具有预见性，它明显优于先有信息反馈，再产生控制动作的经典反馈控制系统。在控制过程中既可采取单步预测方式，也可以采取多步预测方式。在实际工业控制过程中，采用多步预测方式可扩大预测的信息量，能够进一步提高系统的抗干扰性和鲁棒性。在实际应用中，可根据结构复杂性、实时性要求和控制性能要求选择采用单步或多步预测方式。

预测控制思想始于20世纪70年代末期，是一种基于模型的控制。预测控制算法是一类新型的计算机优化控制算法，预测控制不仅利用当前和过去的偏差值，还通过预测模型来估计未来的偏差值，从而以滚动优化确定当前的最优控制策略。正是由于预测控制的先进性和有效性，预测控制适用于先进的过程控制和监督控制等场合，成为自动控制理论及其工业应用的发展热点。

预测控制的算法既包含了预测的原理，又具有最优控制的基本特征。预测控制也是一种反馈控制算法。预测控制的优化模式是对传统最优控制的修正，它使建模简化并能考虑到不确定因素及其他复杂性因素，对模型的误差具有较强的鲁棒性和较强的抗干扰能力，在实际工业控制中得到广泛的应用。

近年来，预测控制在理论及应用上均取得很大进展，出现了多种实用的方法。许多自动化产品厂家都在他们的分散式控制系统（DCS）中装备了预测控制软件包。但是，目前这些预测控制算法基本上都是基于线性模型的，对一些更为复杂的非线性对象不能取得理想的控制效果，因而设法将预测控制推广到多输入、多输出（MIMO）非线性系统已成为控制界当前的研究热点之一。

由于复杂非线性MIMO系统的数学模型常常难以获得，因此通常采用的神经网络预测控制方法是基于控制网络求解的预测控制算法[49~51]，这种方案基于两个神经网络，一个是建模网络，用于过程的动态建模以获取对过程的预测信号；另一个是控制网络，它按照与预测控制目标函数相应的驱动信号来调整整个网络的权值，以获取对预测控制律函数的逼近。

1.6 本书的主要研究内容及章节安排

1.6.1 主要研究内容

本书主要研究模糊控制在变风量空调系统中的应用，主要研究内容如下：

1. 模糊控制技术在变风量空调系统中的应用

作为智能控制的重要分支，模糊控制能够解决难以建立精确数学模型的时滞非线性系统的控制问题，由于变风量空调系统是一个典型的难以建模的时滞非线性系统，因此本书将模糊控制应用于变风量空调系统中，分别设计了变风量空调系统的送风温度、回风温度（视为室内温度）模糊控制系统，并将其应用于变风量空调系统中，分别同时对变风量空调实验系统的送风温度、回风温度进行了控制。

2. 自调整模糊控制技术在变风量空调系统中的应用

由于模糊控制查询表一旦建立以后，很难在控制过程中进行实时在线修改，而在全论域范围内带有自调整因子的模糊控制器能够在控制过程中按照误差的大小自动调整误差对控制作用的权重,这种自调整过程符合人在控制决策过程中的思维特点,已经具有优化的特点。因此,本书将在全论域范围内带有自调整因子的模糊控制应用于变风量空调系统中,分别设计了变风量空调系统的送风温度、回风温度和新风自调整模糊控制系统,并将其应用于变风量空调系统中,分别同时对变风量空调系统的送风温度、回风温度和二氧化碳浓度进行了实时在线控制。

3. 模糊 PID 控制在变风量空调系统中的应用研究

作为在过程控制中应用最广泛的一种控制方法,传统的 PID 控制由于其 PID 参数难以在线调整,对于强非线性、时变和机理复杂的过程存在控制困难的问题;模糊控制器虽然能对复杂的、难以建立精确数学模型的被控对象或过程进行有效的控制,但是由于其不具有积分环节,因而很难消除稳态误差,尤其是在变量分级不够多的情况下,常常在平衡点附近产生小幅振荡。为了改善模糊控制器的稳态性能,本书将模糊控制与 PID 控制相结合,分别设计了变风量空调系统的送风温度、回风温度和新风自整定模糊 PID 控制系统,并将其应用于变风量空调实验系统中,分别同时对变风量空调实验系统的送风温度、回风温度和二氧化碳浓度进行了实时在线控制。

4. 神经网络模糊预测控制在变风量空调系统中的应用研究

预测控制的三个特征,即预测模型、滚动优化和反馈校正,正是一般控制论中模型、控制、反馈概念的具体体现,预测控制采用滚动式的有限时域优化策略,优化过程不是一次离线进行的,而是反复在线进行的。这种启发式的滚动优化策略,要比建立在理想条件下的最优控制更加实际与有效。本书采用神经网络作为变风量空调系统的预测模型,采用自调整模糊控制器作为优化控制器,采用多步预测方式,将神经网络、模糊控制和预测控制结合起来,提出神经网络模糊预测控制算法,并将该算法应用于变风量空调系统中,对变风量空调系统的送风温度、回风温度进行了仿真控制研究。

5. 模糊神经网络控制在变风量空调系统中的应用

模糊神经网络结合了模糊控制与神经网络的优点,通过神经网络来实现模糊逻辑,使神经网络不再是黑箱结构,同时利用神经网络的自学习能力,可动态调整隶属函数、在线优化控制规则,对于非线性和不确定性系统的控制具有明显优势,更适合于 VAV 空调系统的控制。本书采用模糊神经网络通过控制送风量来调节房间内的温度,以满足房间舒适性要求,用 MATLAB 软件对房间温度进行仿真控制。仿真结果表明,模糊神经网络控制不仅能使系统的稳态性能满足要求,而且还使系统响应的动态性能得到明显改善,具有较强的鲁棒性,自适应能力较强。

1.6.2 本书章节安排

本书内容安排如下:

第 1 章:绪论。介绍了变风量空调系统的概况和研究意义,介绍了智能控制的产生背景和特点,并对作为智能控制重要分支的模糊控制、神经网络控制、预测控制的特点、发展现状和相关文献进行了评述。

第 2 章:变风量空调系统。首先介绍了变风量空调系统的基本组成和特点,介绍了变风量空调系统的基本原理,其次,本章介绍了智能建筑的定义和基本功能,介绍了热舒适性和影响热舒适性的指标，介绍了空调系统耗能的特点以及降低能耗的措施。简要介绍了变风量空调系统的几种类型以及在变风量空调系统设计中应该注意的几个问题。

第3章：变风量空调系统末端装置。本章分别介绍了节流型变风量末端装置、风机动力型变风量末端装置、旁通型变风量末端装置以及诱导型变风量末端装置。

第4章：变风量空调系统的控制。本章简要介绍了室内温度控制、新风量控制、室内正压控制和送风温度控制。在室内温度控制中，介绍了变风量末端装置控制和送风机控制；在新风量控制中，介绍了新风量的确定、新风量的测量以及几种新风量的控制方法；介绍了室内正压控制方法；在送风温度控制中，介绍了试错法和投票法。

第5章：模糊控制的理论基础。介绍了作为模糊控制的理论基础——模糊数学的基本知识，包括模糊子集的定义和计算、模糊集合和经典集合的联系、隶属函数、模糊矩阵、模糊关系、模糊关系的合成、模糊向量的笛卡儿乘积、模糊逻辑与模糊推理等内容。

第6章：模糊控制理论及其设计方法。本章首先介绍了模糊控制的基本结构、基本原理和基本的设计方法，然后介绍了PID控制器的基本原理和特点。介绍了将模糊控制与PID控制相结合的模糊-PID复合控制。最后，本章介绍了自适应模糊控制，介绍了自适应控制的定义、特征和主要类型，介绍了自适应模糊控制的特点和主要类型。

第7章：神经网络。本章首先介绍了生物神经元和人工神经元模型，介绍了人工神经元常用的输出变换函数，介绍了人工神经网络模型，介绍了人工神经网络的学习方法和学习算法；其次介绍了前向反馈（BP）神经网络和径向基函数（Radial Basis Function）神经网络；紧接着，介绍了反馈神经网络，分别介绍了离散型Hopfield神经网络和连续型Hopfield神经网络；最后，介绍了神经网络控制，分别介绍了基于神经网络的非线性系统辨识以及基于神经网络的非线性系统控制。

第8章：模糊控制技术在变风量空调系统中的应用。介绍了具有典型的非线性特点、温湿度耦合、环境因素干扰强烈、难以获得精确数学模型的变风量空调实验系统的特点和控制要求。分别设计了室内温度（回风温度）模糊控制系统、送风温度模糊控制系统，并将其应用于变风量空调系统中，对变风量空调实验系统的回风温度（室内温度）、送风温度进行了实时在线控制。

第9章：自调整模糊控制技术在变风量系统中的应用。介绍了带有调整因子的模糊控制器，然后针对变风量空调系统的特点和控制要求，设计了一种在全论域范围内带有自调整因子的模糊控制器，并将其应用于变风量空调系统中，分别对室内温度、送风温度、室内二氧化碳浓度进行了实时在线控制，同时运用除湿机对室内相对湿度进行了控制，取得了良好的控制效果。

第10章：模糊PID控制在变风量空调系统中的应用研究。介绍了模糊PID控制器控制原理和模糊PID参数模糊调整规则，分别设计了变风量空调系统的送风温度、回风温度和新风自整定模糊PID控制系统，并将其应用于变风量空调系统中，分别同时对变风量空调系统的送风温度、回风温度（室内温度）和二氧化碳浓度进行了实时在线控制。控制结果表明，模糊PID控制可以较好地控制送风温度、空调房间温度以及二氧化碳浓度，使其保持在设定值附近，调节时间短，稳态误差较小，稳态精度较高，控制效果良好。

第11章：神经网络模糊预测控制在变风量空调系统中的应用。首先运用BP神经网络建立了变风量空调系统的预测模型，采用贝叶斯正则化方法对模型进行了辨识。辨识结果表明，所辨识出的对象模型能够较好地表现出对象的动态行为，具有较好的泛化能力；然后提出了一种适用于时变非线性 MIMO 系统的神经网络模糊预测控制算法。采用自调整模糊控制器作为优化控制器，同时，利用多步预测能够克服各种不确定性和复杂变化的影响，使控制系统能够在复杂非线性控制中获得好的控制效果。最后采用本章提出的控制算法，对变风量空调系统的送风温度、回风温度（室内温度）进行了仿真控制。控制结果表明，神经网络模糊预测控制方法在对空调房间温度进行有效控制的同时，还能根据性能指标的要求降低能耗，从而能够达到既满足舒适性要求又节能的目的。

第 12 章：基于嵌入式控制器的变风量空调控制系统。以实际的变风量空调实验系统为研究对象，从硬件和软件两个方面介绍了完整的变风量空调控制系统。

第 13 章：模糊神经网络控制在变风量空调系统中的应用。

第 14 章：楼控系统的通信网络架构。

第 2 章 变风量空调系统

随着人类社会的发展和不断进步，人们逐渐认识到建筑环境对人类的寿命、工作效率等起着极为重要的作用。现代建筑应该是一个温度、湿度适应人体热舒适性要求、空气清新、光线柔和、宁静舒适的环境。建筑环境学指出，建筑环境由热湿环境、室内空气品质、室内光环境和声环境组成。空气调节是控制建筑热湿环境和室内空气品质的技术。空气调节（Air Conditioning）简称空调，它对某一房间或空间内的温度、湿度、新风量、洁净度和空气流动速度等进行调节和控制，可以实现对建筑的热湿环境、空气品质进行全面的控制。

空气调节的工作原理是：当室内得到热量时，则从室内取出热量；当室内失去热量时，则向室内补充热量，从而使进出房间的热量相等，达到热平衡，使室内保持一定的温度。当室内湿度过低时，增加房间的湿度；当室内湿度过高时，降低房间的湿度，从而使室内保持一定的湿度，满足人体对湿度的要求。在调节室内温度、湿度的同时，还要从室内排出污染的空气，将室外的清洁空气补充到室内，从而满足室内人员对空气品质的要求。

变风量（Variable Air Volume）空调系统属于全空气空调系统，它的典型特点在于系统风量可调。变风量空调系统于 20 世纪 60 年代起源于美国，20 世纪 70 年代，世界范围内的能源危机使人们意识到节能的重要性，由于变风量空调系统具有节能的特点，因此变风量空调技术得到了较快的应用和发展。20 世纪 70 年代美国经济正处于高速发展的时期，其能源消耗是相当惊人的，而建筑耗能中的 1/3 都消耗于空调系统中。因此，当能源出现危机时，美国首先大力推行变风量空调技术。20 世纪 80 年代，变风量空调技术在欧洲的英、法等国也得到了广泛的应用。经过多年的发展，变风量空调系统无论在系统设计理念还是在控制方法上都取得了长足的发展和进步。

2.1 变风量空调系统的基本组成

变风量空调系统主要由变风量末端装置、空气处理及输送设备、风管系统和自动控制系统 4 个基本部分组成，如图 2-1 所示。

变风量空调系统通过变风量末端装置根据房间或区域内的负荷变化调节送入该房间或区域的风量，通过空气处理和输送设备对室内空气进行热、湿处理、过滤和通风换气，并为空调系统的空气循环提供动力。风管系统包括送风管、回风管、新风管、排风管以及末端装置上的支风管、各种送风静压箱、送风口、回风口等，变风量空调系统通过风管系统对空气进行输送和分配。变风量空调系统通过自动控制系统对空调系统中的温度、湿度、压力、新风量、排风量等进行有效监测与控制，达到使室内人员既感到舒适，又能有效降低空调系统的能量消耗的目的。

2.2 变风量空调系统的基本原理

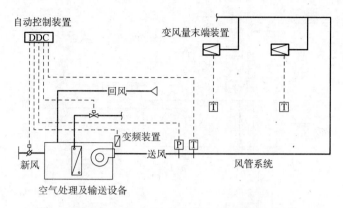

图 2-1 变风量空调系统的基本构成

2.2 变风量空调系统的基本原理

空调系统设计的基本要求是要向空调房间输送足够数量的、经过一定处理的空气,用以吸收室内的余热和余湿,从而维持室内所需要的温度和湿度。送入房间的风量按下式[52]确定:

$$L = \frac{3.6Q}{\rho c \left(t_n - t_s \right)} \tag{2-1}$$

式中　　L——送风量,m^3/h;

Q——空调送风所要吸收的显热负荷,W;

ρ——空气密度,kg/m^3,可取 $\rho = 1.2$;

c——空气定压比热容,$kJ/(kg \cdot ℃)$,可取 $c = 1.01$;

t_n、t_s——室内空气温度(或回风温度)和送风温度,℃。

由式(2-1)可知,当室内余热 Q 值发生变化而又需要使室内温度 t_n 保持不变时,可将送风量 L 固定而改变送风温度 t_s,这种空调系统称为定风量(Constant Air Volume, CAV)系统;也可将送风温度 t_s 固定而改变送风量 L,这种空调系统则称为变风量(Variable Air Volume, VAV)系统。因此,变风量空调系统就是随着室内冷负荷不断变化而相应地改变送风量,从而达到维持室内所需温度的一种全空气空调系统。空调自动控制系统的主要任务是将空调房间的温、湿度维持在要求的范围内,空调房间就是空调自动控制系统的被控对象。图 2-2 给出了一个单区域制冷除湿变风量空调系统的示意图。

对于定风量空调系统来说,由于经过空调设备处理过的空气的送风温度一定,为了适应室内负荷变化,在出现部分负荷时,送进室内的空气往往需要进行再热,才能维持将室内的温度在所要求的范围内。否则,由于送到室内的风量是按最大负荷求得的,且送风温度一定,在室内出现部分负荷时,势必产生过冷现象,迫使经过冷却去湿处理过的空气又需进行再热处理,然后送进室内,方可维持室内所需要的温湿度,这种冷热抵消的处理过程,显然是一种能量的浪费。变风量空调系统则可以克服上述缺点,它可以通过改变送到室内的风量来满足室内负荷变化的需要。因此,变风量空调系统在运行中是一种节能的空调系统。

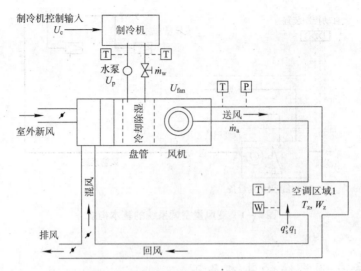

图 2-2 单区域制冷除湿变风量空调系统

2.3 变风量空调系统的特点

与目前最常见的定风量系统和新风加风机盘管系统相比，VAV 系统具有下列特点：

(1) 与传统的定风量系统相比，能够实现局部区域（房间）的灵活控制，各个房间内的变风量空调系统的末端装置（VAV BOX）可以根据负荷的变化或个人的舒适要求自动调节送风量，实现单个房间的温度自动控制，各房间可以独立地选择自己要求的控制温度，满足了个人不同的健康、舒适要求，提升了空调系统的档次及品质。

(2) 由于变风量空调系统的末端装置可以随着被调房间实际需要的负荷的变化而改变送风量，它意味着整个空调系统的供冷量可以随着负荷的变化而在建筑物的不同方位之间自动转移，充分利用了在同一时刻，建筑物各个朝向的负荷参差不齐这一特点，减少整个系统的负荷总量，从而使设备规格减小，初投资和运行费用都可以减小。

(3) 由于变风量空调系统的末端装置具有独立控制的特点，使该系统具有自动把不同的风量移至不同需求场所的功能。因此，尽管各个房间的最大送风量与定风量系统是完全相同的，但是变风量系统总送风量及冷（热）量通常低于定风量系统的总送风量和冷（热）量，这使得系统的空调机组容量可以减小，从而使整栋楼的冷水机组的安装容量下降，机组尺寸减小，占用机房面积也因此而下降。同时，变风量系统风机在全年运行时的耗能与定风量系统的耗能相比减少了很多。根据国外有关资料，VAV 系统与 CAV 系统相比，全年的空气输送能耗可节约 30% 以上，设备装机容量可减少 10%～30%（考虑到各房间的同时使用系数），全年节能总量高达 20%～40%。

(4) VAV 系统属于全空气系统，它具有全空气系统的一些优点，可以利用新风消除室内负荷，没有风机盘管的凝水问题和霉菌问题。

(5) 采用 VAV 系统有利于房间的灵活分隔，适用于建筑物的改建和扩建。由于 VAV 系统末端装置布置灵活，只有软风管与主风管相连并能进行区域温度控制，因此只要重新分隔后各房间的冷（热）量与该房间重新调整的变风量空调系统的末端装置（VAV BOX）

的风量相匹配，就可以较方便地满足新用户的需求，这一特点是定风量系统和新风加风机盘管系统无法比拟的。

2.4 智能建筑与热舒适性

2.4.1 智能建筑

智能型建筑（Intelligent Building）是现代建筑技术与现代通信技术、计算机技术、控制技术相结合的产物。智能建筑技术是以计算机和网络技术为核心的信息技术在建筑行业的应用与渗透，它很好地体现了建筑技术、信息技术和建筑艺术的结合。建筑智能化已经成为当今和今后大中型甚至相当多中小型建筑物发展的主流趋势。

智能型建筑的基本要素是通信系统的网络化、办公、安防、防火、楼宇控制的自动化、信息化、建筑主题的多功能化和更人性化以及建筑物管理服务的信息化和高效能化。

智能型建筑的最终目标是：安全、舒适、运营高效、信息化、整体功能强大。要做到整体功能强大就需要对智能化建筑中的环节、智能化子系统进行系统集成，将建筑的综合布线系统、楼宇自控、通信、办公、安防、防火的智能化子系统和建筑物整个网络系统有机地集成在一起，使各子系统高度相互关联同时又能统一、协调地高效率运行，使建筑整体上成为具有高性能价格比、高度信息化的实体。

智能建筑在国外发展较快，商业回报可观。据统计，用于智能建筑的附加投资小于建筑基本投资的3%，建筑增值可达15%，且空房率低。美国自1984年建成第一座智能大厦至今已有上万座智能建筑。1986年，美国发起成立的智能建筑学会（AIBI）对全球智能建筑技术的发展起到了非常大的推动作用。英、法、加拿大、瑞典、德国在20世纪80年代末及20世纪90年代初都已建成富有自己特色的智能建筑。日本目前兴建的建筑物有60%属智能型，并开始向区域管理和城市系统发展，探索建设智能化大厦群，甚至智能化国际信息城。

自20世纪90年代起，我国的一些大城市相继建成一批具有一定智能功能的大型公共建筑。全国用于建筑智能化的投资比重逐年增加，从最初约占建筑总投资的5%已发展到目前的15%左右。建筑智能化为建筑插上了现代技术的"翅膀"，智能建筑在国内外都得到了迅速蓬勃的发展。

关于智能建筑的定义，国内外有不同的看法，本书采用在国内使用较为普遍的一种定义：智能建筑指利用系统集成方法，将计算机技术、通信技术、信息技术与建筑艺术有机结合，通过对设备的自动监控、对信息资源的管理和对使用者的信息服务及其与建筑的优化组合，所获得的投资合理、适合信息社会需要，并且具有安全、高效、舒适、便利和灵活特点的建筑物。

尽管对智能建筑的定义有不同的描述，但其定义实质涵盖了以下一些方面：

(1) 综合应用计算机技术、通信技术、信息技术和建筑艺术，并高度有机集成化。

(2) 建筑内部环境人性化并与用户有程度较高的亲和关系。

(3) 安全性高：有先进的防火、安防系统与设施，能以很高的效能及时应对和处理各类火灾灾害或安防监控的事务。

（4）以建筑自动化（Building Automation，BA）、通信与网络系统自动化（Communication and Network Automation，CA）、办公业务自动化（Office Automation，OA）为基础，对楼宇进行高效能的控制和管理。

（5）使依托智能建筑工作的用户在处理信息交互、办公事务和从事经济活动中具有较高的效率。

（6）使用系统集成的方式对各个子系统、功能环节进行高度灵活和科学的集成，将诸子系统从硬件到软件都高度有机地集成在一个大系统中。

智能建筑以建筑环境为平台，运用系统集成的方法，通过对建筑的结构（建筑环境结构）、系统（各应用系统）、服务（用户需求服务）、管理（物业管理等）进行优化设计，同时充分考虑这些不同环节之间的内在联系，从而获得一个投资合理、高效、舒适、通信办公便利快捷和高度安全的建筑。智能化是建立在系统一体化集成的基础上的，其可以实现大范围内的资源共享，并使服务和管理具有高效率。

智能建筑技术的发展，自然对其概念进行了延伸，除了具智能化特征的建筑这个属性外，还延伸到智能化小区、智能化住宅等方面。

（1）智能大厦。智能大厦是指单栋办公、商务楼宇或具有其他用途及业务属性的楼宇智能化后形成的智能型建筑。办公大楼的用途可以是商务的、企事业办公用的或用于科研的，总之用途可以是多方面的，但都装备了较完整的智能化系统和智能化、信息化的基础设施。

智能大厦的基本框架是将使BA（楼宇自动化）、CA（通信自动化）、OA（办公自动化）三个子系统集成为一个整体，各子系统的软硬件协调运行，使管理综合化和多元化。

（2）智能化住宅。智能化住宅是指通过家庭总线（HDS）将家庭住宅内的各种与信息相关的通信设备、执行终端、家用电器和家庭保安及防灾害装置都并入网络中，进行集中式的监视、控制、操作，并高效率地管理家庭事务。这样的住宅内部与外部有和谐的环境氛围，用户在工作、学习方面有着很高的效率，能够方便地调用大量的外部信息资源，同时也能方便快捷地将用户个人的信息与外部进行交互；在生活方面，具有较高的舒适性、安全性。

（3）智能小区。智能小区将建筑艺术、生活理念与信息技术、计算机网络技术等相关技术很好地融合在一起，为用户提供安全、舒适、方便和开放的智能化、信息化生活空间。它依靠高新技术实现回归自然的环境氛围、促进优秀的人文环境发展，依靠先进的科技实现小区物业运行的高效化、节能化和环保化，体现了住宅发展的趋势。智能小区最重要的特征就是"智能化"，以小区建筑实体作为平台集成运用信息处理、传输、监控、管理及系统集成，实现服务、信息和系统资源的高度共享，以人为本。智能小区具有如下重要特征：

1）有安全、舒适、方便的小区生活环境。
2）有回归自然的"绿色环境氛围"。
3）有文明的小区人文环境。

智能建筑一般都配置有3A或5A系统，即楼宇自动化系统（Building Automation System，BAS）、办公自动化系统（Office Building Automation System，OAS）、通信网络自动化系统（Communication Automation System，CAS）、安防自动化系统（Security Automation

System，SAS）和火灾自动报警联动控制系统（Fire Alarm System，FAS）。有时，人们将 SAS、FAS 和 BAS 合成为一个楼宇自控系统，也叫建筑物自身设备自动化系统 BAS。智能建筑除了 5A 系统外，还有综合布线系统、卫星通信及公用天线电视系统等。

智能建筑的基本功能是实现了楼宇控制的自动化、楼宇通信的自动化和办公自动化，而且这几个方面的自动化通过系统集成，实现互联和相互嵌入，形成一个高效能的集成体系。智能大厦通过 CAS 实现通信自动化，借助于 CAS 中的通信设施和网络设施，高效率地实现和外界及建筑物内部之间的信息交互、通信、数据传输和处理。通过 BAS 实现楼宇的各种执行设备和终端的自动控制，供配电系统、照明系统和动力设备的高效控制和监测；还通过现场总线（如 Lonworks）来控制楼宇中现场设备、测控仪表，并实现分散控制和现场设备的互操作及彼此间的通信。通过 SAS 实现对建筑物的安全监控，这种监控包含有自动报警环节和视频监控环节。通过 FAS 实现对建筑物内的有害性烟尘、异常的高温、有害性气体的自动检测并报警和启动联动控制系统及时处理这些能导致重大灾害事件的情况。通过 OAS 实现办公高效化、信息化、数据库化；实现物业管理的高效能化和用户关系的亲和化。

智能建筑基本功能的实现离不开计算机技术和计算机网络技术的发展，即信息技术是智能建筑实现智能化的基础。

智能建筑与传统的大型建筑相比，在各个方面都有着巨大的优势，它是理想的办公场所，有舒适的工作环境，节约能源，智能建筑的运行本身产生的综合经济效益是传统建筑远远不能比及的。

智能建筑的节能是其高效能和具有投资高回报率的体现。在发达国家中，建筑物的能耗在国家总能耗结构中占 30%~40% 的比重。在建筑物的耗能组成中，采暖、空调、通风设备耗能就达 65% 左右，生活热水约占 15%，照明、电梯、电视耗电约占建筑总能耗的 14%，炊事及相关能耗约占 6%。智能化建筑能优化地安排和协调产生较大能耗设备的工作，使之较大幅度地节能，而且还尽可能地利用太阳能、风能等自然能源使智能建筑成为名副其实的节能建筑。

智能建筑有着先进的通信技术设施和较完善的信息服务设施，用户可通过国际直拨电话、电子邮件、远程电视会议、卫星的数据中转，信息搜索等多种方式，及时获取全球范围内的市场、商业、金融信息、科技情报资料及行业最新发展动态。同时，用户还可通过 Internet 及时向外界发布企业的产品、合作信息，实施电子商务。智能建筑的诸多功能环节和子系统要同时运行，就必须借助于"智能大厦综合管理系统"，借助于集成系统实现各子系统及环节的功能，同时发挥更高的整体效能。

2.4.2 热舒适性

根据所服务对象的不同，空调可以分为舒适性空调和工艺性空调。舒适性空调主要从人体舒适感出发确定室内温度、湿度设计标准，无空调精度要求；工艺性空调主要满足工艺过程对空气基准温度、基准相对湿度和空调精度的特殊要求，同时兼顾人体的卫生要求。

人体的舒适状态是由许多因素决定的，如环境的声音、振动、嗅觉、视觉、色调、温度、湿度、气流速度等，其中和热感觉有关的有室内空气温度、室内空气的相对湿度、人体附近的气流速度、人体的温度、衣服的保温性能及透气性等。人体在新陈代谢过程中产生热量，人体的散热主要以对流、辐射、热传导和蒸发等方式进行。当人体散热和体内新陈代谢产生的热量相平衡时，人的热感觉良好，体温保持在36.5℃左右。如果与人体热感觉有关的因素发生变化，会使人体散热量增大或减少。人体会运用自身的调节机能来保持产热量和散热量的平衡。当体内多余热量难以全部散出时，体内蓄存热量，导致体温上升，人体会感到不舒服；如果人体散热量过多，体内温度下降，人体会发生颤抖，感到极度不适。

室内空气干球温度和室内相对湿度是舒适性空调追求的首要指标。对大多数民用建筑来说，舒适性空调的夏季室内空气状态应该是：室内干球温度维持在24~28℃的范围内，室内相对湿度保持在40%~65%的范围内，风速不应大于0.3m/s。舒适性空调的冬季室内空气状态应该是：室内干球温度维持在18~22℃的范围内，室内相对湿度保持在40%~60%的范围内，风速不应大于0.2m/s。

在夏季，适当提高室内空气的干球温度并降低相对湿度，有利于减小夏季冷负荷，扩大送风温差，减小送风量，降低风机能耗；在冬季，适当增加相对湿度会使人体的热舒适性较好。

室内空气品质是影响室内人员舒适性的另一个重要指标。大多数民用建筑室内污染物主要来自三个方面：室外空气、室内环境和室内人员。控制室外污染的有效方法是选择合适的新风进风口的位置。室内污染物主要是建筑装修材料中的苯、甲醛、甲醇等挥发性有机物、尘螨、霉菌等各种微生物以及生活污水、有机垃圾等其他污染物。控制室内污染物的主要手段是尽量采用优质环保的建筑装修材料，加强室内通风，保证室内有人体必需的新风量。室内人员产生的污染物有二氧化碳、烟草燃烧后产生的烟气以及人体产生的各种散发物。通常用二氧化碳浓度作为评价室内空气质量的指标。控制与室内人员相关的污染物的主要方法是控制室内人员的数量和保证新风量。此外，还应提高空气过滤效率、降低空气中颗粒浓度，以减小人体感染由空气携带的病菌的概率和热、湿设备上微生物引起的二次污染。为了减少热、湿设备上微生物引起的二次污染，提高室内空气品质，应尽量选择全空气系统作为现代办公建筑的空调，并保证空调系统的空气过滤性能。

2.5　空调系统节能

空调系统在运行过程中需要消耗大量的电能和热能，空调系统的能源有效利用和节能是需要重视和解决的问题。空调系统的能耗主要有两个方面：一方面是为了供给空气处理设备冷量和热量的冷（热）源耗能，如制冷机耗能、热源耗能等；另一方面是为了输送空气和水，风机和水泵的消耗电能所带来的能耗，称为动力耗能。空调房间冷负荷和新风冷负荷以及风机、水泵的耗电是空调系统必须消耗的能量。

空调系统耗能具有以下特点：

（1）空调系统所需能源品位低，用能具有季节性。夏季空调系统所用为4~10℃的冷水，冬季空调系统所需热源为0.2~0.3MPa的蒸汽，或70~80℃的热水。由于冷热源品位低，可以使用天然能源，热源可利用太阳能、地热水等，冷源可利用地道风降温，过渡季和冬季可以用较低温度的室外空气作冷源。

(2) 夏季可以用排风对新风进行冷却干燥，冬季可以用排风对新风进行加热、加湿。空调系统的这一能耗特点，使整个空调系统可以就地进行热回收，从而有效地利用了能源。

(3) 设计和运行方案的不合理会增加系统的能耗。定风量空调系统是通过固定送风量、改变送风温度来调节室内温度的，当室内负荷减小时，定风量空调系统的送风量不变，而是通过加大再热量来调节室内温度，从而增加了系统不必要的能量消耗。同样，在定水量运行中，当设备需要的冷量减少时，不是通过减少水量来减少水泵耗电，而是水量不变，通过提高水温的方法来解决，从而增加了系统的能耗。

由于空调系统是耗能大户，因此，节省空调系统在运行过程中和能耗具有重要的意义。首先，由于围护结构的保温性能直接影响空调房间的冷（热）负荷，因此，节省空调设备能耗的首要任务是改善建筑物围护结构的保温性能。其次，由于夏季室内温度、相对湿度越低，空调设备能耗越大；冬季室内温度、相对湿度越高，空调设备能耗越大，因此，在满足生产要求和人体健康以及人体热舒适性的前提下，如果提高夏季室内温度、相对湿度的标准值，降低冬季室内温度、相对湿度的标准值，就可以有效减低空调设备的运行能耗。另外，控制和正确利用室外新风量是空调系统最有效的节能措施之一。对于夏季需要供冷、冬季需要供热的房间，室外新风量越大，空调系统的能耗就越大。在这种情况下，室外新风应该控制到卫生要求和室内空气品质要求的最小值。为了控制新风量，可以采用二氧化碳浓度控制装置，根据室内人员变动（二氧化碳浓度变动）来自动控制新风量，并控制回风、排风阀门的动作以保持风量平衡。这样，可以避免人员减少时造成的能量浪费。例如，可以根据空调房间人员变化情况通过二氧化碳浓度传感器来检测和控制新风阀门的开度，使室内二氧化碳浓度保持在 800~1000ppm 之间，从而满足室内人员对室内空气品质的要求。统计结果表明，自动控制新风阀门比固定新风阀门，在最热月系统冷负荷减少近 25%，在最冷月减少系统热负荷近 68%。

2.6 变风量空调系统选择

变风量空调系统是通过改变送风量来调节空调房间的温度的。当室内热负荷减小时，能够充分利用允许的最大送风温差，节约再热量及与之相当的冷量。同时，当送风机风量相应减小时，能够节省风机功率，提高系统运行的经济性。在室内温度控制要求较高、相对湿度允许有较大波动范围并且送风温差可不受限制的舒适性空调中适合采用变风量空调系统。

变风量空调系统根据空调区域的负荷变化，通过调节系统中各末端装置的送风量来调节室内温度，使室内温度保持在设定值附近。当空调区域的负荷减小时，变风量空调系统通过变频装置调节风机转速，从而减小系统的送风量，降低风机能耗及系统运行噪声。

变风量空调系统的末端装置有不同的形式，因而由它们构成的变风量空调系统也有不同的类型。

2.6.1 单风道型变风量空调系统

单风道型变风量空调系统由单风道型变风量空调末端装置（VAV Teminal Unit）、变频空调器、风管系统和空调控制系统组成，如图 2-3 所示。

在单风道型变风量空调系统中,末端装置根据空调控制区域内的温度变化自动调节送风量,以适应控制区域内空调负荷的变化。送入每个区域或房间的送风量由变风量末端装置控制,每一个变风量末端装置可以带若干个送风口。当室内负荷变化时,则由变风量末端装置根据室内温度调节送风量,以维持室内温度。

当室内负荷过小时,可能使送风量过小,从而导致室内新风量过小,不能满足空气品质的要求,同时会使室内气流分配不均匀,从而使室内温度不均匀,影响室内人员的热舒适性。因此,变风量末端都有定位装置,当送风量减少到一定值时就不再减少了。变风量末端装置的风量可以减少到最大风量的30%~50%。当出现最小负荷时,由于变风量末端装置的风量已经达到最小值,有可能造成室内温度过低。因此,可以在变风量末端装置中增加再热盘管,在出现最小风量时启动再热盘管进行补充加热,以维持室内温度。

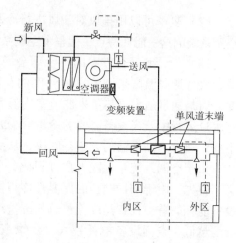

图2-3 单风道型变风量空调系统

根据功能需要,单风道型变风量空调系统可以分为单冷型单风道变风量空调系统、单冷再热型单风道变风量空调系统以及冷热型单风道变风量空调系统。

1. 单冷型单风道变风量空调系统

单冷型单风道变风量空调系统的末端装置全部由不带加热器的单风道型末端装置组成,系统全年供冷风。随着空调区域内显冷热负荷由最大值逐渐减小,在末端装置风阀的调节下,冷风从最大风量逐步减小,直至最小风量。

单冷型单风道变风量空调系统可以应用于建筑物的内区。在建筑物的内区,全年都有冷负荷出现,可以运用全年都仅供冷的单冷型单风道变风量空调系统为建筑物的内区服务。在过渡季节和冬季,制冷系统可以间歇运行,通过对新风和回风的混合控制来维持变风量空调系统运行的送风温度。单冷型单风道变风量空调系统还可以运用于夏季炎热冬季温暖地区在冬季外区无需供热的办公建筑。

2. 单冷再热型单风道变风量空调系统

在单冷再热型单风道变风量空调系统中既有无再热器的单风道型末端装置,又有带再热器的单风道型末端装置。无再热器的单风道型末端装置常用于需要全年供冷的建筑物内区,带再热器的单风道型末端装置常用于夏季需要供冷、冬季需要供热的建筑物外区。

带再热器的单风道型末端装置的送风出口端安装有一个再热器,再热热源可以是热水或电。单冷再热型单风道变风量空调系统可以同时为建筑物的内区和外区服务,内区采用无再热器的单风道型末端装置,外区采用带再热器的单风道型末端装置。当外区的送风量减至最小值后,末端启动再热器,提高送风温度,向外区供热。单冷再热型单风道变风量空调系统还可以运用于夏季炎热冬季温暖地区在冬季外区无需供热的办公建筑。

3. 冷热型单风道变风量空调系统

冷热型单风道变风量空调系统的末端装置与单冷型系统所用的末端装置一样,系统有供冷、供热两种工况,系统根据负荷需要送出冷风或热风。在供冷工况下,系统存在供冷

2.6 变风量空调系统选择

和供冷过渡两个阶段，随着室内显热冷负荷减小，末端装置调小送风量；当达到并保持最小风量后，系统进入供冷过渡阶段。在供热工况下，系统存在供热和供热过渡两个阶段。随着室内热负荷减小，末端装置调小供热送风量；当达到并保持最小风量后，系统进入供热过渡阶段。

冷热型单风道变风量空调系统是完全的全空气系统，热水管不进入空调区域，空气的冷、热处理全部在空调器内完成，消除了"水患"和"霉菌"等问题。冷热型单风道变风量空调系统适用于无内区的小型办公建筑、大中型办公区域的外区和不允许水管进入的空调区域。

2.6.2 风机动力型变风量空调系统

风机动力型变风量空调系统是在单风道型变风量空调系统的末端装置上串联或并联风机的变风量空调系统。风机动力型变风量空调系统又分为串联型变风量空调系统和并联型变风量空调系统。

1. 串联型变风量空调系统

串联型变风量空调系统为配有串联式风机动力型变风量末端装置的变风量空调系统。串联型变风量空调系统末端装置如图2-4所示。

在串联型变风量空调末端装置中，内置增压风机与一次风调节阀串联，经集中空调器处理过的一次风既通过一次风调节阀，又通过增压风机。当空调房间供冷时，一次风调节阀开启，一次风与吊顶内的二次回风混合后，经风机送出。一次风的风量根据室内温度进行控制，是变风量的；由风机送出的风量是恒定的，从而保证了室内气流分布的稳定性和温度分布的均匀性。如果在风机出口端装上再热盘管（热水型或电热型），就成为串联型再热式风机动力型变风量末端装置。

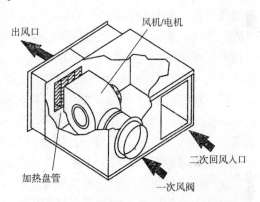

图2-4 串联型变风量空调末端装置

由于一次风的风量根据室内温度进行控制，是变风量的，而由风机送出的风量是恒定的，因此，串联型变风量空调末端装置也称为"定风量末端装置"。当空调房间供热时，末端装置出口处的再热盘管（热水型或电热型）采用双位、单级或多级控制，调节加热量，以满足空调房间的热负荷需求。

对于需要供热的建筑物外区和需要"过冷再热"的建筑物内区，通常设置串联型再热式风机动力型变风量末端装置，在其他区域设置不带加热器的串联型变风量空调末端装置。系统全年送冷风，夏季时内区、外区均供冷；冬季时内区供冷，外区根据热负荷的要求供热。所谓"过冷再热"是指：对于办公建筑中诸如会议室之类的人员密集的区域，为了保证室内空气品质，要求具有一定的新风量。因此，空调末端装置的最小风量不能设定太小，使得末端装置无法按照负荷变化减小送风量；而且办公室区域只有人体、照明负荷，设备负荷较小。大风量对应小负荷，导致出现过冷现象，此时可以利用再热提高送风温度，以满足区域负荷的需要，这种做法称为"过冷再热"。

串联型变风量空调系统的最大优点是系统是变风量的，而室内送风量是恒定的，容易实现较为理想的气流分布模式，避免了小负荷时系统因送风量减小而带来的气流分布不稳定和温度分配不均的缺点。但是这种系统的风机运行时间长，能耗比常规的变风量空调系统的能耗大，噪声也相对较大。

2. 并联型变风量空调系统

并联型变风量空调系统是配有并联式风机动力型末端装置的变风量空调系统，如图2-5所示。

在并联型变风量空调末端装置中，增压风机与一次风调节阀并联设置，经集中空调器处理过的一次风只通过一次风风阀而不通过增压风机，风机只诱导室内空气。因此，风机的风量小、型号较小。当夏季部分负荷且一次风减小到设定的最小风量时，或当冬季一次风按照设定的最小风量运行时，并联型变风量空调末端装置启动风机工作。当冰蓄冷系统中采用低温送风（送风温度为5~7℃）时，可以选用并联型变风量空调系统，利用一次风与室内空气混合（混风比约为6∶4）来提高送风温度，以防止送风口附近结露；与此同时增加了送风量，

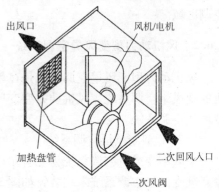

图2-5 并联型变风量空调末端装置

有利于气流分布的均匀性。如果在室内空气入口处或送风出口端装上再热盘管（热水型或电热型），就成为并联型再热式风机动力型变风量末端装置。

在区域供冷时，一次风风量随冷负荷而变化。当大风量运行时，末端装置内的风机不运行，此时的功能等同于单风道型末端装置；当小风量运行时，末端装置内的风机运行，抽取吊顶内的二次风，并与一次风混合后送入空调区域。由于一次风和二次风都是变风量，因此并联型变风量空调末端装置也称为"变风量末端装置"。

对于需要供热的建筑物外区和需要"过冷再热"的建筑物内区，可以设置并联型再热式风机动力型变风量末端装置。风机运行时，送风量可达最大风量的80%~90%。

并联型变风量空调系统的优点是风机型号小、噪声小，并且只在一次风为设定的最小风量时才运行，风机的能耗小。但是并联型变风量空调系统的控制比较复杂，在部分负荷且风机不工作时，室内的气流分布、温度分布的均匀性不如串联型变风量空调系统。

2.6.3 组合式单风道型变风量空调系统

组合式单风道型变风量空调系统是指与外区其他空调设施组合应用的单风道型变风量空调系统。

1. 风机盘管机组加单风道型变风量空调系统

如图2-6所示，在风机盘管机组加单风道型变风量空调系统中，在外区靠窗位置设置风机盘管机组，用于处理外围护结构所引起的冷、热负荷。在内区、外区设置共用的单风道型变风量空调系统进行全年供冷。系统在内区和外区均设置末端装置，对冷、热负荷进行处理并向内区、外区输送新风。

在风机盘管机组加单风道型变风量空调系统中，变风量空调系统的送风量较小，适用

2.6 变风量空调系统选择

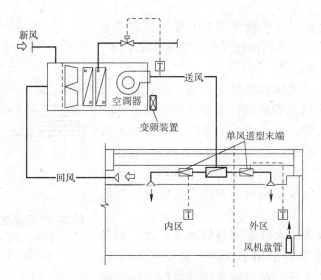

图2-6 风机盘管机组加单风道型变风量空调系统

于建筑负荷变化较大、空调机房较小、系统布置空间受限制的场所。

风机盘管机组的构造如图2-7所示。风机盘管机组主要由盘管（换热器）和风机组成，内部的电机多为单向电容调速电机，可以通过调节电机输入电压使风量分为高、中、低三档，因而可以相应地调节风机盘管的供冷（热）量。除风量调节外，也可以通过水量调节阀自动调节风机盘管的供冷（热）量。如图2-8所示，在水管上安装电动三通分流阀，由双位室温调节器控制，向风机盘管断续供水，使室温得以自动调节。

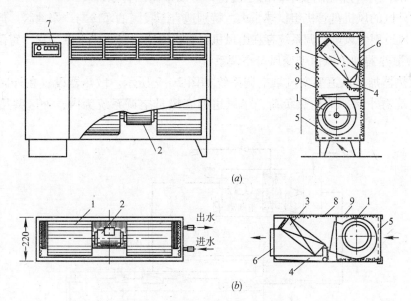

图2-7 风机盘管构造图
(a)立式 (b)卧式
1-风机；2-电机；3-盘管；4-凝水管；5-循环风进口及过滤器；
6-出风格栅；7-控制器；8-吸声材料；9-箱体

风机盘管系统是以风机盘管作为末端装置的全水系统。根据季节变化,给风机盘管输送冷冻水或热水,实现对房间的供冷或供热。

在结构形式上,风机盘管分为立式、卧式等。风机盘管水系统常采用双管和四管系统。如果仅有两根水管,一根为供水管,另一根为回水管,需要时进行冷热转换,这种水系统称为双管系统。在双管系统中,供水管根据季节统一向房间供给冷冻水或热水,难以满足过渡季有些房间要求供冷、有些房间要求供热的情况。

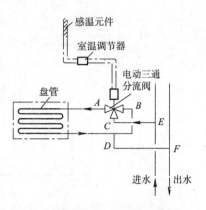

图 2-8 风机盘管系统的室温控制
供水时,E-C-A-D-F;
断水时:E-C-B-D-F

四管系统由两条供水管和两条回水管构成。两条供水管和两条回水管分别用于供冷水和供热水。冷、热水有两套独立的系统,可以满足建筑物同时供冷和供热的要求,具有控制方便、运行经济的要求,但缺点是管路复杂,初投资较高。因此,往往在舒适性要求很高的建筑物内才采用四管系统。

外区的风机盘管机组应根据负荷变化情况和建筑条件确定水系统。由于双管和四管系统的特点不同,对于仅供冷或供热的风机盘管系统应采用双管系统。对于无同时供冷和供热要求的建筑物,也应采用双管系统。对于内区和外区有不同供冷、供热要求的建筑物可以采用内区和外区分设系统,并采用分别并联到冷源和热源上的双管系统。对于同时有供冷和供热要求,对环境控制要求高的建筑物,可以采用四管系统。

冬季时外区的风机盘管机组供热量大,特别适宜于我国的寒冷与严寒地区。但是风机盘管机组加单风道型变风量空调系统存在由风机盘管机组所引起的"水患"和"霉菌"问题。

2. 周边散热器加单风道型变风量空调系统

周边散热器加单风道型变风量空调系统如图2-9所示。散热器设置在外区窗边,仅处理冬季建筑物外围护结构热负荷,单风道型变风量空调系统为内、外区共用,全年供

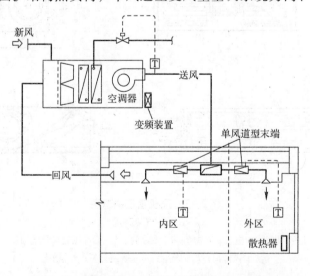

图 2-9 周边散热器加单风道型变风量空调系统

冷。内、外区末端装置一般均为单风道型末端装置，内区的末端装置主要处理内区的冷、热负荷，同时向内区输送新风；外区的末端装置主要处理建筑物外围护结构和外区的冷、热负荷，并同时向外区输送新风。对于像会议室等人员密集的区域，需要设置带加热器的单风道末端装置。

3. 无外区单风道型变风量空调系统

近年来，随着建筑物外围护结构的热工性能不断提高，各种新型的外围护结构不断涌现，构造形式越来越多样化。新型的外围护结构通过遮阳、通风、绝热等手段，大大减少了外围护结构的冷、热负荷，使外围护结构的内表面温度接近于室内温度，从而使建筑物外区不再受日射、传热等影响，出现了"外区消失"的现象。对于这样的建筑物，仅设置单风道型变风量空调系统，全年供冷，处理冷、热负荷，同时向建筑物内输送新风。

在无外区单风道型变风量空调系统中，由于建筑物采用了新型的外围护结构，大大降低了外围护结构的冷、热负荷，从而获得了明显的节能效果。变风量空调系统主要处理相对稳定的建筑物内的冷、热负荷，系统全年供冷，末端装置送风量相对稳定，从而可以有效提高建筑物内的温度控制质量。同时，末端装置可以按照冷、热负荷调节风量，从而使新风量的分配与需求保持一致，满足室内人员对新风量的需求，进一步提高室内人员的热舒适感，提高室内空气品质。

2.6.4 双风道型变风量空调系统

双风道型变风量空调系统如图 2-10 所示。

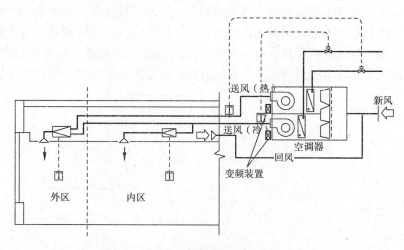

图 2-10 双风道型变风量空调系统

双风道型变风量空调系统与单风道型变风量空调系统的不同之处是：风机的出口端分成两路，一路通过冷却，一路通过加热，可分别经过冷风道和热风道向末端装置送冷风与热风，然后再送入空调区域。当空调区域需要供冷时，末端装置关闭热风阀，开启冷风阀，向室内送冷风；当空调区域需要供热时，末端装置关闭冷风阀，开启热风阀，向室内送热风；当空调区域冷、热负荷很小或冷热需求交替出现时，末端装置同时开启冷风阀和热风阀，调节冷、热风的混合比例，将合适的送风温度和送风量送到室内。

第2章 变风量空调系统

在夏季，室外空气与回风混合后，分两路送出：一路经冷却除湿处理后，再经风道升温后，通过冷风道送至末端装置的冷风阀；另一路经过热风道送至末端装置的热风阀。末端装置按照空调房间的需求温度，调节冷风阀，使冷风量介于最大风量与最小风量之间。如果空调房间处于高峰负荷，则将冷风阀全开，热风阀全关，系统将最大风量送入房间，使室内温度维持在设定状态。如果室内负荷减小，末端装置控制冷风阀减小冷风量，但维持送风温度不变。当送风量达到最小设计送风量时，系统进入混合工况运行，此时同时开启冷风阀和热风阀，末端装置根据空调房间的温度要求，同时调节冷风阀和热风阀，控制冷、热风量的比例，向室内送入冷热混合的空气。随着房间负荷不断减小，冷风阀不断关小，直至关闭，热风阀不断开大。

在冬季，系统进入供热工况，室外空气与回风混合，再经加热处理后，通过热风道送至末端装置的热风阀。系统送风温度不变，热风阀开启，冷风阀关闭。末端装置根据空调房间的需求温度调节热风阀，使热风量介于最大风量与最小风量之间。当负荷减小时，热风量减小。当送风量达到最小送风量时，开启冷风阀，开始向室内送入冷热混合的空气，直至热风阀关闭，冷风阀不断开大。热风量最大值通常介于冷风量最大值的 50%～100% 之间，热风量最小值通常与冷风量最小值一致，为末端装置最大风量的 30%。

在双风道型变风量空调系统中，空气处理装置中既有冷却装置，也有加热装置。在系统运行中，系统很少同时供冷和供热。双风道型变风量空调系统的末端装置在供冷和供热工况下并不进行冷风与热风的混合，此时呈现为单风道型变风量空调系统的功能，具有明显的节能效果。

双风机双风道系统是双风道型变风量空调系统的另一种形式，如图 2-11 所示。双风机双风道系统既有供冷风机，又有供热风机。与单风机双风道系统相比，双风机双风道系统分别调节冷风机和热风机转速，冷风管和热风管的静压值只需满足自身的设计值即可，避免了某一路风管的静压超值的现象；双风机双风道系统可以采用不同的新风比，并且系

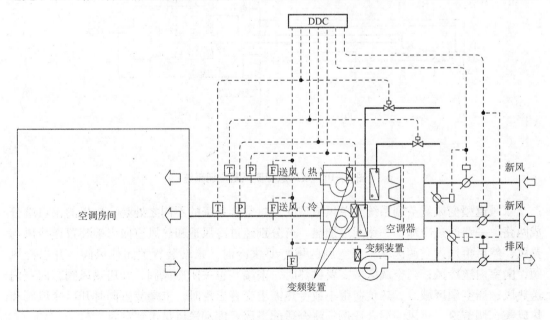

图 2-11 双风机双风道型变风量空调系统

统运行时可以按照需要启停风机,夏季只送冷风,冬季在预热运行和值班供热时,只送热风,有利于节能运行。

2.6.5 诱导型变风量空调系统

诱导型变风量空调系统采用诱导型变风量末端装置,由一次风空调器、诱导型变风量末端装置与风管系统等组成。诱导型变风量末端装置可以利用房间吊顶内的热风加热房间,也可以与照明灯具结合,直接利用照明的热量来加热房间。在诱导型变风量末端装置内,由变风量系统送来的一次风与吊顶内被诱导的二次风混合后送入空调区域,充分利用了空调区域内的热负荷(如照明热量),从而提高了系统的送风温度,同时也增加了送风量,增加了室内换气次数,改善了室内人员的热舒适性。

2.6.6 变风量空调系统设计中的几个问题

1. 送风量

变风量空调系统的最大送风量并不是系统内各空调区域的设计送风量之和。由于变风量空调系统提供的冷、热量可以随着各空调区域的负荷变化进行调整,因此应该根据空调系统的同时负荷率来确定最大送风量。空调系统的最大负荷率与建筑朝向、窗墙比、空调房间数等因素有关,应该通过具体分析来确定。空调系统的最大负荷率一般为70%~80%。在保证系统的最小新风比、换气次数和气流组织不恶化的前提下,空调系统的最小送风量一般可以按照最大风量的30%~50%来确定。采用较低比例的最小送风量,可以为用户提供更宽的温度控制设定范围。

在办公建筑中,当空调区域出现部分负荷时,空调系统提供 $13\sim14m^3/(h\cdot m^2)$ 的最小送风量较为合适。对于人均占有 $10m^2$ 以上的空调区域,可以将最小送风量降低到 $11m^3/(h\cdot m^2)$ 左右。一般情况下,内区的最大设计送风量为 $14.5\sim18.5m^3/(h\cdot m^2)$,外区的最大设计送风量为 $22.5\sim27m^3/(h\cdot m^2)$。

2. 送风温度

空调区域温度的选择取决于建筑物的使用要求。对于大多数民用建筑来说,舒适性空调系统在夏季的室内设计状态通常为:干球温度维持在24~28℃的范围内,相对湿度维持在40%~65%的范围内。舒适性空调系统的送风温差通常应该在9~19℃之间进行选择。

送风温度与空调区域负荷、空气过滤和气流组织等有关。如果变风量空调系统采用吊顶集中回风,有一部分回风会经过照明灯具的缝隙进入吊顶,会带走一部分照明负荷,从而使空调系统的回风温度升高1℃左右。室内空气品质受到尘埃的影响,通常由空调器内的过滤器进行空气过滤,并维持一定的换气次数,以保证室内空气的清洁度。

为了减少空调系统的初投资和运行费用,在实际工程设计中,应该选用较低的送风温度,以减小送风量,同时降低系统内风机的输送能耗。

送风温度的选择与变风量空调系统末端装置的性能有很大关系。如果变风量系统末端装置带有送风散流器,能够提供理想的气流组织和气流分布状态,即使在送风量减小的情况下,也不会在室内产生下降冷气流,此时送风温度可以降低。反之,如果变风量末端装置不能提供理想的气流组织和气流分布状态,则当送风量减小时,室内气流分布的均匀性和稳定性会变差,可能会出现射流达不到应有的射程的情况,在室内产生令人不舒适的下降冷气流,此时应该选择较高的送风温度。

对于末端装置带有再热器的变风量空调系统,由于受到末端装置最小风量的制约,当负荷较小时会出现区域过冷的现象,此时采用再热方式来提高送风温度,以满足室内负荷的要求。此时送风温度越低,送入空调区域的冷量就越多,需要再热的区域就越大,从而造成再热的冷、热损失量就越大,不利于节能。

为了有效地节能,对于全年供冷的变风量空调系统来说,可以利用室外低温新风供冷。当室外新风温度低于系统送风温度时,可以停止冷却盘管供冷,通过调节新、回风比来实现室外新风自然供冷。系统送风温度越高,利用室外新风自然供冷的时间就越长,空调系统全年的运行能耗就越低,节能效果就越好。

由于影响送风温度的因素很多,送风温度的选择需要根据气候、工程和空调系统的具体情况进行综合分析之后确定。例如,为了确保在供冷状态下的除湿效果,应该选择较低的送风温度,从而减小送风量,确保除湿效果。如果空调区域的冷负荷很大,则应该选择较低的送风温度,以避免在空调区域内出现过高的峰值送风量。

但是,送风量的选择并非越低越好。如果送风温度偏低,虽然风机的运行能耗可以下降,但是需要提供的冷水温度也偏低,冷水机组的运行效率就会降低,热回收装置的有效运行时间会缩短,反而不利于节能。

3. 气流组织问题

室内气流速度、温湿度都是人体热舒适性的重要因素,而污染物的浓度是室内空气品质的重要指标。不同形状的房间、不同送风口和回风口形式和布置、不同大小的送风量等都会影响室内空气的流速分布、温湿度分布和污染物浓度分布。要使空调区域成为一个温湿度适宜,空气品质优良的舒适环境,空调系统不仅要有合理的系统形式和对空气的处理方案,而且还必须有合理的气流分布。气流分布又称为气流组织。

对舒适性空调系统,气流组织的要求主要针对"工作区"(一般指距地面2m以下),以满足人的热舒适性和空气品质为目的。在空调房间内,送入与房间温度不同的空气,以及房间内有热源存在,在垂直方向通常有温度差异(温度梯度)。按照 ISO 7730 标准,在舒适的范围内,考虑到人坐着工作的情况,在工作区内地面的上方 1.1m 和 0.1m 之间的温差不应大于3℃;美国 ASHRAE 55-92 标准建议,考虑到人站立工作的情况,1.8m 和 0.1m 之间的温差不应大于3℃。从可靠性出发,垂直温度梯度应该采用后者的控制指标。

工作区的风速也是影响人体热舒适的一个重要因素。在温度较高的场所通常可以用提高风速来改善热舒适环境。但是风速过大常常会令人感到不适。试验表明,风速在 0.5m/s 以下时,人体没有明显的感觉。我国《采暖通风与空气调节设计规范》GBJ 19-87 规定:舒适性空调冬季室内风速不应大于 0.2m/s,夏季风速不应大于 0.3m/s。

如果空调房间有吹风感,会造成人体不适。吹风感是由于空气温度和风速引起人体局部有冷感,从而导致人体有不舒适的感觉。美国 ASHRAE 用有效吹风温度 EDT(Effective Draft Temperature)来判断是否有吹风感,有效吹风温度 EDT 定义为:

$$EDT = (t_x - t_m) - 7.8(v_x - 0.15)$$

式中 t_x ——室内某地点的温度,℃;

t_m ——室内平均温度,℃;

v_x ——室内某地点的风速,m/s。

有效吹风温度 EDT 用于判断工作区任何一点是否有吹风感,而对整个工作区的气流分布的评价则用气流分布性能指标 $ADPI$（Air Diffusion Performance Index）来判断,它定义为工作区内各点满足 EDT 和风速要求的点占总点数的百分比。对于空调房间,$ADPI$ 可以通过实测各点的空气温度和风速来确定。对于办公室,当 EDT 在 $-1.7 \sim 1℃$,$v_x < 0.35\text{m/s}$ 时,大多数人的感觉是舒适的,而当 EDT 小于下限值时,人体会有明显的冷吹风感。

换气效率是评价换气效果优劣的一个指标,它是气流分布的特性参数,与污染物无关,反映了空气流动状态的合理性。最理想的气流分布换气效率为1,一般的气流分布换气效率小于1。

通风效率是实际参与工作区内稀释污染物的风量与总送入风量之比,表示空调系统排出污染物的能力。当送入房间的空气与污染物混合均匀,排风的污染物浓度等于工作区的浓度时,通风效率为1。对于一般的混合通风的气流分布形式,通风效率小于1。如果清洁空气由下部直接送到工作区时,工作区的污染物浓度可能小于排风的浓度,此时通风效率大于1。通风效率不仅与气流分布有着密切关系,而且还与污染物分布有关。如果污染源位于排风口处,则通风效率增大。

由送风口射出的空气射流,对室内气流组织的影响很大。送风量减小过多时会影响到室内气流分布的均匀性和稳定性,甚至射流达不到应有射程就下降到工作区,造成气流组织的恶化,影响人体的舒适感。因此,在进行变风量系统设计时应充分考虑气流组织问题,尽量选用扩散性能好的变风量风口,并限制房间的最小风量,使其不低于设计送风量的 40%~50%。变风量空调系统是通过改变送到房间的空气量来实现房间温度控制的,而变化着的风量又是通过散流器进入房间的。因此,应该选择合适的散流器,以维持足够的出口风速,即使在送风量减小的情况下,也能够保持空调房间的舒适度。例如,选用条缝型散流器就可以避免当出现最小风量时,出风口产生明显的下降气流。

4. 最小新风量

在空调系统中,足够的新风量可以提供良好的室内空气品质,保证室内人员的舒适感和身体健康。在定风量空调系统中,由于送风量在运行过程中始终保持不变,因此,一旦新风量根据要求被设定,则在整个系统运行期间,新风量都能满足要求。在变风量空调系统中,由于送风量随着负荷的变化而不断变化,如果不对新风量进行控制,则当系统负荷不断减小时,送风量也随之不断减小,在负荷很低的情况下,可能会出现新风量不足的现象。新风量不足会直接影响室内人员的热舒适感和室内空气品质,因此,当变风量空调系统在最小风量下运行时,需检查系统的新风量是否满足最小新风比的要求。为了保证系统的新风量不低于最小值,必须对最小新风量进行控制。对最小新风量进行控制需要通过自动控制系统来完成。

5. 变风量空调系统的风道设计

变风量空调系统的送风系统按照最大风量来设计,同时应保证变风量系统末端进风口的全压能克服末端装置、末端管道及送风口的阻力,使送风口保持一定的余压。送风管内一般为中速送风,但主干管道可以采用较高的送风速度。一般主风道的最大风速为 $12.5 \sim 30\text{m/s}$,支风道的最大风速为 $10 \sim 25\text{m/s}$,支风道末端的最大风速小于 5m/s。由于高速风道断面小而能量消耗多,因此对高速风道的气密性及刚度都有较高的要求,主干风道一般采用薄钢板制作,断面采用圆形或扁圆形。如果受到空间限制,主干风道的断面也可以采用矩形。为了减小噪声，高速系统的主风道和进入房间的支风道，一般都应设有消声装置。回风系统应该是低速系统，这样可以使送风系统的压力平衡得以保持，同时又避免产生噪声。

　　风机进、出口与风管的连接方式将会直接影响到风管系统风量的大小，只有风机与风管之间正确连接才能使系统达到设计风量。在设计时应特别注意风机吸入口气流要均匀、流畅，尽量避免偏流和涡流的产生。在风机吸入口连接处通常要设置导流片，如果风机吸入口直径变化时，应该采用较长的渐扩管。在风机的压出口与风管进行连接时应采用渐扩式变径管。当风机出口气流呈90°转弯时，弯管的弯曲方向应与风机叶轮的旋转方向一致。当风机出风口接丁字形三通向两边送风时，应在分流处设置导流片。

本 章 小 结

　　由于变风量空调系统是通过固定送风温度，改变送风量来达到调节室内温度的目的，送风量的大小随着负荷的变化而变化，因此可以节约风机能耗，具有节能的优点。本章首先介绍了变风量空调系统的基本组成和特点，介绍了变风量空调系统的基本原理，其次，本章介绍了智能建筑的定义和基本功能，介绍了热舒适性和影响热舒适性的指标，介绍了空调系统耗能的特点以及降低能耗的措施。由于变风量空调系统的末端装置有不同的形式，因而由它们构成的变风量空调系统也有不同的类型。本章简要介绍了变风量空调系统的几种类型。最后，本章介绍了在变风量空调系统设计中应该注意的几个问题。

第3章　变风量空调系统末端装置

变风量末端装置是变风量空调系统的关键设备，变风量空调系统通过末端装置调节送风量，补偿空调区域的负荷，维持室内温度。末端装置性能的好坏直接影响了变风量空调系统的运行质量。

变风量末端装置应具有以下功能：

(1) 接受系统控制器的指令，根据室内温度的高低，自动调节送风量。

(2) 当室内负荷增大时，能自动维持房间送风量不超过设计最大送风量；但室内负荷减小时，能保持最小送风量，以满足最小新风量和室内气流组织的要求。

(3) 当空调房间不使用时，能完全关闭末端装置的一次风风阀。

(4) 末端装置应具有一定的消声功能。

变风量空调末端装置主要由进风短管、消声腔、风量调节器及控制风阀等几个基本部分组成。按照风量调节原理，变风量末端装置可以分为节流型、风机动力型、旁通型、诱导型四种基本类型。在这四种类型中，目前我国民用建筑中使用最多的是节流型和风机动力型。

3.1　节流型变风量末端装置

节流型变风量末端装置是最基本的变风量末端装置，它通过改变空气流通截面积来改变风量，达到调节送风量的目的。其他如风机动力型、旁通型、诱导型等都是在节流型的基础上发展起来的。节流型变风量末端装置能够根据室内负荷变化自动调节送风量。当系统中其他末端装置风口进行风量调节而导致风道静压变化时，节流型变风量末端装置能够稳定风量，具有定风量的功能。应尽量避免节流时产生噪声及对室内气流组织产生不利影响。

常用的节流型变风量末端装置主要由箱体、控制器、风速传感器、室温传感器、电动调节风阀等部件组成。箱体通常由厚度为 0.7~1.0mm 的镀锌钢板制成，箱体内侧贴有经特殊处理过的离心玻璃棉或其他保温吸声材料。箱体入口处设置风速传感器，用于检测流经变风量装置的风量。为了保证末端装置的风量检测精度，一些末端装置在一次风入口处设置均流板，使空气能够均匀地流过风速传感器。控制箱位于箱体外侧，控制箱内设置有电源电路、控制器和执行机构等。风量调节风阀与传动机构或执行器相连。风速传感器品种繁多，常见的是毕托管式风速传感器、超声波涡旋式风速传感器、螺旋桨风速传感器等。控制器由电源、变送器、逻辑控制电路等部件组成，并配有与控制系统和计算机相连的接口电路，便于与楼宇管理系统进行数据通信以及在现场进行参数设置。

节流型变风量末端装置有三种基本类型，即文丘里型、百页型和气囊型。图3-1所示的文丘里型变风量末端装置是一种典型的节流型变风量末端装置。该装置有一个呈文丘

第3章 变风量空调系统末端装置

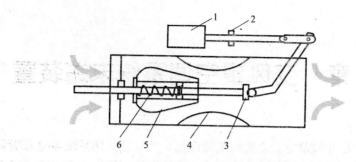

图3-1 文丘里型变风量末端装置示意图
1-执行机构；2-限位器；3-阀杆；4-文丘里型筒体；5-锥体；6-弹簧

里式的筒体，内部有带弹簧的锥体可以在其中移动。当室内负荷发生变化时，由室内恒温调节器控制的电动或气动执行机构带动锥体中心的阀杆使锥体在管内移动，从而改变锥体与文丘里式筒体中间环形面积的大小，因而可以改变风量。锥体中心的阀杆带有弹簧，可以实现定风量的功能，当末端装置上游静压增大时，此压力将克服弹簧力使锥体向减小空气流通截面积的方向移动，从而增加了空气流通时的阻力，维持了原来的风量不变。当末端装置上游静压变小时，弹簧力使锥体向增加空气流通截面积的方向移动，从而减小了空气流通时的阻力，维持了原来的风量不变。当风道内静压在一定范围内变化时，节流型变风量末端装置应该在一定的变风量范围内都具备这种特性。

具有定风量能力的节流型变风量末端装置的特性如图3-2所示。图中曲线簇表示了在室温控制器控制下锥体在不同位置时的变风量范围，每条曲线中间的竖直部分则表示了装置在一定的静压范围内其本身的定风量能力。显然，风道内静压过大会导致装置失灵。

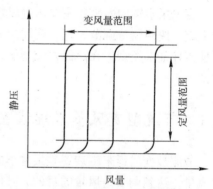

图3-2 节流型变风量末端装置的特性

百页型变风量末端装置如图3-3所示。由室温控制器控制的电动或气动执行机构通过转动百页的位置来改变空气流通面积的大小，从而改变风量。

在图3-4所示的空气阀变风量末端装置中，由室温控制器控制的电动或气动执行机构通过推动阀板来改变在进口喉部的位置，从而改变空气流通面积的大小，达到改变风量的目的。

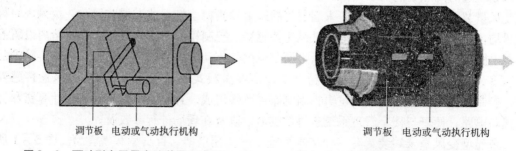

图3-3 百叶型变风量末端装置示意图　　图3-4 空气阀变风量末端装置示意图

图 3-5 表示了这两种末端装置的风量调节特性。由图可以看到，空气阀变风量末端装置的风量调节更接近于线性，而线性调节性能正是变风量空调系统所希望的。

节流型变风量末端装置不仅能节省再热量，还能节省风机的能耗，系统运行的经济性较高，但是系统内静压变化较大，装置过度节流时可能会产生噪声。

单风道型变风量末端装置是最基本的变风量末端装置，它通过改变空气流通截面积来调节送风量，是一种节流型变风量末端装置。根据空调负荷的变

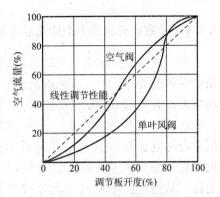

图 3-5 节流型变风量末端装置的风量调节特性

化，末端的送风量随着空调负荷的减少而相应减少，这样可以实现对室内温度、室内最大风量和最小风量的有效控制，减少风机和制冷机的能耗。由于该末端装置只能对各房间同时加热或冷却，并且当显热负荷减少时，不易控制室内相对湿度。因此，该末端装置仅适用于室内负荷比较稳定、对室内相对湿度无严格要求的场合。以欧美为代表的高速压力无关型变风量末端装置采用平板叶片风阀和圆形进风口，采用毕托管式风速传感器。在末端装置与支风管之间必须有一段高速风管，以满足毕托管式风速传感器的测量精度和末端装置的调节能力。一般要求该装置的最高入口风速为 12~15m/s 的范围内。由于入口风速提高，该末端装置的能耗较高，噪声较大，并且毕托管式风速传感器的测孔容易堵塞，难以清洗，设备故障率较高。以日本为代表的低速压力无关型变风量末端装置采用平板叶片风阀和矩形进风口，采用低风速传感器（如卡尔曼涡流超声波风速传感器、霍尔效应电磁风速传感器、螺旋桨电磁风速传感器等）。日本的支风管风速一般设计为 4~6m/s，变风量末端装置采用低风速传感器。

双风道型变风量末端装置是由两个单风道型末端装置并排设置在一个矩形箱体内组成的，两个单风道型末端装置各带风速传感器、控制器和电动调节风阀。该装置具有冷热两个风道，当房间的送风量随着冷负荷的减少而达到最小风量时，末端装置开启热风阀，向房间补充热量，有效地调节了空调系统的负荷。双风道型变风量末端装置对空调负荷的适应性较强，能满足对不同房间分别同时进行加热和冷却的要求。由于空调负荷得到补偿，最小风量得到控制，使室内温度也可保持在较好的水平上。但是，由于系统增加了一条风道，从而提高了设备费用和运行费用。

3.2 风机动力型变风量末端装置

风机动力型变风量末端装置是在单风道型变风量末端装置的基础上内置一离心式增压风机而产生的。通过增压风机使来自回风道或吊顶内的热风与一次风混合后送入空调区域。根据增压风机与一次风调节阀的排列位置不同，风机动力型变风量末端装置可以分为串联式风机动力型变风量末端装置和并联式风机动力型变风量末端装置。

3.2.1 串联式风机动力型变风量末端装置

在串联式风机动力型变风量末端装置内,内置增压风机与一次风调节阀串联设置。经集中空调器处理后的一次风既通过一次风调节阀,又通过增压风机。串联式风机动力型变风量末端装置的基本结构如图3-6所示。

在供热与制冷负荷时,一次风的风量根据室内温度进行控制,是变风量的;串联式风机动力型变风量末端装置始终以恒定风量运行,从而保证了室内气流分布的稳定性和温度分布的均匀性。如果在风机出口端装上再热盘管(热水型或电热型),就成为串联型再热式风机动力型变风量末端装置。

当空调区域供冷时,串联式风机动力型变风量末端装置的一次风调节阀开启,进入空调区域的送风量等于一次风量与增压风机从吊顶内抽取的二次风量的总和。当空调区域的冷负荷减小时,串联式风机动力型变风

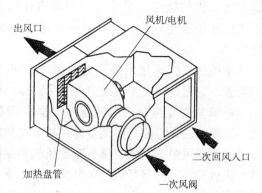

图3-6 串联式风机动力型变风量末端装置的基本结构

量末端装置的一次风调节阀对一次风进行节流,同时,增压风机从吊顶内抽取的二次风量相应地增加,以保证总的送风量不变。在空调运行期间,送风温度是可变的,末端装置的送风温度随着空调区域冷负荷的变化而变化。当空调区域冷负荷很小时,一次风量减至最小。当空调区域负荷继续减小、空调区域温度继续降低时,串联式风机动力型变风量末端装置中的再热盘管(热水型或电热型)开始向空调区域提供热量,系统转为供热模式,空调区域温度开始升高并维持在设定温度附近。对于低温送风空调系统,为了确保送风口表面不出现凝露现象,末端装置内置增压风机的风量需计算末端装置出口处的送风温度。

串联式风机动力型变风量末端装置与空调送风机应实现联锁控制,并且末端装置应该先于空调送风机启动,从而防止一旦系统启动后,从空调送风机送来的一次风通过末端装置进入吊顶房间,末端装置内的增压风机出现反转的情况。

串联式风机动力型变风量末端装置只需克服上游风管和节流阀阻力损失,下游风管与送风散流器的阻力由内置增压风机来承担。在运行过程中,串联式风机动力型变风量末端装置风机连续运行,噪声平稳,并且设计风量大,能耗较高。

由于在空调系统运行过程中,串联式风机动力型变风量末端装置的内置增压风机需要不间断地连续运行,而该风机的效率较低,因此除了一些有特殊使用要求的场合外,应该尽量避免选用串联式风机动力型变风量末端装置。

由于串联式风机动力型变风量末端装置始终以恒定风量运行,因此该末端装置适用于需要一定换气次数的场所。对于内区会议室,由于在设计状态下,会议室内人员密度很大,由于通风换气和最小新风量的要求,会议室要求的最小风量与最大风量的比值很高,甚至高达75%以上。而在实际使用过程中,人员的变化也很大。当会议室内人员很少,负荷降低时,如此高的最小设计风量必将导致房间过冷。在这种情况下,可以考虑采用串联式风机动力型变风量末端装置,该装置可带零最小风量设定点,它可以通过送入房间的再

循环风来满足通风换气的要求,而不必在空气处理装置中进行再热。当会议室出现部分负荷时,可以通过减小一次风量,增加引入吊顶内的再循环空气,来满足室内负荷的要求,同时还能达到节省能耗的效果。

对于建筑中大的门厅或前厅等高大空间,空间本身有两层以上的高度,通常会在首层的高度上安装侧送散流器风口,由于散流器风口上方没有吊顶,无法形成送风的"贴附效应"。当系统处于低负荷状态时,散流器出口送风速度降低,可能会产生下降冷气流。在这种情况下可以考虑采用串联式风机动力型变风量末端装置,从而在各种负荷下都维持固定的送风量和固定的送风速度,以保证室内气流分布的稳定性和温度分布的均匀性。

3.2.2 并联式风机动力型变风量末端装置

在并联式风机动力型变风量末端装置中,增压风机与一次风调节阀并联设置,经集中空调器处理后的一次风只通过一次风风阀而不通过增压风机。并联式风机动力型变风量末端装置的基本结构如图3-7所示。

在并联式风机动力型变风量末端装置中,一次风不通过增压风机,增压风机只诱导室内空气。因此,风机的风量小、型号较小。夏季,在室内处于部分负荷且一次风减小到设定的最小风量时,并联式风机动力型变风量末端装置中的内置增压风机启动;冬季,当一次风按照设定的最小风量运行时,并联式风机动力型变风量末端装置中的内置增压风机启动。如果在风机出口端装上再热盘管(热水型或电热型),就成为并联型再热式风机动力型变风量末端装置。

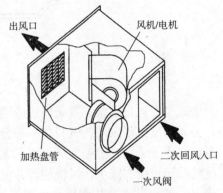

图3-7 并联式风机动力型变风量末端装置的基本结构

当变风量末端装置送冷风且空调区域冷负荷较大时,增压风机不运行,一次风调节风阀开启,此时经过并联式风机动力型变风量末端装置送入空调区域的送风量为一次风设计风量。当空调区域冷负荷减小时,并联式风机动力型变风量末端装置的一次风调节风阀关小,减少送入空调区域的一次风量。当空调区域冷负荷继续减小时,增压风机启动,增压风机诱导吊顶内的空气与一次风混合后送入空调区域,系统转为定风量运行,送风温度随着室内负荷的变化而变化。当空调区域负荷继续减小,空调区域温度继续降低时,并联式风机动力型变风量末端装置中的再热盘管(热水型或电热型)开始向空调区域提供热量,对送风进行加热,系统转为供热模式,空调区域温度开始升高并维持在设定温度附近。

在制冷负荷、加热负荷较小和夜间循环时,并联式风机动力型变风量末端装置的内置增压风机间歇运行,并且设计风量小,因此风机能耗较低。并联式风机动力型变风量末端装置的一次风最小送风静压较高,需克服节流阀、下游风管和散流器阻力损失。并联式风机动力型变风量末端装置内置增压风机可以根据空调区域所需最小循环风量或按照一次风设计风量的50%~80%选择。由于风机间歇运行,风机启动噪声大,风机平稳运行后噪声低。

由于并联式风机动力型变风量末端装置中的增压风机是周期性运行,它所产生的噪声更容易被人们察觉。一般情况下,由于并联式风机动力型变风量末端装置中的增压风机仅在系统处于供热状态下才间断地投入运行,而串联式风机动力型变风量末端装置中的增压风机则需要连续运行,因此,并联式风机动力型变风量末端装置中的增压风机的运行效率问题不像串联式风机动力型变风量末端装置那样突出。

3.3 旁通型变风量末端装置

一种典型的旁通型变风量末端装置如图3-8所示。

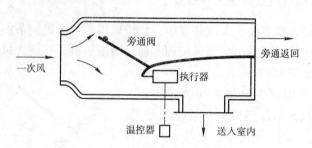

图3-8 旁通型变风量末端装置

旁通型变风量末端装置是通过旁通风阀来改变房间送风量的。当房间的空调负荷减小时,旁通型变风量末端装置只将一部分风量送入室内,其余部分则通过吊顶或旁通风管返回系统。由于采用旁通型变风量末端装置的空调系统有大量的送风直接由旁通返回系统,系统的总风量没有减少,风机能耗并没有减小,因而该系统并不具备变风量空调系统的全部优点,被称为"准"变风量空调系统。由于在采用旁通型变风量末端装置的空调系统中,风机能耗并未节省,所以该系统目前在工程中使用不多。

当系统负荷变化时,风管内的静压基本不变,因此不会增加系统噪声。当房间空调负荷减小时,不需要增加再热量。由于采用旁通型变风量末端装置的空调系统只能节省再热量,无法节省风机能耗,因此运行的经济性较差。

3.4 诱导型变风量末端装置

诱导型变风量末端装置由箱体、喷嘴、调节风阀等部件组成,如图3-9所示。

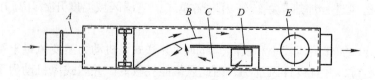

图3-9 诱导型变风量末端装置
A——一次风进风口;B-调节风门;C-诱导室;D-被诱导空气入口;E-出风口

3.4 诱导型变风量末端装置

一次风由风机送入诱导型变风量末端装置中，经喷嘴高速射出，在诱导型变风量末端装置内局部区域形成负压，将室内空气吸入，与一次风混合后从出风口送出。

采用诱导型变风量末端装置的空调系统具有变风量空调系统的全部优点。在供热模式时，它可以利用吊顶内的热风加热房间，也可以与照明灯具结合，利用照明的热量来加热房间。一次风诱导吊顶内的空气作为二次风，一次风与二次风混合后由出风口送入房间。用吊顶内的空气与一次风进行混合，可以延迟再热盘管的工作，降低再热能量的消耗。采用诱导型变风量末端装置的空调系统尤其适合于部分负荷下运行和在室内无人的情况下仍然要求维持一定的室内温度的场合。由于一次风的温度可以较低，所以一次风的风道断面较小。由于采用诱导型变风量末端装置的空调系统可以利用吊顶内的热量，尤其是可以利用照明热量，所以系统的运行费用较低。

本 章 小 结

作为变风量空调系统的关键设备，变风量空调末端装置性能的好坏直接影响了变风量空调系统的运行质量。按照风量调节原理，变风量末端装置可以分为节流型、风机动力型、旁通型、诱导型等四种基本类型。本章分别介绍了节流型变风量末端装置、风机动力型变风量末端装置、旁通型变风量末端装置以及诱导型变风量末端装置。

第4章 变风量空调系统的控制

变风量空调系统的总风量和送到各个空调区域的风量都会随着空调负荷的变化而变化,只有通过对变风量空调系统进行自动控制才能实现变风量空调系统的节能、舒适、正常运行。变风量空调系统的自动控制一般主要包括室内温度控制、新风量控制、室内正压控制和送风温度控制。

4.1 室内温度控制

室内温度控制包括变风量末端装置控制和送风机控制,下面对这两种控制方式分别进行介绍。

4.1.1 变风量末端装置控制

变风量末端装置控制是变风量空调系统的基本控制环节,空调系统通过对末端装置的控制来实现对室内温度的控制。变风量末端装置的送风量不仅与风阀的开度有关,还与入口处风道内的静压有关。变风量末端装置控制可以分为以下类型:

1. 压力相关型

在压力相关型变风量末端装置控制中,由安装在变风量末端装置箱体内的一个风量调节阀来接受室内温度调节器的指令,从而不断改变风阀的开度来调节送风量。风阀的开度由室内温度调节器根据室内温度的实测值与设定值之间的差值来控制,实际的送风量由入口处风道内的静压来确定。由于变风量空调系统中各末端装置的送风量都在不断地调节,所以整个系统的静压是在不断地变化的,而静压的变化又直接影响送风量的大小,从而出现送风量过大或过小的现象,使得空调房间出现较大的温度波动。但是,压力相关型变风量末端装置结构简单,价格便宜,只要配备灵敏度较高的室内温度调节器,就可以将室内温度控制在舒适范围以内,因此在以舒适性为目的的民用建筑中得到较多的应用。

2. 压力无关型

在压力无关型变风量末端装置控制中,由末端装置内的风量传感器(或风速传感器)来检测风管内的风量(或风速),由室内温度调节器根据室内温度的变化来改变风量设定值,风阀的开度由室内温度调节器根据室内温度的实测值与设定值之间的差值来控制,从而控制送风量,达到控制室内温度的目的。这种末端装置仅仅根据室内负荷的需要来调节相应的送风量,送风量与风管内的静压变化无关。末端装置只接受室内温度调节器的指令,可以在最大风量和最小风量的范围内进行控制,系统运行稳定,室内温度波动较小。由于压力无关型变风量末端装置结构复杂,价格较贵,因此通常使用于控制要求较高的场合。

4.1.2 变风量空调系统送风机控制

在变风量空调系统中,各个末端装置根据空调房间的实际温度来调节送风量,整个系统根据所有末端装置所需要的送风量通过调节风机转速或风机入口导叶阀来调节总的送风量。

变风量空调系统送风机的控制方法通常有定静压法、变静压法和总风量控制法三种。在这三种送风机控制方法中,风机的变风量方式主要有出口风阀节流调节、入口导叶调节与变转速调节三种。

1. 定静压法

所谓定静压控制就是在送风管中的适当位置设置静压传感器,通过静压传感器测量该点的静压,然后根据该点静压的实测值与设定值的偏差不断调节送风机的送风量以保持该点静压恒定不变。根据实际工程经验,静压测定点通常是在主风道上距离风机出口约2/3处,静压设定点通常取为设计状况下该点的静压值。事实上,测点距离风机出口越近,越不利于节能,但是压力调节却越稳定。风机出口静压控制是一种静压监测控制方法,如图4-1所示。在这种控制方法中,静压传感器被设置在风机出口附近,优点是静压传感器可以在生产厂家安装调试、可靠性高、没有现场安装费用、压力调节稳定,但是不利于节能。

另一种静压监测控制方法是送风管静压控制,如图4-2所示。在这种控制方法中,静压传感器被设置在主风道上距离风机出口约2/3处,静压传感器需要现场安装和调试。事实上,静压测定点距离风机出口越远,节能效果越显著,但是压力调节振荡的可能性也越大。这种控制方法增加了现场安装调试的难度和费用,降低了系统运行的可靠性,但是节能性较好。

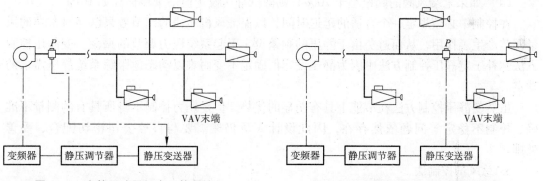

图4-1 定静压法风机出口静压控制　　图4-2 定静压法风机送风管静压控制

在定静压控制方法中,由于压力控制环节与末端风量控制环节存在一定的耦合特性,导致系统本身含有不稳定因素,可能会产生压力调节的不稳定现象。此外,由于静压设定值在初调阶段必须保证各个末端的最大设计风量,而实际运行中很少出现这种情况,因此在大多数运行时间内,静压设定值比实际需要偏高,为保证合适的风量而使末端阀位都处于一个较小的开度,从而导致末端装置的噪声明显增加,并且也没有很好地显现出变风量空调系统的节能优势。

2. 变静压法

为了克服定静压控制方法中静压值不能重新设定的缺点，出现了变静压控制方法。变静压控制的思路是：在定静压控制运行的基础上，根据需要阶段性地改变静压设定值，在适应当前送风量要求的同时，尽量使静压保持在允许的最低值，以节约能量消耗。因此，变静压控制法也称为最小静压控制。变静压法的原理如图4-3所示。

ASHRAE 标准 90.1-2001 描述了变静压法的控制逻辑：根据各独立分区的变风量末端装置控制器提供给中央监控系统的数

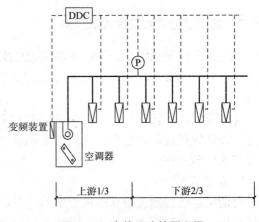

图4-3 变静压法的原理图

据，按照各分区最大静压需求值重新设定静压设定值。系统的静压值应尽量设置得低一些，直至某一分区的末端装置调节风阀全开。

在变静压控制方法中，每一个变风量末端装置的控制器将各自的末端装置调节风阀的阀位通过控制系统网络传送到空调系统的 DDC 控制器，系统控制器根据以下控制逻辑对系统风量进行控制：

（1）确定每个变风量末端装置调节风阀的阀位；

（2）如果末端风阀的阀位大于90%，并且此时风机转速没有达到最大值，则应增大静压设定值一个步长（如10Pa）；

（3）如果至少有一个末端风阀的阀位处于70%~90%之间，说明当前系统静压合适，则静压设定值不变；

（4）如果末端风阀的阀位小于70%，则降低静压设定值一个步长（如10Pa）。

在控制中必须规定一个合适的延迟时间，以保证风机转速的调节效果已经对末端的风量调节产生了作用，从而避免由于静压的频繁设定引起系统压力调节的振荡。变静压控制方法弥补了定静压控制方法中因为静压设定值固定不变而难以动态地跟踪系统静压需求的缺点。

虽然变静压控制方法在节能上具有明显的优势，但是压力控制本身所具有的测量不准确、控制不稳定等问题依然存在，因此设计人员仍然需要与自控公司密切配合、妥善处理。

3. 总风量控制法

传统的变风量空调系统控制方法一直把静压作为调节风机转速的唯一参数，但是只要静压控制环节存在，空调系统就必然存在不稳定的因素。在变风量空调系统控制中，排除机组的控制环节后，在风系统控制中只有房间温度控制环节和风机转速控制环节。风机转速如果不使用静压控制，可以使用前馈控制，充分利用计算机的计算功能，计算出风机合适的转速，来直接控制风机。

总风量控制法的基本原理是建立系统设定风量与风机设定转速之间的函数关系，用各变风量末端装置所需风量之和作为系统设定的总风量，从而直接求得风机的设定转速。变风量空调系统的末端设定风量反映了该末端所带房间当前所要求的送风量，显然所有末端设定风量之和就是系统当前要求的总风量。根据相似律，在空调系统阻力系数不发生变化时，系统的总风量和风机转速存在正比关系：

$$\frac{G_1}{G_2} = \lambda \frac{N_1}{N_2}$$

根据这一正比关系，可以近似得到以下关系：

$$\frac{G_s}{G_d} = \frac{N_s}{N_d}$$

式中　N_s，N_d——分别为风机的设定转速和设计转速，r/rad；
　　　G_s，G_d——分别为系统的设定风量和设计风量，kg/s。

考虑到各末端风量要求的不均衡性，适当增加一个安全系数就可以简单地实现风机的变频控制。给每一个末端定义一个相对设定风量的概念：

$$R_i = \frac{G_{s,i}}{G_{d,i}}$$

式中　$G_{s,i}$——第 i 个末端的设定风量，由房间温度 PID 控制器所输出的控制信号设定；
　　　$G_{d,i}$——第 i 个末端的设计风量。

由于各个末端要求风量的差异，使得各个末端的相对设定风量不一致，可以用误差理论中的均方差概念来反映这种不一致的程度。首先计算出各个末端的相对设定风量 R_i 的平均值 $\bar{R}$：

$$\bar{R} = \frac{\sum_{i=1}^{n} R_i}{n}$$

式中　n——变风量末端装置的总个数。

则均方差可以表示为：

$$\sigma = \sqrt{\frac{\sum_{i=1}^{n}(R_i - \bar{R})^2}{n(n-1)}}$$

可以给出以下的系统需求风量与风机需求转速的关系：

$$N_s = \frac{\sum_{i=1}^{n} G_{s,i}}{\sum_{i=1}^{n} G_{d,i}} N_d (1 + \sigma K)$$

式中　$G_{s,i}$、$G_{d,i}$——分别为第 i 个末端的设定风量和设计风量；
　　　σ——所有末端装置相对设定风量的均方差；
　　　R_i——各个末端的相对设定风量；
　　　$\bar{R}$——各个末端的相对设定风量的平均值；
　　　n——变风量末端装置的总个数；
　　　K——自适应的整定系数，缺省值为 1.0，可以在系统初调试时确定。

系统可以利用以上转速关系实时地根据末端设定风量的变化对风机转速进行控制。

总风量控制方法可以避免使用压力测量装置，不需要变静压控制时的末端阀位信号，控制形式比静压控制简单，降低了控制系统的调试难度，同时提高了控制系统的可靠性。

第 4 章 变风量空调系统的控制

总风量控制方法是间接根据房间温度偏差通过 PID 控制器来控制风机转速的送风机控制方法，在节能效果上介于变静压控制和定静压控制之间，比定静压控制的节能效果好，在控制性能上具有快速、稳定的特点。但是也要看到，总风量控制增加了末端之间的耦合程度，这种末端之间的耦合主要是通过风机的调节来实现的。这种末端之间的耦合现象可以通过合理选用采样时间来消除。

4.2 新风量控制

4.2.1 新风量的确定

空调建筑通常是一个密闭性很好的建筑，如果没有合理的通风，其空气品质还不如通风良好的建筑。如果空调建筑中通风不好，空气品质不良，会使空调建筑中的人员出现诸如头疼、头晕、疲劳、乏力、胸闷、过敏、神经衰弱等症状，影响人的身体健康，降低人员的工作效率。通风不足是造成空气品质不良的主要原因之一。在全空气系统中，应该引入室外新风，与回风共同处理后送入室内，以稀释室内的污染物。空调系统利用稀释通风的方法来改善室内空气品质。

在变风量空调系统中，新风是影响变风量空调系统运行性能的重要因素。如果新风利用不合理，一方面会造成空调系统的能耗增加，另一方面会造成空调区域新风量不足，导致室内空气品质不良，影响室内人员的身体健康。舒适性空调系统的室内污染物是由室内人员活动以及室内建筑材料和各种设备所引起的。一方面，室内人员活动会造成室内污染；另一方面，室内建筑材料和各种设备也会散发出污染物。由于这两种污染物共同存在时会对室内空气品质产生累加作用，因此室内所需新风量必须综合考虑二者的累加作用。

变风量空调系统每个分区的设计新风量由两部分组成，一部分是用于稀释室内人员和室内人员活动带来的污染物所需要的新风量，另一部分是用于稀释室内建筑装饰材料、地板、家具以及空调系统本身散发出的污染物所需要的新风量。在确定变风量空调系统每个分区的设计新风量 DVR 时，可以采用以下公式：

$$DVR = R_p \cdot P_D \cdot D + R_B \cdot A_B$$

式中 R_p ——人均最小新风量，$m^3/(h \cdot 人)$；

P_D ——室内人员数；

D ——人员差异系数；

R_B ——单位地板面积所需最小新风量，$m^3/(h \cdot m^2)$；

A_B ——区域的净地板面积，m^2。

整个变风量空调系统的新风量可以按照以下公式确定：

$$V_{ot} = \frac{V_{ou}}{E_v}$$

$$V_{ou} = D \cdot \sum_{i=1}^{n} R_p \cdot P_D + \sum_{i=1}^{n} R_B \cdot A_B$$

4.2 新风量控制

$$D = \frac{P_S}{\sum_{i=1}^{n} P_B}$$

式中 V_{ot}——整个变风量空调系统的新风量；

V_{ou}——未经修正的总新风量，其值由各分区的新风量累加后由总的人员变化因素修正而得；

E_v——通风系统的全效率；

n——空调分区数；

P_S——空调系统所服务的各分区中同时出现的最高人数；

P_B——分区内预期出现的最高人数。

一般地，空调建筑内部应该保持一定的正压，以防止室外未经处理的空气渗透进入室内，对室内造成污染。因此，整个变风量空调系统的新风量确定后必须用系统的排风以及正压要求对新风量进行修正。系统的新风量必须略大于系统的排风量以及各种局部排风量的总和，以满足系统的正压要求。

4.2.2 新风量的测量

对新风量进行实时测量是保证变风量空调系统新风量满足设计要求的基础。在实际应用中，变风量空调系统的新风量测量方法可以分为直接测量法和间接测量法。

1. 新风量直接测量法

新风量直接测量法是指直接在新风管道上安装速度传感器或毕托管，通过对新风风速或动压进行测量而得到风量。这种方法在理论上是最简单的方法，但是在实际应用中存在很大的困难。由于新风管道的风速往往比较低，对应的动压也很低，并且新风温度不断波动，因此使用速度传感器或毕托管很难准确地测量新风量。另外，在很多情况下，由于机房面积狭小，无法找到满足测量条件的平直管段，有些空调设计将整个机房作为混风静压箱使用，机房内根本就没有新风管，因此无法对新风量进行直接测量。

2. 新风量间接测量法

新风量间接测量法是指利用新风、回风以及送风中存在的质量和能量守恒关系找出新风、回风、送风量之间的关系，又分为质量平衡法和能量平衡法。

（1）质量平衡法

质量平衡法是利用新风、回风以及送风中的 CO_2 平衡关系来测量新风量，关系如下：

$$L_{OA} = \frac{C_{RA} - C_{SA}}{C_{RA} - C_{OA}} \cdot L_{SA}$$

式中 L_{OA}——新风量，m^3/h；

L_{SA}——送风量，m^3/h；

C_{OA}——新风的 CO_2 浓度；

C_{RA}——回风的 CO_2 浓度；

C_{SA}——送风的 CO_2 浓度。

在质量平衡法中，由于采用了同一个 CO_2 浓度传感器进行测量（见图4-4），最后采用的是 CO_2 浓度的差值，消除了测量偏差，同时由于送风风速较高，采用一般的速度传感

第4章 变风量空调系统的控制

器也能达到较高的精度,因此测量精度较高。由于 CO_2 浓度采样位置选择方便,对管段没有要求,因此安装十分方便。

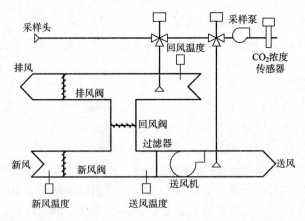

图 4-4 CO_2 浓度平衡法测量新风量原理图

(2) 能量平衡法

在能量平衡法中,利用新风、回风以及混合空气的温度关系来求得新风量,如下所示:

$$L_{OA} = \frac{t_{RA} - t_{MA}}{t_{RA} - t_{OA}} \cdot L_{SA}$$

式中 t_{OA}——新风温度;

t_{RA}——回风温度;

t_{MA}——混合空气温度;

L_{SA}——总的送风量。

在能量平衡法中,对新风温度、回风温度和混风温度的测量精度直接影响了该方法的精度。由于新风和回风的瞬时均匀混合是难以实现的,因此混合空气温度的准确测量是十分困难的,这大大影响了测量的精度,容易造成较大的误差。

4.2.3 新风量的控制

在定风量空调系统中,由于送风量在整个运行过程中始终保持不变,因此,一旦新风量根据要求被确定,则在系统的整个运行过程中,新风量都能满足要求。在定风量空调系统中,最小新风量的控制很简单,可以手动调节新风阀和回风阀的开度,满足系统的最小新风量要求。但是,在变风量空调系统中,由于送风量在系统运行过程中随着负荷变化而不断变化,当负荷减小时,送风量也会随之减小,如果不对新风量进行控制,则新风量也将随着送风量的减小而减小,当负荷很低时,就可能出现新风量不足的现象。因此,变风量空调系统必须对最小新风量进行自动控制,以满足室内人员对最小新风量的要求,满足室内人员对空气品质的要求。

1. 设定最小新风阀位

这种方法是指对新风阀设定一个最小阀位,不仅在最大总送风量时设定最小新风阀位,而且在最小总送风量时也设定最小新风阀位。这是两个固定的阀位设定点。在变风量空调系统运行过程中，在最大送风量和最小送风量之间，新风阀开度可以根据送风量的变化而成比例地变化。采用这种控制方法，当总送风量减小时，可以将最小新风量控制在符合通风换气要求的范围内，满足室内人员对最小新风量的要求。

2. 回风机跟踪法

这种方法是指利用送风量与回风量的差值来间接控制新风量，一般常见于双风机系统。采用这种控制方式时，在送风机和回风机两处都安装有风量监测装置。从理论上说，由于送风量与回风量之差等于新风量，只要控制了回风量，也就间接地控制了新风量。当减少回风量时，就会有更多的新风量进入空调系统。这种方法在理论上是合理的，但是在实际运行中由于测量误差的存在会带来一系列问题。送风量和回风量的测量精度直接影响到这种方法的可行性。由于风量的测量精度不高，造成较大的新风量误差，一方面可能会造成系统能耗增加，另一方面可能会造成系统的新风量不足，引起室内空气品质问题。

3. CO_2 浓度监测控制法

CO_2 浓度监测控制法是利用 CO_2 浓度作为衡量新风量是否达到要求的指标，利用 CO_2 浓度变送器测量回风管中的 CO_2 浓度，并将其转换为标准电信号，送入调节器来控制新风阀的开度，以保证足够的新风。当 CO_2 浓度高于设定值时，说明新风量不足，需要增大新风阀的开度来增加新风量。由于这种方法仅仅利用 CO_2 浓度作为衡量新风量是否达到要求的指标，完全忽略了除 CO_2 浓度之外的其他室内污染物对空气品质的影响，因此具有不合理性。由于室内产生的 CO_2 浓度要很长时间才能达到平衡的浓度，因此以 CO_2 浓度来控制新风量，会产生时间滞后问题，并且新风量的变化也不会立刻改变室内 CO_2 浓度。由于当室内人员较少时，如果根据 CO_2 浓度来减小新风量，可能会造成对室内建筑污染物稀释不足，引起室内空气品质问题。因此，这种方法适合于人员密度较大的空调建筑，不适合于人员密度较低的场合。

4. 独立新风机控制法

采用一台独立的新风机控制最小新风量的控制如图4-5所示。

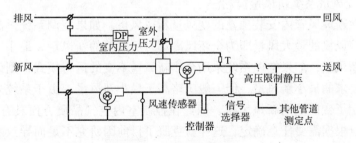

图4-5 独立新风机控制

这种方法是在整个新风入口中分隔出一个独立的新风管道，在新风管中安装一台独立的新风机，新风风机与变风量空调系统同步运转。在新风管内风机入口处安装风速传感器来调节风阀以维持最小新风量。在独立新风机控制法中，由于直接测量新风量，因此测量误差不通过测量送风机与回风机的风量来调节新风量要小得多，独立新风机控制法可以对最小新风量实现有效的控制。但是这种控制方法增加了独立的新风管道，从而增加了一次投资费用。

5. 压差检测法

压差检测法的示意图如图 4-6 所示。

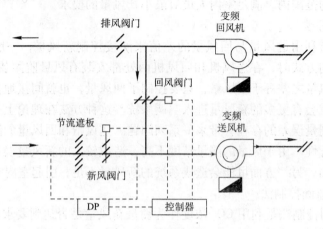

图 4-6 压差检测法的示意图

这种方法是通过压差传感器来测量新风遮板和阀门前后的压力差来控制回风阀门。按照在最大送风量时所需要的最小新风量的标准来设置新风阀门的最小开度，新风阀门的最小开度在运行过程中始终保持不变。当送风量减小时，新风遮板和阀门前后的压力差将会降低，控制器根据新风遮板和阀门前后的压力差来调整回风阀门的开度，以减小回风量，维持所需的新风量。

由于在最大送风量时没有带来额外的系统压降，并且在送风量减小时，回风阀门的调节对能量的影响很小，因此压差检测法所带来的能量损耗很小。无论空调系统中有没有回风机，都可以采用压差检测法，并且这种方法对于新系统的安装和旧系统的改造都非常方便，因此压差检测法的适用性较强。

6. 多风机变风量系统新风量控制法

该方法是在新风风管内安装独立的变风量新风风机，如果空调系统过渡季采用新风冷却运行模式，该风机的最大风量即为全新风冷却时所需要的新风量，最小风量即为满足卫生要求的最小新风量；如果空调系统采用全年新风量不变的运行模式，则该风机的风量就是为满足卫生要求的最小新风量，但一般应略高于最小新风量。由于系统采用的最小新风量控制方法采用了变风量的新风风机，因此在控制室内空气品质方面具有很大的灵活性。最小新风量可以根据需要任意确定，这样就克服了目前因研究不足而导致的最小新风量取值变化的被动局面。由于采用的新风风机是变风量的，风机绝大部分时间都是在低速度下运行，所以尽管增加了新风风机的噪声，但是新风风机的噪声明显低于系统送风机与回风机的噪声，根据噪声叠加原则，当两台风机的噪声差值超过 9dB，噪声增加值小于 0.5dB，系统噪声几乎未发生变化。

4.3 室内正压控制

设有变风量空调系统的建筑，应该进行建筑物运行中的空气量平衡计算，以维持建筑物内的正压,即建筑物内的空气压力等于或略高于大气压,防止室外空气向建筑物内渗透,节约能耗。只要各空调系统的新风量总和等于或略大于排风量和各机械排风量总和,则该空调区域的空气压力将等于或略高于大气压。在变风量空调系统中,由于送风量不断变化,新风量也会随之成比例地变化,为了保持室内正压,必须对回风量进行控制,以维持送风量与回风量的平衡。

在变风量空调系统中,由于总的送风量在不断变化,系统的运行不仅要维持设定的送风温度,还要维持建筑物内必要的正压,因此,必须实现新风、回风与排风的联动控制。实现新风、回风与排风的联动控制,可以采用以下三种方法:

1. 在空气处理机组上设新风、回风电动阀,在建筑物外墙上设超压排风阀

这种方法如图4-7所示。

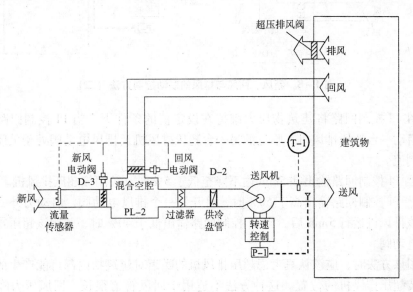

图4-7 新风、回风与排风的联动控制方法(一)

由于排风阀是依靠建筑物内外压差来进行排风的,因此必须按照大风量、低阻力来选择排风阀。超压排风阀可以设置在建筑物外墙上,但是不宜设置在当地主导风向的外墙上。这种方法要求所有的空调区域都应该保持空气压力平衡。这种方法的优点是节能性好,联动控制简单,不需要设置回风机以及为排风增加额外的控制;缺点是排风口的开口面积很大,很难与建筑设计协调一致,并且当回风管道很长,回风压力降很大时,由于回风管道的阻力太大造成回风不通畅,导致大量的空气将从排风阀排出。因此,这种方法只能适用于低层或多层建筑,不适用于回风管道很长,回风压力降很大的场合。

2. 在空气处理机组上设新风电动阀、最小新风电动阀、回风电动阀,另设专用超压排风机和排风电动阀

这种方法如图4-8所示。

当有两台专用超压排风机时,该方法的控制步骤如下:

(1)首先开启送风机,打开最小新风电动阀。新风电动阀处于关闭状态,调节回风电动阀,同时开启排风电动阀,启动排风系统。

第4章 变风量空调系统的控制

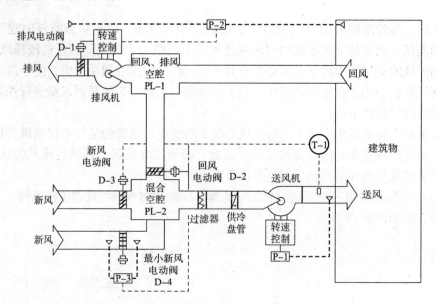

图4-8 新风、回风与排风的联动控制方法（二）

（2）在 PI 控制回路将建筑物压力维持在设定值的条件下，当 PI 控制回路输出高于 25% 时，启动一台超压排风机，临近的另一台超压排风机及排风电动阀处于关闭状态，以防止空气倒流。

（3）当 PI 控制回路输出在 5min 内下降至低于 5% 时，关闭该超压排风机。

（4）当 PI 控制回路输出高于 50% 时，打开另一个排风电动阀，启动另外一台超压排风机。在该排风机运行 5min 后，当 PI 控制回路输出低于 40% 时，关闭该超压排风机和相应的排风电动阀。

在采用该方法时，应该认真考虑超压排风机的噪声对建筑物内部可能产生的影响，合理选择安装超压排风机的位置。这种方法不适用于回风管道很长，回风压力降很大时的场合。

3. 在空气处理机组上设新风电动阀、回风电动阀和单独的最小新风机，另设回风机和排风电动阀

这种方法如图4-9所示。

该方法通过调节回风机的转速来控制回风和排风空腔内的压力，通过调节排风电动阀的开度来维持建筑物内的正压。这种方法可以保证系统在设计状态下提供足够的回风量，在过渡季可以提供 100% 的新风，并且将建筑物内的正压始终维持在设定值。

该方法的控制步骤如下：

（1）当空气处理机组运行时，开启送风机，同时开启回风机。

（2）通过控制回风机的转速，将回风机出口处的静压值维持在设定值。

（3）开启最小新风电动阀，然后开启排风电动阀。根据 PI 回路对排风电动阀的开度进行控制，从而将建筑物内的正压始终维持在设定值。

应用该方法时应该充分考虑风机的噪声对建筑物内部可能产生的影响，在系统中安装消声装置。

该方法适合于回风管道很长，回风系统阻力损失较大的场合。

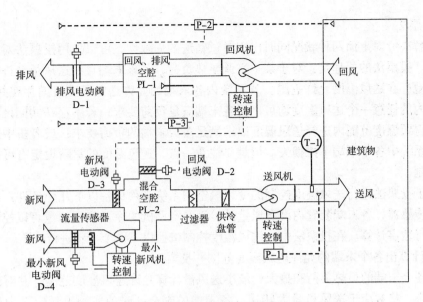

图 4-9　新风、回风与排风的联动控制方法（三）

4.4　送风温度控制

变风量空调系统是通过固定送风温度，调节送风量来控制空调区域温度的，变风量末端装置的送风量是通过室内温度设定值来调节和控制的，但是送风温度的设定是否合理直接影响到变风量末端装置的能耗和噪声。送风温度设定不合理可能会造成变风量末端装置的噪声过大，耗能过高。因此，在变风量空调系统的研究中，有必要加强对送风温度控制的研究。

最小静压控制是针对某个送风温度而言的。以送冷气为例，如果向室内输送相同大小的冷量，降低送风温度，就势必减小送风量。因此，针对某个送风温度的最小静压对另一个送风温度来说就不能说是最小静压。此外，空调系统中各个区域的负荷变化也不一定是同步的，时常会出现这样的情况：有的空调区域要求提高送风温度，有的空调区域要求降低送风温度。

1. 试错法

送风温度的设定在很长一段时间内一直采用试错法。根据空调系统构成的不同，在试错法中送风温度控制的应用也有所不同。对于重视换气次数的空调系统，要求尽量提高送风温度以增加换气次数；对于重视低温送风的空调系统，则要求尽量降低送风温度以减小送风量。但是不论控制规则如何，在试错法中，送风温度控制只能以某一恒定的变化率沿着某一方向（增大或减小）改变送风温度，并且没有目标值。当某个参照变量达到临界值时，送风温度的控制才改变方向。例如，如果以末端装置的送风量为参照变量，以设计最大送风量和最小送风量为临界值时，采用试错法对送风温度进行控制，在冷气状况下，当系统中有一个以上的变风量末端达到或超过最大送风量时，以一定的速率降低送风温度；当系统中有一个以上的变风量末端达到或超过最小送风量时，以一定的速率提高送风温度。但是，当这两种状况同时出现时，试错法则不知所措。

2. 投票法

为了解决针对上面两种状况同时出现时试错法的局限性，可以采用投票法对送风温度进行控制。投票法的原理是：对于某一空调显热负荷，若该末端存在送风量允许范围，则势必相应地存在送风温度允许范围。若系统内各末端的允许送风温度范围存在共同区间，则该区间内的任意一个送风温度均可以使各末端满足负荷要求；若不存在共同区间，则可以在最高得票温度范围内选择送风温度以求满足多数末端的负荷要求；或者折中选择送风温度以使系统中各个末端平摊损失。但是要注意一点，送风温度的重新设定有可能影响最小静压控制。

适合于投票法进行送风温度控制的变风量空调系统必须具备以下几个条件：各房间装设有温度传感器，各末端装置内设有风量计，流经空调机的冷（热）水量可以控制，控制器可以进行数字计算。在投票法中，送风温度控制按照以下两个步骤进行：

（1）计算出各个末端的允许送风温度范围并投票

根据各个末端的显热负荷和最大、最小送风量计算允许送风温度范围，并对此温度范围投赞成票。将对应于送风机最大转速、各末端风阀全开时的实测风量定义为最大送风量；将对应于送风机最大转速，各末端装置全部关闭时的实测风量与设计最小风量二者中较大的一个定义为最小送风量。对于风阀全开与全闭，也可以用风阀动程的一部分来定义。譬如可以定义85%的风阀开度为全开，30%的风阀开度为全闭。

变风量空调各个末端的当前空调显热负荷为：

$$Q = L \cdot c \cdot \Delta t$$

$$\Delta t = t_s - t_z$$

式中 Q——当前空调显热负荷，kW；

L——当前末端要求风量，m³/s；

c——空气的体积热容，kJ/（m³·℃）；

Δt——当前送风温差，℃；

t_s——当前送风温度，℃；

t_z——当前空调区域的空气温度，℃。

对于末端的最大送风量 L_{max}，存在最小送风温差：

$$\Delta t_{min} = \frac{Q}{L_{max} \cdot c}$$

对于末端的最小送风量 L_{min}，存在最大送风温差：

$$\Delta t_{max} = \frac{Q}{L_{min} \cdot c}$$

根据当前空调负荷 Q 的正负来判断系统送冷风还是送热风。当前空调负荷 Q 为正时，系统送热风，当前空调负荷 Q 为负时，系统送冷风。

系统送冷风时，允许送风温度 t'_s 满足以下关系：

$$t_{s,min} \leqslant t'_s \leqslant t_{s,max}$$

$$t_{s,min} = t_z + \Delta t_{max}$$

$$t_{s,max} = t_z + \Delta t_{min}$$

系统送热风时，允许送风温度 t'_s 满足以下关系：

4.4 送风温度控制

$$t_{s,min} \leq t'_s \leq t_{s,max}$$
$$t_{s,min} = t_z + \Delta t_{min}$$
$$t_{s,max} = t_z + \Delta t_{max}$$

（2）根据投票法决定送风温度

计算出各个末端的允许送风温度范围并进行投票。然后对各个末端的投票进行加权求和，从中找出最高得票温度范围。如果存在共同得票温度范围，则可以在此范围内根据控制规则选定送风温度；如果不存在共同得票温度范围，则在最高得票温度范围内选择送风温度，或者折中选择送风温度。

本 章 小 结

变风量空调系统的自动控制一般主要包括室内温度控制、新风量控制、室内正压控制和送风温度控制。本章简要介绍了室内温度控制、新风量控制、室内正压控制和送风温度控制。在室内温度控制中，介绍了变风量末端装置控制和送风机控制；在新风量控制中，介绍了新风量的确定、新风量的测量以及几种新风量的控制方法，介绍了室内正压控制方法；在送风温度控制中，介绍了试错法和投票法。

第5章 模糊控制的理论基础

5.1 概述

1965年，扎德（L. A. Zandeh）首先提出了模糊集合的概念，它是以逻辑真值为[0，1]的模糊逻辑为基础的，是对经典集合的拓广。扎德提出用"隶属函数"这个概念来描述现象差异的中间过渡，从而突破了经典集合论中属于或不属于的绝对关系。自此，数学的一个新的分支——模糊数学诞生了。模糊数学在很多领域中获得了卓有成效的应用，尤其是以模糊推理为核心的人工智能技术，在许多领域获得了明显的成果和经济效益。1974年，英国教授马丹尼（E. H. Mamdany）首先将模糊集合理论应用于加热器的控制，从此模糊集合理论在各个领域获得了广泛的应用。模糊控制是模糊集合理论应用的一个重要方面。模糊控制是建立在人工经验的基础之上的。控制论的创始人维纳指出："人具有运用模糊概念的能力。"人脑的重要特点之一就是能对模糊事物进行识别和判决，因此，人脑胜过最完善的机器。一个熟练的操作人员往往凭借丰富的实践经验，通过采取适当的对策来巧妙地控制一个复杂过程。如果能够将这些熟练的操作人员的实践经验加以总结和描述，并用语言表达出来，就会得到一种定性的、不精确的控制规则。用模糊数学将这些控制规则定量化，就转化为模糊控制算法，从而形成模糊控制理论。

模糊集合可以用来描述模糊现象。有关模糊集合、模糊逻辑等的数学理论，称为模糊数学。模糊数学的核心思想就是用数学手段来仿效人脑的思维，建立对复杂事物进行模糊度量、模糊识别、模糊推理、模糊控制和模糊决策的本领。模糊数学从模糊性中寻找确定性的信息，使精确化能在更一般的框架下得以展现。模糊数学产生后，它与经典数学在事物质的确定性上是不同的，模糊数学是研究和处理模糊现象的，所研究的事物的概念本身是模糊的，这种不确定性称为模糊性。但这种不确定性不同于随机性，所以模糊数学不同于描述随机性的统计数学。模糊性是由于事物概念外延的模糊而造成的，它通常是指对概念的定义以及语言意义的理解上的不确定性。例如，"温度高"、"数量大"等所含的不确定性即为模糊性。

随机性和模糊性都是对事物不确定性的描述，但二者是有区别的。概率论研究和处理随机现象，所研究的事件本身有着明确的含义，只是由于条件不充分，在条件和事件之间不能出现决定性的因果关系，从而在事件的出现与否上表现出不确定性，这种不确定性称为随机性。随机性主要反映客观事件自然的不确定性或事件发生的偶然性，而模糊性主要反映人为主观理解上的不确定性。例如："明天的气温为35℃的概率是0.8"，其中0.8描述的是气温为35℃的随机性。而"明天出现较高温度的可能性是0.8"，这里0.8描述的是明天的气温属于"较高温度"这个模糊概念的程度，即描述"较高温度"的模糊性。

经典集合论中，一个元素要么属于某个集合，要么不属于某个集合，非此即彼。而在模糊集合论中,将二值逻辑扩大到闭区间 [0,1],用隶属函数表示一个元素属于某个集合的程度。模糊性是人们在生产和生活中经常遇到的,它既不同于确定性,又不同于随机性。应当注意,模糊数学并不是模模糊糊的,它是完全精确的,它是借助定量的方法研究模糊现象的工具。

作为模糊控制的理论基础,模糊数学以逻辑真值为 [0,1] 的模糊逻辑为基础,将模糊集合作为模糊数学的基础。本章介绍了作为模糊控制的理论基础——模糊数学的基本知识,介绍了经典集合及其运算、模糊子集的定义与运算、模糊集合与经典集合的联系、隶属函数的确定方法和常用的隶属函数,介绍了模糊向量的笛卡儿乘积、模糊关系与模糊矩阵、模糊关系的合成、模糊矩阵的关系与运算,介绍了模糊逻辑与模糊推理等内容。

5.2 经典集合及其运算

5.2.1 集合的概念及定义

19世纪末,德国数学家乔·康托(George Contor,1845—1918)创立的经典集合论已经成为现代数学的基础。许多数学问题都可以用集合论的语言来表达。集合可以表现概念,集合的理论统一了许多似乎没有联系的概念。

集合论的创始人乔·康托给集合下的定义是:具有某种属性的事物的全体构成一个集合,构成集合的每一个事物称为该集合的元素。

因此,根据事物所给的属性,可以判断任一事物是否属于某个集合。

通常用大写字母 A、B、C、…、X、Y、Z 等表示集合,用小写字母 a、b、c、…、x、y、z 等表示集合的元素。若 x 是集合 S 的元素,则记作 $x \in S$;否则 $x \notin S$。按照经典集合论的要求,元素 x 与集合 S 之间,$x \in S$ 与 $x \notin S$ 两者必居其一且仅居其一。

元素个数有限的集合称为有限集合;元素个数无限的集合称为无限集合。

下面给出一些常用术语的定义:

论域:包含所有元素的集合称为全集,也称为论域,通常记作 U,即
$$U: \Leftrightarrow \forall x, x \in U \quad (符号 \Leftrightarrow 表示对应)$$

空集:没有元素的集合称为空集,通常记作 $\varnothing$,即
$$\varnothing: \Leftrightarrow \forall x, x \notin \varnothing$$

包含:$\forall x \in A \Rightarrow x \in B$,则称 B 包含 A,记作 $A \subseteq B$。

子集:设 A,B 为集合,若集合 A 的每一个元素都是集合 B 的元素,即 $\forall x \in A$ 必有 $x \in B$,则称 A 包含于 B 或 B 包含 A,记作 $A \subseteq B$,或称集合 A 是集合 B 的子集,即
$$A \subseteq B: \Leftrightarrow \forall x \in A \Rightarrow x \in B$$

若 $A \subseteq B$,但 $A \neq B$,则称 A 为 B 的真子集,记作 $A \subset B$,即
$$A \subset B: \Leftrightarrow A \subseteq B \text{ 且 } A \neq B$$

相等:设 A,B 为集合,若 $A \subseteq B$,且 $B \subseteq A$,则称 A 与 B 相等,记作 $A = B$,即
$$A = B: \Leftrightarrow A \subseteq B \text{ 且 } B \subseteq A$$

幂集:给定集合 A,以 A 的所有子集为元素的集合称为 A 的幂集,记作 $P(A)$。

并集:设 A,B 为集合,由属于 A 和属于 B 的所有元素组成的集合称为 A 与 B 的并

集，记作 $A\cup B$，即

$$A\cup B = \{x \mid x\in A \text{ 或 } x\in B\}$$

交集：设 A，B 为集合，由属于 A 同时又属于 B 的所有元素组成的集合称为 A 与 B 的交集，记作 $A\cap B$，即

$$A\cap B = \{x \mid x\in A \text{ 且 } x\in B\}$$

若 $A\cap B = \varnothing$，则称 A 与 B 不相交。

差集：设 A，B 为集合，由属于 A 但不属于 B 的所有元素组成的集合称为 A 与 B 的差集，记作 $A-B$，即

$$A-B = \{x \mid x\in A \text{ 且 } x\notin B\}$$

补集：若 A 为集合，E 为论域，由论域 U 中不属于 A 的所有元素组成的集合称为 A 在 U 中的补集，记作 $A^c = U-A$，即

$$A^c = \{x \mid x\notin A \text{ 且 } x\in U\}$$

对称差：设 A，B 为集合，由仅属于 A 与仅属于 B 的所有元素组成的集合称为 A 与 B 的对称差，记作 $A\oplus B$，即

$$A\oplus B = (A-B)\cup(B-A)$$

集合之间的关系可以用文氏图形象地描述，如图 5-1 所示。

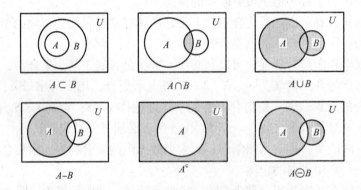

图 5-1 集合运算的图解表示

并集和交集的定义可以推广到任意有限多个集合，甚至无限多个集合。例如，设 A_1，A_2，$\cdots$，A_n，$\cdots$ 是集合，则

$$\bigcup_{i=1}^{n} A_i = A_1\cup A_2\cup \cdots \cup A_n$$

$$\bigcap_{i=1}^{n} A_i = A_1\cap A_2\cap \cdots \cap A_n$$

$$\bigcup_{n=1}^{\infty} A_i = A_1\cup A_2\cup \cdots \cup A_n \cup \cdots$$

$$\bigcap_{n=1}^{\infty} A_i = A_1\cap A_2\cap \cdots \cap A_n \cap \cdots$$

对于集合，应注意以下几点：

(1) 一个集合可以作为另一个集合的元素，例如：a，$\{a\}$，$\{\{a\}\}$ 中 a 是元素，$\{a\}$ 是以 a 为元素的集合，$\{\{a\}\}$ 是以集合 $\{a\}$ 为元素的集合。

(2) 集合中元素的排列顺序是任意的。例如：$\{a, b, c\} = \{b, a, c\} = \{c, b, a\}$。

(3) 每一个元素在集合中只出现一次，即

$$\{a, a, a, b, b, c, c, c,\} = \{a, b, c\}$$

5.2.2 集合的运算性质

设 A，B，C 为集合，其并、交、补运算具有以下性质：

1. 幂等律：$A \cup A = A$，$A \cap A = A$
2. 交换律：$A \cup B = B \cup A$，$A \cap B = B \cap A$
3. 结合律：$(A \cup B) \cup C = A \cup (B \cup C)$
   $(A \cap B) \cap C = A \cap (B \cap C)$
4. 分配律：$(A \cup B) \cap C = (A \cap C) \cup (B \cap C)$
   $(A \cap B) \cup C = (A \cup C) \cap (B \cup C)$
5. 吸收律：$A \cup (A \cap B) = A$，$A \cap (A \cup B) = A$
6. 同一律：$A \cup U = U$，$A \cap U = A$
   $A \cup \varnothing = A$，$A \cap \varnothing = \varnothing$
7. 复原律：$(A^c)^c = A$
8. 互补律：$A \cup A^c = U$，$A \cap A^c = \varnothing$
9. 对偶律：$(A \cup B)^c = A^c \cap B^c$，$(A \cap B)^c = A^c \cup B^c$

另外，关于集合的运算，还有以下定理。

定理：设 A，B，C，D 为论域 U 中的任意集合，则有

(1) $A - B \subseteq A$，$A - \varnothing = A$，$A - A = \varnothing$；

(2) $A \subseteq A \cup B$，$A \cap B \subseteq A$；

(3) 若 $A \subseteq B$ 且 $C \subseteq D$，则 $A \cup C \subseteq B \cup D$，$A \cap C \subseteq B \cap D$；

(4) 若 $A \subseteq B$，则 $A \cup B = B$，$A \cap B = A$；

(5) $A - B = A \cap B^c$；

(6) $A \cap (B - A) = \varnothing$，$A \cup (B - A) = A \cup B$；

(7) $A - (B \cup C) = (A - B) \cap (A - C)$
$A - (B \cap C) = (A - B) \cup (A - C)$；

(8) $A \subseteq B \Leftrightarrow B^c \subseteq A^c$；

(9) $A \subseteq B \Leftrightarrow A \cap B^c = \varnothing$，
$A \subseteq B \Leftrightarrow A^c \cup B^c = A^c$。

5.2.3 关系与映射

作为数学概念，关系是以对象间的某种联系的普遍概念作基础的。一些关系是对集合的元素进行比较。例如，在体重上，一个人比另一个人重；在身高上，一个人比另一个人高。另一些关系是集合间或不同集合的元素的联系。例如，x 属于 y；x 是年龄，y 是体重。

关系可以在 n 个对象间建立，此时需要指明对象本身以及对象的次序。可以用元素的 n 元序组确定对象的次序或位置。

n 元序组的定义：n 元序组是 n 个对象的序列，记作 $(a_1, a_2, \cdots, a_n)$，其中 a_i 称为第 i 个分量。

(a_1, a_2) 称为二元序组或序偶。对于两个 n 元序组 $(a_1, a_2, \cdots, a_n)$ 和 $(b_1, b_2, \cdots, b_n)$，如果 $a_i = b_i$ ($i = 1, 2, \cdots, n$)，则称两个 n 元序组 $(a_1, a_2, \cdots, a_n)$ 和 $(b_1, b_2, \cdots, b_n)$ 相等，记作 $(a_1, a_2, \cdots, a_n) = (b_1, b_2, \cdots, b_n)$。

集合的直积的定义：设 $A_1, A_2, \cdots, A_n$ 为集合，集合 A_1 到 A_n 的直积定义为 n 元序组集合，记作 $A_1 \times A_2 \times \cdots \times A_n$，即

$$A_1 \times A_2 \times \cdots \times A_n = \{(a_1, a_2, \cdots, a_n) \mid a_i \in A_i, 1 \leq i \leq n\}$$

当 $A_1 = A_2 = \cdots = A_n = A$ 时，$A_1 \times A_2 \times \cdots \times A_n$ 记作 A^n。

特别地，对于两个集合 A 和 B，A 和 B 的直积定义为：

$$A \times B = \{(x, y) \mid x \in A, y \in B\}$$

上述定义表明，集合 A 中的元素 x 和集合 B 中的元素 y 构成了 (x, y) 序偶，所有的 (x, y) 序偶又构成了一个集合，该集合即为直积 $A \times B$。一般地，$A \times B \neq B \times A$，即序偶的顺序是不能改变的，一般说来，$(x, y) \neq (y, x)$。

直积是所有序偶 (x, y) 的全体所构成的集合。直积可以用矩阵表示，设 $A = \{a_1, a_2, \cdots, a_n\}$，$B = \{b_1, b_2, \cdots, b_n\}$，则直积 $A \times B$ 为：

$$A \times B = \begin{pmatrix} (a_1, b_1) & (a_1, b_2) & \cdots & (a_1, b_n) \\ (a_2, b_1) & (a_2, b_2) & \cdots & (a_2, b_n) \\ \cdots & \cdots & \cdots & \cdots \\ (a_n, b_1) & (a_n, b_2) & \cdots & (a_n, b_n) \end{pmatrix}$$

两个集合的直积可以扩展到多个集合的直积，如 $A \times B \times C = \{(a, b, c) \mid a \in A, b \in B, c \in C\}$。

n 元关系的定义：设 $A_1, A_2, \cdots, A_n$ 为集合，直积 $A_1 \times A_2 \times \cdots \times A_n$ 的一个子集 R 称为 A_1 到 A_n 的一种 n 元关系。

若 $A_1 = A_2 = \cdots = A_n = A$，则称关系 $R \subseteq A^n$ 为 A 上的 n 元关系。

设 $R \subseteq A \times B$ 是 A 到 B 的二元关系，当 $(a, b) \notin R$ 时，称 a 与 b 不满足关系 R；当 $(a, b) \in R$ 时，称 a 与 b 满足关系 R，记作 aRb。

设 $R \subseteq A \times B$ 是 A 到 B 的二元关系（简称关系），则 L 的定义域 $\text{Dom}(R) = \{x \in A \mid \exists y \in B, (x, y) \in R\}$。

L 的值域 $\text{Ran}(R) = \{y \in B \mid \exists x \in A, (x, y) \in R\}$。

需要注意，关系是直积的子集，即 $R \subseteq A \times B$，并且直积 $A \times B$ 中含有多种关系。

例如，假设 $A = \{1, 2, 3\}$，$B = \{4, 5, 6\}$，则

$$A \times B = \begin{pmatrix} (1, 4) & (1, 5) & (1, 6) \\ (2, 4) & (2, 5) & (2, 6) \\ (3, 4) & (3, 5) & (3, 6) \end{pmatrix}$$

从上式中取序偶 $(1, 4), (2, 5), (3, 6)$ 组成子集 R，即 $R = \{(1, 4), (2, 5), (3, 6)\}$，则 R 就表示一种关系，即 "A 的元素比 B 的小" 这一关系。

为便于分析和计算，关系可以用关系矩阵来表示。

设 $R \subseteq A \times B$ 是 A 到 B 的二元关系（简称关系），$(a_i, b_j) \in A \times B$，$i, j = 1, 2, \cdots, n$。关系可以用关系矩阵 $R = [r_{ij}]$ 来表示，其中

$$r_{ij} = \begin{cases} 1, & (a_i, b_j) \in R \\ 0, & (a_i, b_j) \notin R \end{cases}$$

可见，关系矩阵的元素是以 A 的元素为行、B 的元素为列组成序偶，若存在关系 R，则元素为 1，否则为 0。关系矩阵是以 0，1 为元素组成的矩阵。

下面讨论集合 A 上的二元关系。

定义：设 A 是非空集合，R 是 A 上的二元关系。

（1）如果 $\forall x \in A$，$(x, x) \in R$，则称 R 是自反的；

（2）如果 $\forall x \in A$，$(x, x) \notin R$，则称 R 是反自反的；

（3）如果 $\forall x, y \in A$，若 xRy，则 yRx 那么称 R 是对称的；

（4）如果 $\forall x, y \in A$，若 xRy 且 yRx，则 $x = y$，那么称 R 是反对称的；

（5）如果 $\forall x, y, z \in A$，若 xRy 且 yRz，则 xRz，那么称 R 是可递的。

等价关系的定义：设 A 是非空集合，R 是 A 上的二元关系，如果 R 具有自反、对称、可递三个性质，则称 R 是等价关系，记作 $\sim$。

偏序关系的定义：如果集合 A 上的关系 $R \subseteq A \times A$ 是自反的、可递的、反对称的，则称 R 是 A 上的偏序关系。有偏序关系的集合称为偏序集。偏序集记作 $\{A, R\}$。

通常情况下，A 上的偏序关系记作 $\leq$。

定义：设 $\{B, \leq\}$ 是偏序集，$A \subseteq B$。

（1）对于 $a \in B$，如果 $\forall x \in A$，必有 $x \leq a$，则称 $a \in B$ 为 A 的上界；

（2）对于 $b \in B$，如果 b 是 A 的上界，且对 A 的任一上界 μ，有 $b \leq \mu$，则称 $b \in B$ 为 A 的上确界，记作 $b = \sup A$；

（3）对于 $c \in B$，如果 $\forall x \in A$，有 $c \leq x$，则称 $c \in B$ 为 A 的下界；

（4）对于 $d \in B$，如果 d 是 A 的下界，且对 A 的任一下界 λ，有 $\lambda \leq d$，则称 $d \in B$ 为 A 的下确界，记作 $d = \inf A$。

映射是函数关系的推广，是一种关系。

设有集合 X 和 Y，若有一对应法则存在，使得对于集合 X 中的任意元素 x，有 Y 中唯一的元素 y 与之对应，则称此对应法则 f 为从 X 到 Y 的映射，记作

$f: X \to Y$，称 X 为映射 f 的定义域，集合 $F(X) = \{f(x) \mid x \in X\}$ 称为映射 f 的值域。

下面给出几种常见映射的定义。

满射：设 $f: X \to Y$ 是集合 X 到 Y 的映射，如果 $\forall y \in Y$，必存在 $x \in X$，使得 $f(x) = y$，则称 f 是满射，记作 $Y = R(f)$。

单射：设 $f: X \to Y$ 是集合 X 到 Y 的映射，如果 $\forall y \in R(f)$，存在唯一的 $x \in X$，使得 $f(x) = y$，则称 f 是单射。

双射：设 $f: X \to Y$ 是集合 X 到 Y 的映射，如果映射 f 既是满射又是单射，则称映射 f 是双射，或称——映射。

逆映射：设 $f: X \to Y$ 是单射，那么逆关系 $f^{-1} = \{(x, y) \mid (y, x) \in f\}$ 是 $R(f) \to X$ 的映射，称之为 f 的逆映射。

5.2.4 集合的表示

描述一个集合通常有以下几种方法:

1. 列举元素法:通过将集合中的元素一一列举出来来描述一个集合。例如,集合 $S = \{a, b, c\}$ 表示 S 是由 a, b, c 三个元素组成的集合。

2. 通过描述集合中元素的性质来描述一个集合。例如,集合 $S = \{x \mid x$ 为小于 100 的正整数$\}$。

3. 特征函数法:通过特征函数来描述一个集合。

特征函数可以用来描述一个集合。特征函数的定义如下:

设 A 是论域 U 上的一个集合,定义函数

$$\chi_A(x) = \begin{cases} 1, & x \in A \\ 0, & x \notin A \end{cases}$$

为集合 A 的特征函数,如图 5-2 所示。

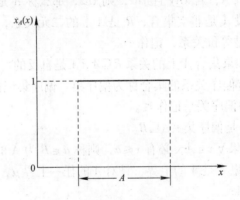

图 5-2 集合 A 的特征函数

特征函数表征了元素 x 对集合 A 的隶属程度,因此,将 A 的特征函数在 x 处的值 $\chi_A(x)$ 叫做 x 对于 A 的隶属度。当隶属度 $\chi_A(x) = 1$ 时,表示 x 绝对属于 A;当隶属度 $\chi_A(x) = 0$ 时,表示 x 绝对不属于 A。

在经典集合论中,一个元素要么属于某个集合,要么不属于某个集合,二者必居其一,它们正好与特征函数的取值 1 和 0 相对应,因此特征函数可以完全表征经典集合中一个元素 x 和一个集合 A 的关系,特征函数的值实际上是一个只取 1 和 0 这两个数的集合 $\{0, 1\}$。

用特征函数来表示,有

$A \supseteq B \Leftrightarrow \forall x \in U, \chi_A(x) \geq \chi_B(x)$

$A = B \Leftrightarrow \forall x \in U, \chi_A(x) = \chi_B(x)$

$A \supset B \Leftrightarrow \forall x \in U, \chi_A(x) \geq \chi_B(x)$,且 $\exists x_0 \in U, \chi_A(x_0) > \chi_B(x_0)$

$A = \varnothing \Leftrightarrow \chi_A(x) = 0$

$A = U \Leftrightarrow \chi_A(x) = 1$

$\chi_{A \cup B}(x) = \chi_A(x) \vee \chi_B(x) = \max(\chi_A(x), \chi_B(x))$

$\chi_{A \cap B}(x) = \chi_A(x) \wedge \chi_B(x) = \min(\chi_A(x), \chi_B(x))$

$\chi_{A^c}(x) = 1 - \chi_A(x)$

此处"∨"表示上确界"sup","∧"表示下确界"inf"。$A\cup B$ 的特征函数 $\chi_{A\cup B}(x)$ 为 A 和 B 两个集合特征函数的最大值；$A\cap B$ 的特征函数 $\chi_{A\cap B}(x)$ 为 A 和 B 两个集合特征函数的最小值；$\chi_{A^c}(x)$ 是 A 的补集 A^c 的特征函数。

5.3 模糊子集及其运算

经典集合论是经典数学的基础，它是以逻辑真值为 $\{0,1\}$ 的数理逻辑为基础的。但随着系统的模糊性、不确定性和随机性等复杂因素的增加，描述系统行为的精确性和有效性就随之下降，一旦超过某一阈值，其精确性和有效性将互相排斥，此时传统的集合论就显得软弱无力了。而模糊集合正是处理模糊概念的有利工具。模糊集合是模糊数学的基础，它是以逻辑真值为 $[0,1]$ 的模糊逻辑为基础的，是对经典集合的拓展。

在经典集合论中，经典集合可以由其特征函数唯一确定，特征函数 $\chi_A(x)$ 指明了元素 x 对集合 A 的隶属程度，但该隶属度函数只取 0 和 1 两个值，它表明元素 x 要么绝对属于集合 A，要么绝对不属于集合 A，因此它只能表现"非此即彼"的确切概念，没有模棱两可的情况。经典集合所表达概念的内涵和外延都必须是明确的，但是，在人们的思维中，有很多概念并没有明确外延。例如，以人的年龄为论域，"年轻"、"中年"、"老年"都是没有明确外延的模糊概念；以室外温度为论域，"气温高"、"气温低"等也是没有明确外延的模糊概念。

模糊概念不能用经典集合论来描述，如果打破经典集合论中的二值论，即打破隶属度函数只能取 0 和 1 的限制，就可以表现"亦此亦彼"的模糊概念。扎德（L. A. Zadeh）首先打破了经典集合论中的二值论，提出用隶属函数来描述现象差异的中间过渡，以逻辑真值为 $[0,1]$ 的模糊逻辑为基础，提出模糊子集的概念，将模糊集合作为模糊数学的基础。

5.3.1 模糊子集的定义及表示方法

1. 模糊子集的定义

论域是指所涉及的对象的全体，是一个普通的集合，通常用大写字母 X、Y、Z 等表示，以下给出模糊子集的数学描述。

定义：所谓集合 X 的一个模糊子集 $\tilde{A}$，它是集合 $\tilde{A}=\{(\mu_{\tilde{A}}(x),x)\mid x\in X\}$，其中 $\mu_{\tilde{A}}(x)$ 是区间 $[0,1]$ 中的一个确定的数，称为点 x 对 $\tilde{A}$ 的隶属度。在区间 $[0,1]$ 上定义的这个函数

$$\tilde{A}(\cdot) \text{ 或 } \mu_{\tilde{A}}(\cdot): X \to [0,1],$$
$$x \to \mu_{\tilde{A}}(x)$$

称为模糊子集 $\tilde{A}$ 的隶属函数。

隶属度 $\mu_{\tilde{A}}(x)$ 正是 x 属于 $\tilde{A}$ 的程度的数量指标，模糊子集 $\tilde{A}$ 完全由其隶属度 $\mu_{\tilde{A}}(x)$ 所描述。当隶属度 $\mu_{\tilde{A}}(x)$ 的值域为 $\{0,1\}$ 时，$\tilde{A}$ 就是经典集合，而 $\mu_{\tilde{A}}(x)$ 就是它的特征函数。所以，经典子集是特殊的模糊子集。在不致误解的情况下，模糊子集 $\tilde{A}$（常简称为模糊集）和它的隶属函数 $\tilde{A}(x)$ 将不加区分。由模糊集的定义，显然有以下几个结论：

(1) 模糊子集的概念是经典集合概念的推广

若以 $F(X)$ 表示 X 上模糊子集的全体,即

$$F(X) = \{\tilde{A} \mid \tilde{A} \text{ 是 } X \text{ 上的模糊子集}\},$$

则 $P(X) \subset F(X)$,$P(X)$ 是 X 上的幂集合(由 X 的所有子集组成的一个集合系称为 X 的幂集合),即

$$P(X) = \{A \mid A \text{ 是 } X \text{ 的普通子集}\}。$$

若模糊集 $\tilde{A}$ 的隶属函数只取 0 与 1 两个值时,$\tilde{A}$ 便退化为一个 X 的普通子集。

(2) 隶属函数的概念是特征函数概念的推广

当 $A \in P(X)$ 是 X 的普通子集时,那么 A 的特征函数是

$$\chi_A(x) = \begin{cases} 1, & x \in A \\ 0, & x \notin A \end{cases}$$

这就意味着在模糊集合论中,模糊子集 $\tilde{A}$ 的隶属度 $\tilde{A}(x)$ 越是接近于 1,那么 x 属于 $\tilde{A}$ 的程度越大;反之,$\tilde{A}(x)$ 越是接近于 0,那么 x 属于 $\tilde{A}$ 的程度越小。如果 $\tilde{A}(x)$ 的值域是 $\{0, 1\}$ 时,则模糊集 $\tilde{A}$ 就是经典集合 A,而隶属函数 $\tilde{A}(x)$ 就是特征函数 $\chi_A(x)$。

例 5.1 以人的年龄作为论域,取论域 $= [0, 200]$,扎德给出了"年老" $\tilde{O}$ 与"年轻" $\tilde{Y}$ 两个模糊子集,它们的隶属函数分别是

$$\mu_{\tilde{O}}(u) = \begin{cases} 0 & 0 \leq u \leq 50 \\ \left[1 + \left(\dfrac{u-50}{5}\right)^{-2}\right]^{-1} & 50 < u \leq 200 \end{cases}$$

$$\mu_{\tilde{Y}}(u) = \begin{cases} 1 & 0 \leq u \leq 25 \\ \left[1 + \left(\dfrac{u-25}{5}\right)^{2}\right]^{-1} & 25 < u \leq 200 \end{cases}$$

"年老" $\tilde{O}$ 与"年轻" $\tilde{Y}$ 的隶属函数曲线如图 5-3 所示。由图 5-3 可见,$\mu_{\tilde{O}}(60) = 0.8$,$\mu_{\tilde{O}}(80) = 0.97$,表明 60 岁的年龄属于"年老"的隶属度为 0.8,80 岁的年龄属于"年老"的隶属度为 0.97。

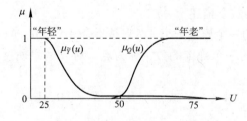

图 5-3 "年老" $\tilde{O}$ 与"年轻" $\tilde{Y}$ 的隶属函数曲线

2. 模糊集合的表示方法

以下列出模糊集合的几种表示法:

(1) Zadeh 表示法(Zadeh 1965)

若集合 X 为有限集,设论域 $X = \{x_1, x_2, \cdots, x_n\}$,则模糊集为

$$\tilde{A} = \frac{\tilde{A}(x_1)}{x_1} + \frac{\tilde{A}(x_2)}{x_2} + \cdots + \frac{\tilde{A}(x_n)}{x_n} = \sum_{i=1}^{n} \frac{\tilde{A}(x_i)}{x_i}$$

这里符号"Σ"不再是数字的和,$\tilde{A}(x_i)/x_i$ 也不是分数,它只有符号意义,只表示点对模糊集 $\tilde{A}$ 的隶属度是 $\tilde{A}(x_i)$。

若集合 X 为无限集,此时 X 上的一个模糊集为

$$\tilde{A} = \int_{x \in X} \frac{\tilde{A}(x)}{x}$$

同样,符号"$\int$"不再是积分,它只有无穷逻辑和的意义。而 $\tilde{A}(x)/x$ 的意义和有限情况是一样的。

(2) 论域 X 为有限集时,序偶表示法为

$$\tilde{A} = \{(\tilde{A}(x_1), x_1), (\tilde{A}(x_2), x_2), \cdots, (\tilde{A}(x_n), x_n)\}$$

(3) 论域 X 为有限集时,按向量形式的表示法为

$$\tilde{A} = \{\tilde{A}(x_1), \tilde{A}(x_2), \cdots, \tilde{A}(x_n)\}$$

5.3.2 模糊子集的运算

定义 设 $\tilde{A}, \tilde{B} \in F(X)$,若对任何 $x \in X$,包含:$\tilde{A} \subseteq \tilde{B} \Leftrightarrow \tilde{A}(x) \leq \tilde{B}(x)$;相等:$\tilde{A} = \tilde{B} \Leftrightarrow \tilde{A}(x) = \tilde{B}(x)$。

定义 设 $\tilde{A}, \tilde{B} \in F(X)$,则定义

并:$\tilde{A} \cup \tilde{B}$,其隶属函数为 $(\tilde{A} \cup \tilde{B})(x) = \tilde{A}(x) \vee \tilde{B}(x) = \max\{\tilde{A}(x), \tilde{B}(x)\}$;

交:$\tilde{A} \cap \tilde{B}$,其隶属函数为 $(\tilde{A} \cap \tilde{B})(x) = \tilde{A}(x) \wedge \tilde{B}(x) = \min\{\tilde{A}(x), \tilde{B}(x)\}$;

余(补):$\tilde{A}^c$,其隶属函数为 $\tilde{A}^c(x) = 1 - \tilde{A}(x)$

按论域 X 为有限或无限的两种情况,模糊子集 $\tilde{A}$ 与 $\tilde{B}$ 的并、交和余的计算公式可分别为:

(1) 论域为 $X = \{x_1, x_2, \cdots, x_n\}$,且 $\tilde{A} = \sum_{i=1}^{n} \frac{\tilde{A}(x_i)}{X_i}$,$\tilde{B} = \sum_{i=1}^{n} \frac{\tilde{B}(x_i)}{x_i}$,则

$$\tilde{A} \cup \tilde{B} = \sum_{i=1}^{n} \frac{\tilde{A}(x_i) \vee \tilde{B}(x_i)}{x_i},$$

$$\tilde{A} \cap \tilde{B} = \sum_{i=1}^{n} \frac{\tilde{A}(x_i) \wedge \tilde{B}(x_i)}{x_i},$$

$$\tilde{A}^c = \sum_{i=1}^{n} \frac{1 - \tilde{A}(x_i)}{x_i}。$$

(2) X 为无限集,且 $\tilde{A} = \int_{x \in X} \frac{\tilde{A}(x)}{x}$,$\tilde{B} = \int_{x \in X} \frac{\tilde{B}(x)}{x}$,则

$$\tilde{A} \cup \tilde{B} = \int_{x \in X} \frac{\tilde{A}(x) \vee \tilde{B}(x)}{x},$$

$$\tilde{A} \cap \tilde{B} = \int_{x \in X} \frac{\tilde{A}(x) \wedge \tilde{B}(x)}{x},$$

$$\tilde{A}^c = \int_{x \in X} \frac{1 - \tilde{A}(x)}{x}。$$

例 5.2 "年老" $\tilde{O}$ 与"年轻" $\tilde{Y}$ 的隶属函数如例 5.1,"年老或年轻" $\tilde{O} \cup \tilde{Y}$ 的隶属函数为

$$\mu_{\tilde{O}\cup\tilde{Y}}(u) = \begin{cases} 1, & 0 \leq u \leq 25 \\ \left[1+\left(\dfrac{u-25}{5}\right)^2\right]^{-1}, & 25 < u \leq 50, \\ \left[1+\left(\dfrac{u-50}{5}\right)^{-2}\right]^{-1}, & 50 < u \leq 200 \end{cases}$$

"既年老又年轻" $\tilde{O}\cap\tilde{Y}$ 的隶属函数为

$$\mu_{\tilde{O}\cap\tilde{Y}}(u) = \begin{cases} 0, & 0 \leq u \leq 50 \\ \left[1+\left(\dfrac{u-25}{5}\right)^2\right]^{-1}, & 50 < u \leq 200 \end{cases}$$

"不年轻" $\tilde{Y}^c$ 的隶属函数为

$$\mu_{\tilde{Y}^c}(u) = \begin{cases} 0, & 0 \leq u \leq 25 \\ 1-\left[1+\left(\dfrac{u-25}{5}\right)^2\right]^{-1}, & 25 < u \leq 200 \end{cases}$$

例 5.3 设论域 $U = \{x_1, x_2, x_3, x_4\}$，$\tilde{A}$ 及 $\tilde{B}$ 是论域上的两个模糊子集，已知

$$\tilde{A} = \frac{0.2}{x_1} + \frac{0.4}{x_2} + \frac{0.6}{x_3} + \frac{0.3}{x_4}$$

$$\tilde{B} = \frac{0.5}{x_1} + \frac{0.8}{x_2} + \frac{1}{x_3} + \frac{0.7}{x_4}$$

求 $\tilde{A}\cup\tilde{B}$，$\tilde{A}\cap\tilde{B}$，$\tilde{A}^c$，$\tilde{B}^c$。

解：$\tilde{A}\cup\tilde{B}$，$\tilde{A}\cap\tilde{B}$，$\tilde{A}^c$，$\tilde{B}^c$ 的运算如下：

$$\tilde{A}\cup\tilde{B} = \frac{0.2\vee0.5}{x_1} + \frac{0.4\vee0.8}{x_2} + \frac{0.6\vee1}{x_3} + \frac{0.3\vee0.7}{x_4}$$

$$= \frac{0.5}{x_1} + \frac{0.8}{x_2} + \frac{1}{x_3} + \frac{0.7}{x_4}$$

$$\tilde{A}\cap\tilde{B} = \frac{0.2\wedge0.5}{x_1} + \frac{0.4\wedge0.8}{x_2} + \frac{0.6\wedge1}{x_3} + \frac{0.3\wedge0.7}{x_4}$$

$$= \frac{0.2}{x_1} + \frac{0.4}{x_2} + \frac{0.6}{x_3} + \frac{0.3}{x_4}$$

$$\tilde{A}^c = \frac{1-0.2}{x_1} + \frac{1-0.4}{x_2} + \frac{1-0.6}{x_3} + \frac{1-0.3}{x_4}$$

$$= \frac{0.8}{x_1} + \frac{0.6}{x_2} + \frac{0.4}{x_3} + \frac{0.7}{x_4}$$

$$\tilde{B}^c = \frac{1-0.5}{x_1} + \frac{1-0.8}{x_2} + \frac{1-1}{x_3} + \frac{1-0.7}{x_4}$$

$$= \frac{0.5}{x_1} + \frac{0.2}{x_2} + \frac{0}{x_3} + \frac{0.3}{x_4}$$

$$= \frac{0.5}{x_1} + \frac{0.2}{x_2} + \frac{0.3}{x_4}$$

定理 $(F(X), \cup, \cap, c)$ 满足以下性质：
(1) 幂等律：$\tilde{A}\cup\tilde{A} = \tilde{A}$，$\tilde{A}\cap\tilde{A} = \tilde{A}$；
(2) 交换律：$\tilde{A}\cup\tilde{B} = \tilde{B}\cup\tilde{A}$，$\tilde{A}\cap\tilde{B} = \tilde{B}\cap\tilde{A}$；

(3) 结合律：$(\tilde{A}\cup\tilde{B})\cup\tilde{C}=\tilde{A}\cup(\tilde{B}\cup\tilde{C})$，$(\tilde{A}\cap\tilde{B})\cap\tilde{C}=\tilde{A}\cap(\tilde{B}\cap\tilde{C})$；

(4) 吸收律：$(\tilde{A}\cup\tilde{B})\cap\tilde{A}=\tilde{A}$，$(\tilde{A}\cap\tilde{B})\cup\tilde{A}=\tilde{A}$；

(5) 分配律：$(\tilde{A}\cup\tilde{B})\cap\tilde{C}=(\tilde{A}\cap\tilde{C})\cup(\tilde{B}\cap\tilde{C})$；

$(\tilde{A}\cap\tilde{B})\cup\tilde{C}=(\tilde{A}\cup\tilde{C})\cap(\tilde{B}\cup\tilde{C})$；

(6) 0-1律：$\tilde{A}\cap X=\tilde{A}$，$\tilde{A}\cap\emptyset=\emptyset$；$\tilde{A}\cup X=X$，$\tilde{A}\cup\emptyset=\tilde{A}$；

(7) 复原律：$(\tilde{A}^c)^c=\tilde{A}$；

(8) 对偶律：$(\tilde{A}\cup\tilde{B})^c=\tilde{A}^c\cap\tilde{B}^c$，$(\tilde{A}\cap\tilde{B})^c=\tilde{A}^c\cup\tilde{B}^c$。

定义 设 $\tilde{A},\tilde{B}\in F(X)$，定义其并、交运算的一般形式为

$$(\tilde{A}\cup\tilde{B})(x)=\tilde{A}(x)\vee^*\tilde{B}(x),\quad (\tilde{A}\cap\tilde{B})(x)=\tilde{A}(x)\wedge^*\tilde{B}(x)。$$

这里，$\vee^*$，$\wedge^*$ 是 $[0,1]$ 的二元运算，简称为模糊算子，取为

1) 最大乘积算子（$\vee$，·）

$$\tilde{A}(x)\vee\tilde{B}(x)=\max\{\tilde{A}(x),\tilde{B}(x)\},\quad \tilde{A}(x)\cdot\tilde{B}(x)=\min\{\tilde{A}(x),\tilde{B}(x)\}.$$

2) 有界和与有界积算子（$\oplus$，$\otimes$）

$$\tilde{A}(x)\oplus\tilde{B}(x)=\min\{\tilde{A}(x)+\tilde{B}(x),1\},$$

$$\tilde{A}(x)\otimes\tilde{B}(x)=\max\{0,\tilde{A}(x)+\tilde{B}(x)-1\}。$$

3) 概念和与概念积算子（$\mp$，·）

$$\tilde{A}(x)\mp\tilde{B}(x)=\tilde{A}(x)+\tilde{B}(x)-\tilde{A}(x)\cdot\tilde{B}(x)。$$

$\tilde{A}(x)\cdot\tilde{B}(x)$ 表示普通实数乘法。

5.3.3 模糊集合与经典集合的联系

在模糊数学中，模糊子集是通过隶属函数来定义的。一个元素 x 是否属于模糊子集 $\tilde{A}$，回答是不确定的。如果约定：选定一个"门坎"λ，当 x 对模糊子集 $\tilde{A}$ 的隶属度 $\tilde{A}(x)\geqslant\lambda$ 时，便说 $x\in A_\lambda$，否则便说 $x\notin A_\lambda$，这样一个元素 x 是否属于模糊子集 $\tilde{A}$ 的回答将是确定的，模糊子集 $\tilde{A}$ 变成了经典子集 A_λ。例如，"年老"是一个模糊集合，而"年龄大于60岁的人"却是一个经典集合，由此便引出了截集的概念。

1. 截集

定义 设 $\tilde{A}\in F(X)$，对任意 $\lambda\in[0,1]$，记 $(\tilde{A})_\lambda=A_\lambda=\{x\mid\tilde{A}(x)\geqslant\lambda\}$，称 A_λ 为 $\tilde{A}$ 的 λ-截集，λ 称为置信水平。又记 $(\tilde{A})_{\dot\lambda}=A_{\dot\lambda}=\{x\mid\tilde{A}(x)>\lambda\}$，称 $A_{\dot\lambda}$ 为 $\tilde{A}$ 的 λ-强截集。

A_λ 的直观意义是，若 x 对 $\tilde{A}$ 的隶属度达到或超过水平 λ 者就算作合格成员，而这些合格成员的全体便构成了 A_λ，它是论域 U 的一个经典子集。

截集具有下列性质：

(1) $(\tilde{A}\cup\tilde{B})_\lambda=A_\lambda\cup B_\lambda$，$(\tilde{A}\cap\tilde{B})_\lambda=A_\lambda\cap B_\lambda$；

(2) $(\tilde{A}\cup\tilde{B})_{\dot\lambda}=A_{\dot\lambda}\cup B_{\dot\lambda}$，$(\tilde{A}\cap\tilde{B})_{\dot\lambda}=A_{\dot\lambda}\cap B_{\dot\lambda}$。

2. 分解定理

定义 设 $\lambda\in[0,1]$，$\tilde{A}\in F(X)$，λ 与 $\tilde{A}$ 的数积为 $(\lambda\tilde{A})(x)=\lambda\wedge\tilde{A}(x)$

定理（模糊集的分解定理） 对于任意 $\tilde{A}\in F(X)$，有

$$\tilde{A}=\bigcup_{\lambda\in[0,1]}\lambda A_\lambda,$$

$$\tilde{A} = \bigcup_{\lambda \in [0,1]} \lambda A_\lambda$$

λA_λ 的隶属函数规定为 $\mu_{\lambda A_\lambda}(x) = \begin{cases} \lambda & x \in A_\lambda \\ 0 & x \notin A_\lambda \end{cases}$，如图 5-4 所示。

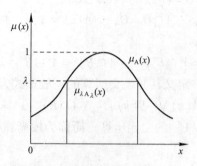

图 5-4 λA_λ 的隶属函数 $\mu_{\lambda A_\lambda}(x)$

分解定理提供了用经典集合构造模糊集合的可能性，它沟通了模糊集合与经典集合的联系，是联系模糊数学和普通数学的纽带。图 5-5 中画出了不同 λ 水平的 $\mu_{\lambda A_\lambda}(x)$ 的图形，当 λ 取遍闭区间 [0, 1] 的所有值时，$\tilde{A} = \bigcup_{\lambda \in [0,1]} \lambda A_\lambda$ 为各点隶属函数的最大值所连成的曲线，该曲线与 $\mu_A(x)$ 曲线重合。

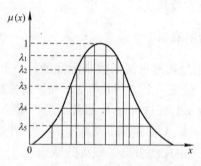

图 5-5 分解定理示意图

分解定理和表现定理都是模糊数学的基本定理，表现定理从另一角度来阐明模糊集合是由经典集合扩充而成的。此处对表现定理不做阐述。

5.4 隶属函数

5.4.1 隶属函数的确定方法

1. 凸模糊集

首先回忆一下普通凸集的概念。设 $X = R^n$ 为 n 维欧氏空间，A 是 X 的普通子集。若对任意的 $x_1 \in A$，$x_2 \in A$ 及任意的 $\alpha \in [0, 1]$，都有 $\alpha x_1 + (1-\alpha) x_2 \in A$，则称 A 为凸集。

定理 设 $\tilde{A}$ 是 X 的模糊集，$\lambda \in [0, 1]$，$(\tilde{A})_\lambda = A_\lambda = \{x \mid \tilde{A}(x) \geq \lambda\}$ 都是凸集的充要条件是对任意的 $x_1 \in X$，$x_2 \in X$，$\alpha \in [0, 1]$，都有 $\tilde{A}(\alpha x_1 + (1-\alpha) x_2) \geq \tilde{A}(x_1) \wedge \tilde{A}(x_2)$。

定义 设 $X=R^n$ 为 n 维欧氏空间，$\tilde{A}$ 为 X 的模糊集。如果对所有的 $\lambda \in [0,1]$，A_λ 都是凸集，则称模糊集 $\tilde{A}$ 是凸的。

由定理可知，$\tilde{A}$ 是凸的充要条件是：对任意的 $x_1 \in X$, $x_2 \in X$, $\alpha \in [0,1]$，都有
$$\tilde{A}(\alpha x_1 + (1-\alpha)x_2) \geq \tilde{A}(x_1) \wedge \tilde{A}(x_2)$$

性质 1：凸模糊集的截集必是区间（此区间可以是无限的）；截集均为区间的模糊集必为凸模糊集。

性质 2：A、B 是凸模糊集，则 $A \cap B$ 也是凸模糊集。

除凸模糊集外，还有非凸模糊集，如图 5-6 分别表示凸模糊集和非凸模糊集。由凸模糊集定义及其性质不难看出，凸模糊集实质上就是隶属函数具有单峰特性。我们所用的模糊子集一般均指凸模糊集。

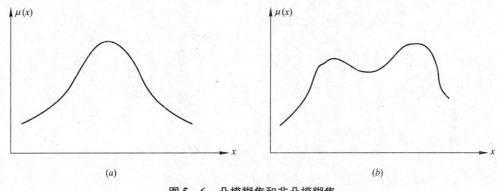

图 5-6 凸模糊集和非凸模糊集
(a) 凸模糊集；(b) 非凸模糊集

2. 隶属函数的确定

正确地确定隶属函数是运用模糊集合理论解决实际问题的基础。隶属函数是对模糊概念的定量描述。隶属函数的确定过程本质上说应该是客观的，但是每一个人对于同一个模糊概念的认识理解又有差异，因此，隶属函数的确定又带有主观性。一般是根据经验或统计进行确定，也可由专家、权威给出。对于同一个模糊概念，不同的人会建立不完全相同的隶属函数，尽管形式不完全相同，只要能反映同一模糊概念，在解决和处理实际模糊信息的问题中仍然殊途同归。事实上，也不可能存在对任何问题、对任何人都适用的确定隶属函数的统一方法，因为模糊集合实质上是依赖于主观来描述客观事物的概念外延的模糊性。以下简要介绍确定隶属函数的几种常用方法。

(1) 主观经验法：根据个人主观经验，直接或间接地给出元素隶属程度的具体值，由此来确定隶属函数，具体有专家评分法、因素加权综合法、二元排序法等。

(2) 模糊统计法：这种方法应用了概率统计的基本原理，以调查统计实验结果所得出的经验曲线作为隶属函数曲线，根据曲线找出相应的函数表达式。

(3) 指派法：这种方法是根据问题的性质套用现成的某些形式的模糊分布，然后根据测量数据确定分布中所含的参数。

5.4.2 常用的隶属函数

常用的隶属函数有很多种，在实际应用中可以根据实际问题来具体确定。下面给出一

些最重要、最常用，并且带有参数的隶属函数及其图形。

在模糊数学中，把论域为实数域的隶属函数称为模糊分布，常用的模糊分布有：

1. 矩形分布或半矩形分布

（1）偏小型

$$\mu(x) = \begin{cases} 1, & x \leq a \\ 0, & x > a \end{cases}$$

如图 5-7 (a) 所示。

（2）偏大型

$$\mu(x) = \begin{cases} 0, & x < a \\ 1, & x \geq a \end{cases}$$

如图 5-7 (b) 所示。

（3）中间型

$$\mu(x) = \begin{cases} 0, & x < a \\ 1, & a \leq x \leq b \\ 0, & x > b \end{cases}$$

如图 5-7 (c) 所示。

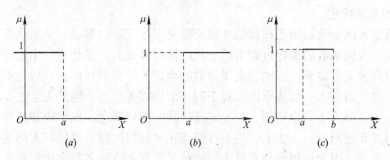

图 5-7 矩形分布

2. 半梯形分布与梯形分布

（1）偏小型

$$\mu(x) = \begin{cases} 1, & x < a \\ \dfrac{b-x}{b-a}, & a \leq x \leq b \\ 0, & x > b \end{cases}$$

如图 5-8 (a) 所示。

(2) 偏大型

$$\mu(x) = \begin{cases} 0, & x < a \\ \dfrac{x-a}{b-a}, & a \leqslant x \leqslant b \\ 1, & x > b \end{cases}$$

如图 5-8（b）所示。

(3) 中间型

$$\mu(x) = \begin{cases} 0, & x < a \\ \dfrac{x-a}{b-a}, & a \leqslant x < b \\ 1, & b \leqslant x < c \\ \dfrac{d-x}{d-c}, & c \leqslant x < d \\ 0, & x \geqslant d \end{cases}$$

如图 5-8（c）所示。

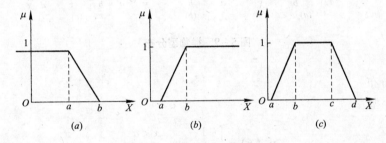

图 5-8　半梯形分布与梯形分布

3. k 次抛物线分布

(1) 偏小型

$$\mu(x) = \begin{cases} 1, & x < a \\ \left(\dfrac{b-x}{b-a}\right)^k, & a \leqslant x < b \\ 0, & x \geqslant b \end{cases}$$

如图 5-9（a）所示。

(2) 偏大型

$$\mu(x) = \begin{cases} 0, & x < a \\ \left(\dfrac{x-a}{b-a}\right)^k, & a \leqslant x < b \\ 1, & x \geqslant b \end{cases}$$

如图5-9（b）所示。
(3) 中间型

$$\mu(x) = \begin{cases} 0, & x < a \\ \left(\dfrac{x-a}{b-a}\right)^k, & a \leq x < b \\ 1, & b \leq x < c \\ \left(\dfrac{d-x}{d-c}\right)^k, & c \leq x < d \\ 0, & x \geq d \end{cases}$$

如图5-9（c）所示。

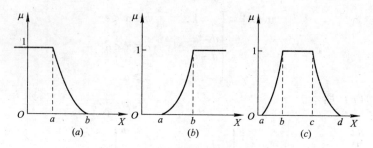

图5-9 抛物型分布

4. Γ形分布
(1) 偏小型

$$\mu(x) = \begin{cases} 1, & x < a \\ e^{-k(x-a)}, & x \geq a \end{cases}$$

如图5-10（a）所示。
(2) 偏大型

$$\mu(x) = \begin{cases} 0, & x < a \\ 1 - e^{-k(x-a)}, & x \geq a \end{cases}$$

如图5-10（b）所示。
(3) 中间型

$$\mu(x) = \begin{cases} e^{k(x-a)}, & x < a \\ 1, & a \leq x < b \\ e^{-k(x-b)}, & x \geq b \end{cases}$$

如图5-10（c）所示。
在Γ形分布中，$k > 0$。图中$a_o = a + 1/k$，$b_o = b + 1/k$。

5.4 隶属函数

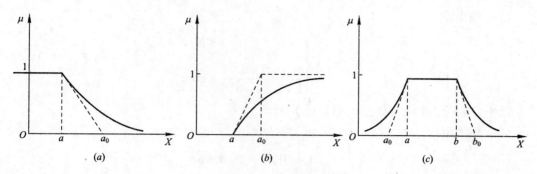

图 5-10　Γ形分布

5. 正态分布

（1）偏小型

$$\mu(x) = \begin{cases} 1, & x \leq a \\ e^{-\left(\frac{x-a}{\sigma}\right)^2}, & x > a \end{cases}$$

其中，$\sigma > 0$，如图 5-11（a）所示。

（2）偏大型

$$\mu(x) = \begin{cases} 0, & x \leq a \\ 1 - e^{-\left(\frac{x-a}{\sigma}\right)^2}, & x > a \end{cases}$$

其中，$\sigma > 0$，如图 5-11（b）所示。

（3）中间型

$$\mu(x) = e^{-\left(\frac{x-a}{\sigma}\right)^2}$$

其中，$\sigma > 0$，如图 5-11（c）所示。

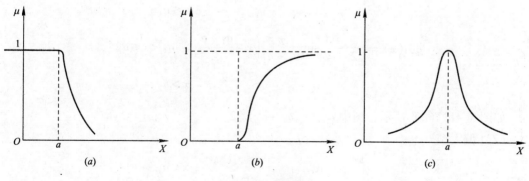

图 5-11　正态分布

6. 哥西分布
(1) 偏小型

$$\mu(x) = \begin{cases} 1, & x \leq a \\ \dfrac{1}{1+\alpha(x-a)^{\beta}}, & x > a \end{cases}$$

其中，$\alpha > 0$，$\beta > 0$，如图 5-12 (a) 所示。

(2) 偏大型

$$\mu(x) = \begin{cases} 0, & x \leq a \\ \dfrac{1}{1+\alpha(x-a)^{-\beta}}, & x > a \end{cases}$$

其中，$\alpha > 0$，$\beta > 0$，如图 5-12 (b) 所示。

(3) 中间型

$$\mu(x) = \dfrac{1}{1+\alpha(x-a)^{\beta}}$$

其中，$\alpha > 0$，β 为正偶数，如图 5-12 (c) 所示。

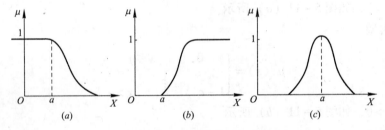

图 5-12 哥西分布

7. 岭形分布
(1) 偏小型

$$\mu(x) = \begin{cases} 1, & x \leq a_1 \\ \dfrac{1}{2} - \dfrac{1}{2}\sin\dfrac{\pi}{a_2-a_1}\left(x - \dfrac{a_1+a_2}{2}\right), & a_1 < x \leq a_2 \\ 0, & x > a_2 \end{cases}$$

如图 5-13 (a) 所示，图中 $a_0 = (a_1+a_2)/2$。

(2) 偏大型

$$\mu(x) = \begin{cases} 0, & x \leq a_1 \\ \dfrac{1}{2} + \dfrac{1}{2}\sin\dfrac{\pi}{a_2-a_1}\left(x - \dfrac{a_1+a_2}{2}\right), & a_1 < x \leq a_2 \\ 1, & x > a_2 \end{cases}$$

如图 5-13 (b) 所示，图中 $a_0 = (a_1 + a_2)/2$。

(3) 中间型

$$\mu(x) = \begin{cases} 0, & x \leq a_1 \\ \dfrac{1}{2} + \dfrac{1}{2}\sin\dfrac{\pi}{a_2 - a_1}\left(x - \dfrac{a_1 + a_2}{2}\right), & a_1 < x \leq a_2 \\ 1, & a_2 < x \leq a_3 \\ \dfrac{1}{2} - \dfrac{1}{2}\sin\dfrac{\pi}{a_4 - a_3}\left(x - \dfrac{a_3 + a_4}{2}\right), & a_3 < x \leq a_4 \\ 0, & x > a_4 \end{cases}$$

如图 5-13 (c) 所示。

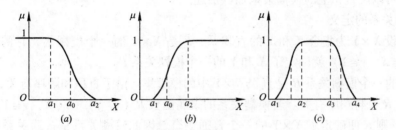

图 5-13 岭形分布

8. 三角形分布

$$\mu(x) = \begin{cases} 0, & x \leq a_1 \\ \dfrac{x - a_1}{a_2 - a_1}, & a_1 < x \leq a_2 \\ \dfrac{a_3 - x}{a_3 - a_2}, & a_2 < x \leq a_3 \\ 0, & x > a_3 \end{cases}$$

如图 5-14 所示。

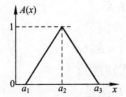

图 5-14 三角形分布

在实际应用中，较为常用的模糊分布主要有三角形分布、梯形分布和正态分布等。

5.5 模糊关系与模糊矩阵

模糊关系是经典关系的推广。在模糊集合论中，当论域为有限时，可以用模糊矩阵来表示模糊关系。本节首先介绍模糊关系的定义、性质及其合成运算，然后介绍模糊矩阵的定义及其运算性质。

5.5.1 模糊关系

在自然界中，事物之间存在着一定的关系。有些关系是非常明确的，如"母女关系"、"兄弟关系"，数学上的"大于关系"、"等于关系"等；有些关系的界限是不明确的、模糊的，如"两数几乎相等"、"两人很像"等。经典关系是直积上的子集，而界限不明确的模糊关系可以用直积上的模糊集来加以描述。

1. 模糊关系的定义

定义 设 $X \times Y$ 为集合 X 和 Y 的直积系，$\tilde{R}$ 是 $X \times Y$ 的一个模糊集，它的隶属函数 $\tilde{R}(x, y)$ $(x \in X, y \in Y)$ 就确定了 X 和 Y 的一个模糊关系 $\tilde{R}$。

X 到 Y 的一个模糊关系 $\tilde{R}$ 是直积 $X \times Y$ 中的模糊集。由于直积和顺序有关，即 $X \times Y \neq Y \times X$，因此 $\tilde{R}$ 也与顺序有关。若模糊关系的隶属函数 $\tilde{R}(x, y)$ $(x \in X, y \in Y)$ 只取两个值 $\{0, 1\}$，则 $\tilde{R}$ 便确定了 $X \times Y$ 的一个普通集合，因此模糊关系是普通关系的拓广。模糊关系的一些运算和性质都是模糊集的一些运算和性质。

例 设 $X = \{x_1, x_2, x_3\}$ 表示父辈的三个人 x_1, x_2, x_3 的集合，$Y = \{y_1, y_2, y_3, y_4\}$ 为他们子辈的集合，则"相像关系"是一个模糊关系，即

$$\tilde{R} = \frac{0.4}{(x_1, y_1)} + \frac{0.6}{(x_1, y_2)} + \frac{0.3}{(x_2, y_1)} + \frac{0.4}{(x_2, y_2)} + \frac{0.8}{(x_2, y_3)} + \frac{0.6}{(x_3, y_3)} + \frac{0.2}{(x_3, y_4)}$$

模糊关系的隶属函数 $\tilde{R}(x_i, y_j)$ $(i = 1, 2, 3, j = 1, 2, 3, 4)$ 表示 x_i 对 y_j 的"相像程度"。

模糊关系由其隶属函数 $\tilde{R}(x, y)$ $(x \in X, y \in Y)$ 完全刻画。序偶 (x, y) 的隶属度为 $\tilde{R}(x, y)$ $(x \in X, y \in Y)$，它表明了序偶 (x, y) 具有关系 $\tilde{R}$ 的程度。

上述定义的模糊关系为二元模糊关系，当 $X = Y$ 时，称为 X 上的模糊关系 $\tilde{R}$。作为二元模糊关系的推广，当论域为 n 个集合的直积 $X_1 \times X_2 \times \cdots \times X_n$ 时，它所对应的是 n 元模糊关系：

$$\int_{X_1 \times X_2 \times \cdots \times X_n} \tilde{R}(x_1, x_2, \cdots, x_n) / (x_1, x_2, \cdots, x_n), \quad x_i \in X_i$$

下面介绍一些主要的基本模糊关系。

(1) 逆模糊关系：若模糊关系 $\tilde{R}$ 满足

$$\tilde{R}^T(y, x) = \tilde{R}(x, y), \quad \forall x, y \in X$$

则称 $\tilde{R}^T$ 为模糊关系 $\tilde{R}$ 的逆（或转置）。

(2) 补模糊关系：若模糊关系 $\tilde{R}$ 满足

$$\tilde{R}^c(x, y) = 1 - \tilde{R}(x, y), \quad \forall x, y \in X$$

则称 $\tilde{R}^c$ 为模糊关系 $\tilde{R}$ 的补。

(3) 对称关系：若模糊关系 $\tilde{R}$ 满足
$$\tilde{R}^T(x, y) = \tilde{R}(x, y), \quad \forall x, y \in X,$$
则称模糊关系 $\tilde{R}$ 为对称关系。

(4) 恒等关系：若 X 上的模糊关系 $\tilde{I}$ 是一个普通关系且隶属函数为
$$\tilde{I}(x, y) = \begin{cases} 1, & x = y, \\ 0, & x \neq y, \end{cases} \quad \forall x, y \in X$$
则称 X 上的模糊关系 $\tilde{I}$ 为恒等关系。

(5) 零关系：若模糊关系 $\tilde{O}$ 满足
$$\tilde{O}(x, y) = 0, \quad \forall x, y \in X$$
则称模糊关系 $\tilde{O}$ 为零关系。

(6) 全关系：若模糊关系 $\tilde{E}$ 满足
$$\tilde{E}(x, y) = 1, \quad \forall x, y \in X$$
则称模糊关系 $\tilde{E}$ 为全关系。

2. 模糊关系的运算性质

模糊关系 $\tilde{R}$ 是直积 $X \times Y$ 上的一个模糊子集，是一种特殊形式的模糊集合，模糊集合所具有的运算性质，对于模糊关系同样成立。

设 $\tilde{R}$、$\tilde{S}$ 是 $X \times Y$ 上的模糊关系，则定义以下运算：

(1) 并：$\tilde{R} \cup \tilde{S} \Leftrightarrow (\tilde{R} \cup \tilde{S})(x, y) = \tilde{R}(x, y) \vee \tilde{S}(x, y) \quad \forall (x, y) \in X \times Y$

(2) 交：$\tilde{R} \cap \tilde{S} \Leftrightarrow (\tilde{R} \cap \tilde{S})(x, y) = \tilde{R}(x, y) \wedge \tilde{S}(x, y), \quad \forall (x, y) \in X \times Y$

(3) 补：$\tilde{R}^c \Leftrightarrow \tilde{R}^c(x, y) = 1 - \tilde{R}(x, y), \quad \forall (x, y) \in X \times Y$

(4) 补置：$\tilde{R}^T \Leftrightarrow \tilde{R}^T(x, y) = \tilde{R}(y, x), \quad \forall (x, y) \in X \times Y$

(5) 相等：$\tilde{R} = \tilde{S} \Leftrightarrow \tilde{R}(x, y) = \tilde{S}(x, y), \quad \forall (x, y) \in X \times Y$

(6) 包含：$\tilde{R} \subseteq \tilde{S} \Leftrightarrow \tilde{R}(x, y) \leq \tilde{S}(x, y), \quad \forall (x, y) \in X \times Y$

根据上述定义，模糊关系具有以下性质：

(1) $(\tilde{R}^c)^c = \tilde{R}$，$(\tilde{R}^T)^T = R$

(2) $\tilde{R} \cup \tilde{E} = \tilde{E}$，$\tilde{R} \cap \tilde{E} = \tilde{R}$

(3) $\tilde{R} \cup \tilde{O} = \tilde{R}$，$\tilde{R} \cap \tilde{O} = \tilde{O}$

(4) 对于任意的模糊关系 $\tilde{R}$，有 $\tilde{O} \subseteq \tilde{R} \subseteq \tilde{E}$

(5) 若 $\tilde{R} \supseteq \tilde{S}$，则有 $\tilde{R}^c \subseteq \tilde{S}^c$

(6) $(\bigcup_{i=1}^{n} \tilde{R}_i)^T = \bigcup_{i=1}^{n} \tilde{R}_i^T$，$(\bigcap_{i=1}^{n} \tilde{R}_i)^T = \bigcap_{i=1}^{n} \tilde{R}_i^T$

3. 模糊关系的合成

定义 设 $\tilde{R}_1$ 是 X 到 Y 的模糊关系，$\tilde{R}_2$ 是 Y 到 Z 的模糊关系，则 $\tilde{R}_1$ 和 $\tilde{R}_2$ 的合成 $\tilde{R}_1 \circ \tilde{R}_2$ 是 X 到 Z 的一个模糊关系，其隶属函数确定如下：

对 $\forall (x, z) \in X \times Z$
$$(\tilde{R}_1 \circ \tilde{R}_2)(x, z) = \bigvee_{y \in Y} [\tilde{R}_1(x, y) \wedge \tilde{R}_2(y, z)],$$

其中，$x \in X, z \in Z$。

模糊关系的合成具有以下性质：

(1) 模糊关系的合成满足结合律

$$(\tilde{R}_1 \circ \tilde{R}_2) \circ \tilde{R}_3 = \tilde{R}_1 \circ (\tilde{R}_2 \circ \tilde{R}_3)$$

如果 $\tilde{R}$ 是 X 与 X 上的一个模糊关系，则规定

$$\underbrace{\tilde{R} \circ \tilde{R} \circ \cdots \circ \tilde{R}}_{k\uparrow} = \tilde{R}^k$$

(2) 对于任意的模糊关系 $\tilde{R}$，有

$$\tilde{I} \circ \tilde{R} = \tilde{R} \circ \tilde{I} = \tilde{R}, \quad \tilde{O} \circ \tilde{R} = \tilde{R} \circ \tilde{O} = \tilde{O}$$

(3) 若 $\tilde{S} \subseteq \tilde{T}$，则 $\tilde{R} \circ \tilde{S} \subseteq \tilde{R} \circ \tilde{T}$，$\tilde{S} \circ \tilde{R} \subseteq \tilde{T} \circ \tilde{R}$

(4) 对于任意一簇模糊关系 $\{\tilde{R}_i\}_{i \in I}$ 和模糊关系 $\tilde{R}$，有

$$\tilde{R} \circ (\bigcup_{i \in I} \tilde{R}_i) = \bigcup_{i \in I} \tilde{R} \circ \tilde{R}_i, \quad (\bigcup_{i \in I} \tilde{R}_i) \circ \tilde{R} = \bigcup_{i \in I} \tilde{R}_i \circ \tilde{R}$$

(5) 对于任意一簇模糊关系 $\{\tilde{R}_i\}_{i \in I}$ 和模糊关系 $\tilde{R}$，有

$$\tilde{R} \circ (\bigcap_{i \in I} \tilde{R}_i) \subseteq \bigcap_{i \in I} \tilde{R} \circ \tilde{R}_i, \quad (\bigcap_{i \in I} \tilde{R}_i) \circ \tilde{R} \subseteq \bigcap_{i \in I} \tilde{R}_i \circ \tilde{R}$$

(6) $(\tilde{R}_1 \circ \tilde{R}_2)^T = \tilde{R}_2^T \circ \tilde{R}_1^T$

(7) $(\bigcup_{i \in I} \tilde{R}_i)^T = \bigcup_{i \in I} \tilde{R}_i^T, \quad (\bigcap_{i \in I} \tilde{R}_i)^T = \bigcap_{i \in I} \tilde{R}_i^T$

4. 模糊关系的性质

(1) 自反性

定义 设 $\tilde{R}$ 为 X 上的模糊关系，对于 $x \in X$，若 $\tilde{R}(x, x) = 1$，则称 $\tilde{R}$ 为具有自反性的模糊关系。

对于具有自反性的模糊关系，每一元素与自身从属于模糊关系 $\tilde{R}$ 的程度为 1。

(2) 传递性

定义 设 $\tilde{R}$ 为 X 上的模糊关系，若 $\tilde{R}$ 满足 $\tilde{R} \circ \tilde{R} \subseteq \tilde{R}$，则称 $\tilde{R}$ 是具有传递性的模糊关系。

(3) 对称模糊关系的并与交仍为对称的。

(4) 传递模糊关系的交是传递的。

(5) 设 $\tilde{R}_1$ 和 $\tilde{R}_2$ 是对称模糊关系，则 $(\tilde{R}_1 \circ \tilde{R}_2)$ 是对称的 $\Leftrightarrow \tilde{R}_1 \circ \tilde{R}_2 = \tilde{R}_2 \circ \tilde{R}_1$。

(6) 若 $\tilde{R}$ 是传递的，则 $\tilde{R}^T$ 也是传递的。

5.5.2 模糊矩阵

与普通关系一样，当论域为有限时，可以用矩阵来表示模糊关系，称此矩阵为模糊矩阵。因此，讨论模糊矩阵及其运算对于研究模糊关系具有重要的实际意义。

1. 模糊矩阵的定义

若 $X = \{x_1, x_2, \cdots, x_m\}$，$Y = \{y_1, y_2, \cdots, y_n\}$，则 $X \times Y$ 中的模糊关系的隶属函数值可用一个 $m \times n$ 阶矩阵表示，记作 $\tilde{R}$，即

$$\tilde{R} = \begin{pmatrix} r_{11} & r_{12} & \cdots & r_{1n} \\ r_{21} & r_{22} & \cdots & r_{2n} \\ \vdots & \vdots & & \vdots \\ r_{m1} & r_{m2} & \cdots & r_{mn} \end{pmatrix}$$

称之为模糊矩阵，其中 $r_{ij} = \tilde{R}(x_i, y_j) \in [0, 1]$ ($1 \leq i \leq m$, $1 \leq j \leq n$)。

如果 $r_{ij} \in \{0, 1\}$，即元素只取 0 和 1 两个值，则矩阵称为布尔矩阵。

模糊零矩阵 $\tilde{O}$、模糊单位矩阵 $\tilde{I}$ 和模糊全称矩阵 $\tilde{E}$ 与普通零矩阵、单位矩阵和全称矩阵相同。

模糊矩阵可以表示有限论域上的模糊关系。

例：论域 $U = V = \{$石头，剪刀，布$\}$，甲乙二人博弈。定义"胜"为1，定义"平局"为0.5，定义"负"为0，甲乙的胜负关系 $\tilde{R}$ 用矩阵表示，则有

$$\tilde{R} = \begin{matrix} \text{石} \\ \text{剪} \\ \text{布} \end{matrix} \begin{pmatrix} \text{石} & \text{剪} & \text{布} \\ 0.5 & 1 & 0 \\ 1 & 0.5 & 1 \\ 1 & 0 & 0.5 \end{pmatrix}$$

例5.4 设身高的论域为 $U = \{140, 150, 160, 170, 180\}$（单位：cm），体重的论域为 $V = \{40, 50, 60, 70, 80\}$（单位：kg）。表 5-1 所示的模糊关系 $\tilde{R}$ 表示了身高与体重之间的相互关系。

身高 - 体重的模糊关系 $\tilde{R}(u_i, v_j)$ 表 5-1

u_i	v_j				
	40	50	60	70	80
140	1	0.8	0.2	0.1	0
150	0.8	1	0.8	0.2	0.1
160	0.2	0.8	1	0.8	0.2
170	0.1	0.2	0.8	1	0.8
180	0	0.1	0.2	0.8	1

用模糊矩阵表示上述模糊关系 $\tilde{R}$ 时，可写为：

$$\tilde{R} = \begin{pmatrix} 1 & 0.8 & 0.2 & 0.1 & 0 \\ 0.8 & 1 & 0.8 & 0.2 & 0.1 \\ 0.2 & 0.8 & 1 & 0.8 & 0.2 \\ 0.1 & 0.2 & 0.8 & 1 & 0.8 \\ 0 & 0.1 & 0.2 & 0.8 & 1 \end{pmatrix}$$

2. 模糊矩阵的 λ - 截矩阵

定义：对于 $\forall \lambda \in [0, 1]$，$R_\lambda = (r_{ij}^\lambda)$ 称为模糊矩阵 $\tilde{R} = (r_{ij})$ 的 λ - 截矩阵，其中

$$r_{ij}^\lambda = \begin{cases} 1, & r_{ij} \geq \lambda \\ 0, & r_{ij} < \lambda \end{cases}$$

显然，模糊矩阵 $\tilde{R} = (r_{ij})$ 的 λ - 截矩阵的元素只有 0 和 1，因此模糊矩阵的 λ - 截矩阵必定是布尔矩阵。

例：设模糊矩阵为：

$$\tilde{R} = \begin{pmatrix} 0.7 & 0.9 & 0.4 & 0 \\ 0.1 & 1.0 & 0.1 & 0.3 \\ 0.5 & 0.6 & 0.8 & 0.2 \end{pmatrix}$$

则当 $\lambda = 0.5$ 时,其 λ -截矩阵为:

$$R_{0.5} = \begin{pmatrix} 1 & 1 & 0 & 0 \\ 0 & 1 & 0 & 0 \\ 1 & 1 & 1 & 0 \end{pmatrix}$$

3. 模糊矩阵的关系与运算

设 $A = (a_{ij})_n$,$B = (b_{ij})_n$ 为两个 n 阶模糊矩阵,且 $a_{ij}, b_{ij} \in [0, 1]$,则

(1) 相等:$A = B \Leftrightarrow a_{ij} = b_{ij}$,$1 \leq i, j \leq n$;

(2) 包含:$A \subseteq B \Leftrightarrow a_{ij} \leq b_{ij}$,$1 \leq i, j \leq n$;

(3) 并:若 $c_{ij} = a_{ij} \vee b_{ij}$,则 $C = A \cup B$ 为 A 与 B 之并;

(4) 交:若 $c_{ij} = a_{ij} \wedge b_{ij}$,则 $C = A \cap B$ 为 A 与 B 之交。

性质: 1) $A \cup B = B \cup A$, $A \cap B = B \cap A$;

2) $(A \cup B) \cup C = A \cup (B \cup C)$,$(A \cap B) \cap C = A \cap (B \cap C)$;

3) $A \cup (B \cap C) = (A \cup B) \cap (A \cup C)$,$A \cap (B \cup C) = (A \cap B) \cup (A \cap C)$;

4) $A \cup (A \cap B) = A$,$A \cap (A \cup B) = A$。

(5) 余矩阵:对于模糊矩阵 $A = (a_{ij})_n$,有 $1 - a_{ij}$ 为元素的矩阵,称为 A 的余矩阵,记为

$$A^c = (1 - a_{ij})_n$$

(6) 矩阵合成:$C = A \circ B \Leftrightarrow c_{ij} = \bigvee_k (a_{ik} \wedge b_{kj})$。(一般地,$A \circ B \neq B \circ A$)

例 5.5 设模糊矩阵 A、B 分别为

$$A = \begin{pmatrix} 0.3 & 0.7 \\ 0.6 & 0.4 \end{pmatrix}, \quad B = \begin{pmatrix} 0.4 & 0.2 \\ 0.8 & 0.5 \end{pmatrix}$$

求 $A \circ B$ 及 $B \circ A$。

解:

$$A \circ B = \begin{pmatrix} (0.3 \wedge 0.4) \vee (0.7 \wedge 0.8) & (0.3 \wedge 0.2) \vee (0.7 \wedge 0.5) \\ (0.6 \wedge 0.4) \vee (0.4 \wedge 0.8) & (0.6 \wedge 0.2) \vee (0.4 \wedge 0.5) \end{pmatrix}$$

$$= \begin{pmatrix} 0.3 \vee 0.7 & 0.2 \vee 0.5 \\ 0.4 \vee 0.4 & 0.2 \vee 0.4 \end{pmatrix}$$

$$= \begin{pmatrix} 0.7 & 0.5 \\ 0.4 & 0.4 \end{pmatrix}$$

$$B \circ A = \begin{pmatrix} (0.4 \wedge 0.3) \vee (0.2 \wedge 0.6) & (0.4 \wedge 0.7) \vee (0.2 \wedge 0.4) \\ (0.8 \wedge 0.3) \vee (0.5 \wedge 0.6) & (0.8 \wedge 0.7) \vee (0.5 \wedge 0.4) \end{pmatrix}$$

$$= \begin{pmatrix} 0.3 & 0.4 \\ 0.5 & 0.7 \end{pmatrix}$$

显然,$A \circ B \neq B \circ A$。

(7) 转置：设 $A = (a_{ij})$ $(a_{ij} \in [0, 1])$，将其行与列交换，所得到的模糊矩阵为 A 的转置矩阵，记作 A^T。

转置模糊矩阵具有以下性质：

1) $(A^T)^T = A$

2) $(A \cup B)^T = A^T \cup B^T$，$(A \cap B)^T = A^T \cap B^T$

3) $A \subseteq B \Leftrightarrow A^T \subseteq B^T$

4) $(A^T)_\lambda = (A_\lambda)^T$

5) $(A \circ B)^T = B^T \circ A^T$，$(A^n)^T = (A^T)^n$

6) $(A^c)^T = (A^T)^c$

(8) 对称：若模糊矩阵 A 满足 $A = A^T$，则称其为对称矩阵。

(9) 幂：$A^2 = A \circ A$，$A^3 = A^2 \circ A$，$\cdots$，$A^k = A^{k-1} \circ A$。

根据上述性质还可以得到如下性质：

(1) $(A \cup B)^c = A^c \cap B^c$，$(A \cap B)^c = A^c \cup B^c$

(2) $A \circ (B \circ C) = (A \circ B) \circ C$

(3) $A^m \circ A^n = A^{m+n}$，$(A^m)^n = A^{mn}$

(4) $A \circ (B \cup C) = (A \circ B) \cup (A \circ C)$，$(A \cup B) \circ C = (A \circ C) \cup (B \circ C)$

(5) $A \circ (B \cap C) \leq (A \circ B) \cap (A \circ C)$，$(B \cap C) \circ A \leq (B \circ A) \cap (C \circ A)$

(6) $(A \circ B)^T = B^T \circ A^T$

(7) $O \circ A = A \circ O = O$，$I \circ A = A \circ I = A$

其中 O 为零矩阵，I 为单位阵。

(8) 若 $A \subseteq B$，则 $A \circ C \subseteq B \circ C$，$C \circ A \subseteq C \circ B$

(9) 若 $A_1 \subseteq A_2$，$B_1 \subseteq B_2$，则 $A_1 \circ B_1 \subseteq A_2 \circ B_2$

(10) $A \subseteq B \Leftrightarrow A_\lambda \subseteq B_\lambda$

(11) $(A \cup B)_\lambda = A_\lambda \cup B_\lambda$，$(A \cap B)_\lambda = A_\lambda \cap B_\lambda$

(12) $(A \circ B)_\lambda = A_\lambda \circ B_\lambda$

(13) $(A^k)_\lambda = (A_\lambda)^k$

5.6 模糊向量

1. 模糊向量

如果对任意的 i $(i = 1, 2, \cdots, n)$，都有 $a_i \in [0, 1]$，则称向量 $\tilde{A} = (a_1, a_2, \cdots, a_n)$ 为模糊向量。模糊向量 $\tilde{A}$ 的转置 $\tilde{A}^T$ 称为列向量，即

$$\tilde{A}^T = \begin{pmatrix} a_1 \\ a_2 \\ \vdots \\ a_n \end{pmatrix}$$

如果向量 $\tilde{A} = (a_1, a_2, \cdots, a_n)$ 中的所有分量仅取 0，1 两个值，则称它为布尔向量。

模糊向量可以作以下解释：

(1) 模糊向量表示有限论域 $X = \{x_1, x_2, \cdots, x_n\}$ 上的模糊集 $\tilde{A}$：$a_i = \tilde{A}(x_i)$ $(1 \leq i \leq n)$；

(2) 模糊向量作为矩阵，又代表一模糊关系。

模糊矩阵是表示二元模糊向量的工具，和普通矩阵一样，$m \times n$ 模糊矩阵可以看成是由 m 个模糊向量组成。模糊向量与普通向量的区别在于模糊向量的诸分量 $a_i \in [0, 1]$。

例如，同学甲的成绩对论域 $X = \{$英语，数学，物理，化学$\}$ 的模糊关系为：

$$\tilde{A} = \frac{0.85}{英语} + \frac{1}{数学} + \frac{0.75}{物理} + \frac{0.8}{化学}$$

可以把以上模糊关系用模糊向量表示为 $\tilde{A} = \{0.85, 1.0, 0.75, 0.80\}$。

2. 模糊向量的笛卡儿乘积

设有两个模糊向量 $\tilde{A}_{1 \times n}$，$\tilde{B}_{1 \times m}$，定义运算 $\tilde{A} \times \tilde{B} = \tilde{A}^T \circ \tilde{B}$ 为模糊向量的笛卡儿乘积。

两个模糊向量 $\tilde{A}_{1 \times n}$，$\tilde{B}_{1 \times m}$ 的笛卡儿乘积表示它们所在论域 X 与 Y 之间的转换关系，这种关系也是模糊关系。

例 5.6 已知两个模糊向量分别为

$$\tilde{A} = (0.8, 0.6, 0.2)$$
$$\tilde{B} = (0.2, 0.4, 0.7, 1.0)$$

试计算它们的笛卡儿乘积。

解：两个模糊向量的笛卡儿乘积为：

$$\tilde{A} \times \tilde{B} = \tilde{A}^T \circ \tilde{B} = \begin{pmatrix} 0.8 \\ 0.6 \\ 0.2 \end{pmatrix} \circ (0.2 \quad 0.4 \quad 0.7 \quad 1.0)$$

$$= \begin{pmatrix} 0.8 \wedge 0.2 & 0.8 \wedge 0.4 & 0.8 \wedge 0.7 & 0.8 \wedge 1 \\ 0.6 \wedge 0.2 & 0.6 \wedge 0.4 & 0.6 \wedge 0.7 & 0.6 \wedge 1 \\ 0.2 \wedge 0.2 & 0.2 \wedge 0.4 & 0.2 \wedge 0.7 & 0.2 \wedge 1 \end{pmatrix}$$

$$= \begin{pmatrix} 0.2 & 0.4 & 0.7 & 0.8 \\ 0.2 & 0.4 & 0.6 & 0.6 \\ 0.2 & 0.2 & 0.2 & 0.2 \end{pmatrix}$$

5.7 模糊语言

对于许多复杂的大系统，由于其内部机理复杂，难以建立其精确的数学模型，或者所建立的数学模型过于复杂，给研究带来很大困难。对于这种复杂大系统的研究，传统的控制理论和控制方法显得无能为力。由于人具有处理模糊信息的能力，因此可以运用人所具备的思维能力、语言表达能力和模糊逻辑推理能力，通过电子计算机有效地研究复杂大系统。本节介绍了模糊变量、语言变量、模糊语言、语言值及其四则运算、模糊语言变量等内容。

5.7.1 模糊变量

定义 一个模糊变量由一个三元组 $(X, U, R(X))$ 表示。其中，X 是变量名，U 是论域，$R(X)$ 是 U 上的一个模糊集。

定义 设 $X_1, X_2, \cdots, X_n$ 分别是 $U_1, U_2, \cdots, U_n$ 的模糊变量，则 $X = (X_1, X_2, \cdots, X_n)$ 是 $U = U_1 \times U_2 \times \cdots \times U_n$ 的 n 元（复合）模糊变量，$R(X) = R(X_1, X_2, \cdots, X_n)$ 是 U 上的 n 元模糊关系。

5.7.2 语言变量

语言变量是模糊逻辑和近似推理的基本工具之一，下面给出语言变量的定义。

定义 一个语言变量由一个五元组 $(X, U, W(X), G, M)$ 表示。其中，X 是变量名，U 是论域，$W(X)$ 是 x 的术语集合，即 U 上 x 的模糊集名称的词或术语的集合，$X \in W(x)$ 也称为 x 的语言值，它是一个模糊变量；G 是一个语法规则，用于产生 x 的语言值；M 是一个语义规则：

$$M: W \to F(X), \quad M(X) = [X]$$

例：考虑语言变量 x 为"年龄"，论域 $U = [0, 100]$。$W(x) = \{$很老，老，不太老，比较年轻，相当年轻，很年轻，年少$\}$，$X \in W(x)$，则 $M(X)$ 是 U 上的一个模糊集，如 $M(老) = 老$。

其中

$$[老](u) = \begin{cases} 0, & u \in [0, 50] \\ \left[1 + \left(\dfrac{u-50}{5}\right)^{-2}\right]^{-1}, & u \in (50, 100] \end{cases}$$

例 5.7 考虑语言变量 x 为"数目"，论域 $U = \{1, 2, \cdots, 10\}$，$W(x) = \{$少许，几个，许多$\}$，

$$[少许] = \dfrac{0.4}{1} + \dfrac{0.8}{2} + \dfrac{1}{3} + \dfrac{0.4}{4}$$

$$[几个] = \dfrac{0.5}{3} + \dfrac{0.8}{4} + \dfrac{1}{5} + \dfrac{1}{6} + \dfrac{0.8}{7} + \dfrac{0.5}{8}$$

$$[许多] = \dfrac{0.4}{6} + \dfrac{0.6}{7} + \dfrac{0.8}{8} + \dfrac{0.9}{9} + \dfrac{1}{10}$$

定义 如果一个语言变量 $(X, U, W(X), G, M)$ 中，变量名为 $x = (x_1, x_2, \cdots, x_n)$，并且论域为 $U = U_1 \times U_2 \times \cdots \times U_n$，则称其为一个 n 元（复合）语言变量，$M(X)$ $(X \in W(x))$ 是 U 上的 n 元模糊关系。

例 5.8 考虑复合语言变量 (x, y) 论域为

$$U \times V = \{1, 2, 3, 4\} \times \{1, 2, 3, 4\}$$

$W = \{$近似相等，或多或少相等$\}$

$$[近似相等] = \begin{pmatrix} 1 & 0.6 & 0.4 & 0.2 \\ 0.6 & 1 & 0.6 & 0.4 \\ 0.4 & 0.6 & 1 & 0.6 \\ 0.2 & 0.4 & 0.6 & 1 \end{pmatrix}$$

$$[或多或少相等] = \begin{pmatrix} 1 & 0.8 & 0.6 & 0.4 \\ 0.8 & 1 & 0.8 & 0.6 \\ 0.6 & 0.8 & 1 & 0.8 \\ 0.4 & 0.6 & 0.8 & 1 \end{pmatrix}$$

5.7.3 模糊语言

1. 自然语言和形式语言

语言是人与人之间进行思维和信息交流的重要工具。语言可分为自然语言和形式语言两种。自然语言是指人们在日常生活和工作中所使用的语言，它实际上是以字或词为符号的一种符号系统。人们通过它来描述主客观事物、概念、行为、情感以及相互之间的关系等。形式语言是指用一系列符号去代表计算机的动作和被处理单元状态的计算机语言。自然语言和形式语言最重要的区别在于：自然语言具有模糊性，而形式语言不具有模糊性，它完全具有二值逻辑的特点。计算机在执行某一种形式语言程序时是严格的、刻板的、生硬的，没有一点灵活性。人对自然语言的理解在本质上也是模糊的，人具有运用模糊概念的能力。人脑与计算机之间有着本质的区别，人脑具有善于判断和处理模糊现象的能力。为了使计算机在一定程度上具有判别和处理模糊信息的能力，最有效的方法是在形式语言中掺入一些自然语言，使掺入自然语言的形式语言具有模糊性。把具有模糊概念的语言称为模糊语言，它作为模糊数学的分支在模糊控制中得到了广泛的应用。

2. 模糊语言的组成要素

通常把含有模糊概念的语言称为模糊语言，如"强大"、"年轻"、"年老"、"很老"等。模糊语言也具有自己的组成要素，即语义。

(1) 单词

单词是语言结构中最基本的要素，它是表达概念的最小单位，如天、地、高、低、快、慢、黑、白、美、丑等。在模糊语言中，设某些单词的集合为 W，对于给定的论域 U，总是用一定的单词去代表一定的语言含义，我们把这种对应关系叫做语义。语义是通过 W 到 U 的对应关系 R 来表达的，通常是一个模糊关系。语义建立了 W 与 U 的联系，这个联系可以用 W 到 U 的映射 M 表示：$M: W \to F(U)$，$M(a) = [a]$。

映射 M 把每个单词与其外延对应起来，$[*]$ 是单词"*"的外延。

例：设年龄论域 $U = [0, 100]$，词集合为 $W = \{年轻, 中年, 老年\}$，那么集合 W 中单词的词义（隶属函数）如下

$$[年轻](u) = \begin{cases} 1, & 0 \leq u \leq 25 \\ \left[1 + \left(\dfrac{u-25}{5}\right)^2\right]^{-1}, & 25 < u \leq 100 \end{cases}$$

$$[中年](u) = \begin{cases} 0, & 0 \leq u \leq 35 \\ \left[1 + \left(\dfrac{u-45}{4}\right)^4\right]^{-1}, & 35 < u \leq 45 \end{cases}$$

$$[老年](u) = \begin{cases} 0, & 0 \leq u \leq 50 \\ \left[1 + \left(\dfrac{u-50}{5}\right)^{-2}\right]^{-1}, & 50 < u \leq 100 \end{cases}$$

(2) 词组

词组由两个或两个以上的单词所组成。在模糊语言中，单词与单词之间用"或"

（∪）、"且"（∩）来连接，或者在单词前面加"非"（ᶜ）构成词组。例如：[年轻或年老] = [年轻]∪[年老]，[年轻且年老] = [年轻]∩[年老]，[非年轻] = [年轻]ᶜ，[白马] = [马且白] = [马]∩[白]，[亚非拉] = [亚或非或拉] = [亚]∪[非]∪[拉]，[非金属] = [金属]ᶜ。

由上述可知，单词可以组成词组，词组也可以分解为单词。

3. 模糊语言算子

人类的语言充满模糊性，语句由词组构成，词组由单词构成。在自然语言中有一些词可以表达语气的肯定程度，如"非常"、"很"等，有一些词可以表达模糊含义。将这些词放在单词或词组前可以对其起到修饰作用，使被修饰的单词或词组的词义发生一定的变化。所谓语言算子，通常指在单词或词组前所加的前缀词，用来调整或改变单词或词组的词义，如"非常"、"很"、"特别"、"大概"等。常见的语言算子可以分为以下几种。

（1）语气算子

在自然语言中，有些词如"非常"、"很"、"特别"、"大概"等可以对单词或词组起到修饰作用，把这些词放在单词或词组前，便调整了单词或词组的肯定程度，把原来的单词或词组变成了一个新的单词或词组。因此，上述这些词可以分别看作一种算子，叫做语气算子。语气算子严格定义如下：

定义 设 U 为论域，对于正实数 λ，定义映射

$$H^{(\lambda)}: F(U) \to F(U)$$
$$H^{(\lambda)}(A)(u) = [A(u)]^{\lambda}$$

称 $H^{(\lambda)}$ 为语气算子；当 $\lambda > 1$ 时，$H^{(\lambda)}$ 称为集中化算子；当 $\lambda < 1$ 时，$H(\lambda)$ 称为弱化算子。

今后可以设 [很] = $H^{(2)}$，[极] = $H^{(4)}$，[相当] = $H^{(1.25)}$，[比较] = $H^{(0.75)}$，[有点] = [略] = $H^{(0.5)}$，[稍微有点] = $H^{(0.25)}$。

例 5.9 设 O = [老人]，其隶属函数为

$$O(u) = \begin{cases} 0, & 0 < u \leq 50 \\ \left[1 + \left(\frac{u-50}{5}\right)^{-2}\right]^{-1}, & 50 < u \leq 100 \\ 1, & u > 100 \end{cases}$$

则 [很老的人] = $H^{(2)}(O)$，[极老的人] = $H^{(4)}(O)$，[有点老的人] = $H^{(0.5)}(O)$，[稍微有点老的人] = $H^{(0.25)}(O)$，并且

$$H^{(2)}(O)(u) = \begin{cases} 0, & 0 < u \leq 50 \\ \left[1 + \left(\frac{u-50}{5}\right)^{-2}\right]^{-2}, & 50 < u \leq 100 \\ 1, & u > 100 \end{cases}$$

$$H^{(4)}(O)(u) = \begin{cases} 0, & 0 < u \leq 50 \\ \left[1 + \left(\dfrac{u-50}{5}\right)^{-2}\right]^{-4}, & 50 < u \leq 100 \\ 1, & u > 100 \end{cases}$$

$$H^{(0.5)}(O)(u) = \begin{cases} 0, & 0 < u \leq 50 \\ \left[1 + \left(\dfrac{u-50}{5}\right)^{-2}\right]^{-0.5}, & 50 < u \leq 100 \\ 1, & u > 100 \end{cases}$$

$$H^{(0.25)}(O)(u) = \begin{cases} 0, & 0 < u \leq 50 \\ \left[1 + \left(\dfrac{u-50}{5}\right)^{-2}\right]^{-0.25}, & 50 < u \leq 100 \\ 1, & u > 100 \end{cases}$$

隶属函数曲线如图 5-15 所示。

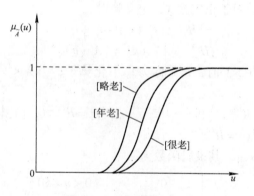

图 5-15　隶属函数曲线

（2）模糊化算子

所谓模糊化算子，是指能使语言中某些清晰概念的单词或词组的词义模糊化，或者使原来就具有模糊概念的单词或词组的模糊化程度越发加强的一类前缀词，如"大概"、"好像"、"近似"、"大约"等。模糊化算子的严格定义如下。

定义　给定模糊关系 $R \in F(U \times U)$，存在模糊变换

$$F^{(R)}: F(U) \to F(U)$$
$$F^{(R)}(\tilde{A}) = R \circ \tilde{A}$$

即 $\forall u \in U$，$F^{(R)}(\tilde{A})(u) = (R \circ \tilde{A})(u) = \bigvee_{v \in U}(R(u,v) \wedge \tilde{A}(v))$

则称 $F^{(R)}$ 为模糊化算子。

一般情况下，R 为模糊相似关系，可以取

$$R(u, v) = \begin{cases} e^{-(u-v)^2}, & |u-v| < \delta \\ 0, & |u-v| \geq \delta \end{cases}$$

这里 δ 是正实数，其值大小表示模糊化的程度，模糊化算子简记为 F。

例 5.10 "5" 是一个词，它的集合是个普通集：

$$5(u) = \begin{cases} 1, & u = 5 \\ 0, & u \neq 5 \end{cases}$$

$$F(5)(u) = \begin{cases} e^{-(u-5)^2}, & |u-5| < \delta \\ 0, & |u-5| \geq \delta \end{cases}$$

"大约 5" $= F(5)$ 是 5 的模糊化结果，如图 5-16 所示。图中，$A(u)$ 是一个清晰集，而 $F[A(u)]$ 则将 $A(u)$ 模糊化为一个峰值为 $u=5$ 的模糊数。$F[A(u)]$ 对应的词是 "大约 5"，当 δ 取值越大，则 5 被模糊化的程度越强。

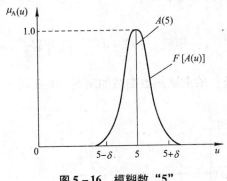

图 5-16 模糊数 "5"

(3) 判断化算子

"偏向"、"倾向于"、"多半是" 等词也可以看成一种算子，使一个单词化模糊为肯定，对其模糊的描述给出粗糙的判断，这种算子称为判断化算子。判断化算子的严格定义如下。

定义 对于 $a \in \left(0, \dfrac{1}{2}\right]$，定义映射

$$P^{(a)}: F(U) \to F(U)$$
$$P^{(a)}(\tilde{A})(u) = d^{(a)}(\tilde{A}(u))$$

其中，$d^{(a)}$ 是定义在 $[0, 1]$ 上的实函数

$$d^{(a)}(u) = \begin{cases} 0, & u \leq a \\ \dfrac{1}{2}, & a < u \leq 1-a \\ 1, & u > 1-a \end{cases}$$

则称 $P^{(a)}$ 为判断化算子。图 5-17 给出了 $d^{(a)}$ 的示意图。特别地，称 **$P^{(0.5)}$** 为 "倾向"。

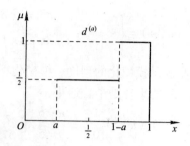

图 5-17 $d^{(a)}$ 的示意图

例 5.11 [年轻] 的隶属函数为

$$\tilde{A}(u) = \begin{cases} 1, & 0 \leqslant u \leqslant 25 \\ \left[1 + \left(\dfrac{u-25}{5}\right)^2\right]^{-1}, & u > 25 \end{cases}$$

注意，当 $u = 30$ 时，$\tilde{A}(u) = \dfrac{1}{2}$，则有

$$[倾向年轻](u) = P^{(0.5)}, [年轻](u) = d^{(0.5)}([年轻](u)) = \begin{cases} 0, & u > 30 \\ 1, & u \leqslant 30 \end{cases}$$

[年轻] 和 [倾向年轻] 的隶属函数曲线如图 5-18 所示。

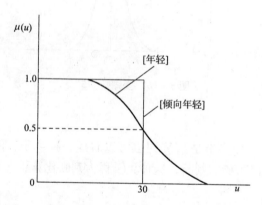

图 5-18 [年轻] 和 [倾向年轻] 的隶属函数曲线

可以看出，不到 30 岁则"倾向年轻"。

5.7.4 语言值及其四则运算

在自然语言中，有一些词可以数量化，如"大"、"小"、"高"、"低"、"轻"、"重"、"长"、"短"、"多"、"少"等，以及由这些词加上语言算子后扩大的词汇，如"很大"、"不大"、"非常小"、"偏大"、"有点长"、"不长也不短"等，都叫做语言值。语言值可以由实数域 R 或其子集为论域的模糊集合来表示。

在语言值间可以施行两种运算，可把它们作为实数域 R 上的模糊子集而进行集合运算，也可以把它们看作模糊数进行四则运算。语言值的两种运算方法阐述如下。

1. 模糊集运算

例如，设论域 $U = \{1, 2, 3, \cdots, 10\}$

$$\tilde{A} = [大] = \frac{0.2}{4} + \frac{0.4}{5} + \frac{0.6}{6} + \frac{0.8}{7} + \frac{1}{8} + \frac{1}{9} + \frac{1}{10}$$

$$\tilde{B} = [小] = \frac{1}{1} + \frac{0.8}{2} + \frac{0.6}{3} + \frac{0.4}{4} + \frac{0.2}{5}$$

则 $[不大] = \tilde{A}^c = \frac{1}{1} + \frac{1}{2} + \frac{1}{3} + \frac{0.8}{4} + \frac{0.6}{5} + \frac{0.4}{6} + \frac{0.2}{7}$

$[不小] = \tilde{B}^c = \frac{0.2}{2} + \frac{0.4}{3} + \frac{0.6}{4} + \frac{0.8}{5} + \frac{1}{6} + \frac{1}{7} + \frac{1}{8} + \frac{1}{9} + \frac{1}{10}$

$[不大也不小] = [大]^c \cap [小]^c = \tilde{A}^c \cap \tilde{B}^c = \frac{0.2}{2} + \frac{0.4}{3} + \frac{0.6}{4} + \frac{0.6}{5} + \frac{0.4}{6} + \frac{0.2}{7}$

$[很大] = H^{(2)}[大] = H^{(2)}(\tilde{A}) = \frac{0.2^2}{4} + \frac{0.4^2}{5} + \frac{0.6^2}{6} + \frac{0.8^2}{7} + \frac{1^2}{8} + \frac{1^2}{9} + \frac{1^2}{10}$

$$= \frac{0.04}{4} + \frac{0.16}{5} + \frac{0.36}{6} + \frac{0.64}{7} + \frac{1}{8} + \frac{1}{9} + \frac{1}{10}$$

$[倾向小] = P^{(0.5)}[小] = \frac{1}{1} + \frac{1}{2} + \frac{1}{3}$

2. 四则运算

设 $\tilde{A}, \tilde{B}$ 是两个语言值，根据扩张原理有如下的四则运算公式

$$(\tilde{A} * \tilde{B})(z) = \bigvee_{x*y=z}(\tilde{A}(x) \wedge \tilde{B}(y))$$

其中，$* \in \{+, -, \times, \div\}$。

例 5.12 设 $\tilde{A} = \frac{1}{1} + \frac{0.8}{2} + \frac{0.2}{3}$，$\tilde{B} = \frac{0.2}{2} + \frac{0.8}{3} + \frac{1}{4}$，试求 $\tilde{A} * \tilde{B}$ 的四则运算。

解：$\tilde{A} * \tilde{B}$ 的四则运算如下：

$\tilde{A} + \tilde{B} = \frac{1 \wedge 0.2}{1+2} + \frac{1 \wedge 0.8}{1+3} + \frac{1 \wedge 1}{1+4} + \frac{0.8 \wedge 0.2}{2+2} + \frac{0.8 \wedge 0.8}{2+3} + \frac{0.8 \wedge 1}{2+4}$

$\qquad + \frac{0.2 \wedge 0.2}{3+2} + \frac{0.2 \wedge 0.8}{3+3} + \frac{0.2 \wedge 1}{3+4}$

$= \frac{1 \wedge 0.2}{3} + \frac{(1 \wedge 0.8) \vee (0.8 \wedge 0.2)}{4} + \frac{(1 \wedge 1) \vee (0.8 \wedge 0.8) \vee (0.2 \wedge 0.2)}{5}$

$\qquad + \frac{(0.8 \wedge 1) \vee (0.2 \wedge 0.8)}{6} + \frac{0.2 \wedge 1}{7}$

$= \frac{0.2}{3} + \frac{0.8}{4} + \frac{1}{5} + \frac{0.8}{6} + \frac{0.2}{7}$

$\tilde{A} - \tilde{B} = \frac{1 \wedge 0.2}{1-2} + \frac{1 \wedge 0.8}{1-3} + \frac{1 \wedge 1}{1-4} + \frac{0.8 \wedge 0.2}{2-2} + \frac{0.8 \wedge 0.8}{2-3}$

$\qquad + \frac{0.8 \wedge 1}{2-4} + \frac{0.2 \wedge 0.2}{3-2} + \frac{0.2 \wedge 0.8}{3-3} + \frac{0.2 \wedge 1}{3-4}$

$= \frac{(1 \wedge 0.2) \vee (0.8 \wedge 0.8) \vee (0.2 \wedge 1)}{-1} + \frac{(1 \wedge 0.8) \vee (0.8 \wedge 1)}{-2} + \frac{(1 \wedge 1)}{-3}$

$\qquad + \frac{(0.8 \wedge 0.2) \vee (0.2 \wedge 0.8)}{0} + \frac{0.2 \wedge 0.2}{1}$

$$= \frac{1}{-3} + \frac{0.8}{-2} + \frac{0.8}{-1} + \frac{0.2}{0} + \frac{0.2}{1}$$

$$\tilde{A} \times \tilde{B} = \frac{1 \wedge 0.2}{1 \times 2} + \frac{1 \wedge 0.8}{1 \times 3} + \frac{1 \wedge 1}{1 \times 4} + \frac{0.8 \wedge 0.2}{2 \times 2} + \frac{0.8 \wedge 0.8}{2 \times 3}$$

$$+ \frac{0.8 \wedge 1}{2 \times 4} + \frac{0.2 \wedge 0.2}{3 \times 2} + \frac{0.2 \wedge 0.8}{3 \times 3} + \frac{0.2 \wedge 1}{3 \times 4}$$

$$= \frac{1 \wedge 0.2}{2} + \frac{(1 \wedge 0.8)}{3} + \frac{(1 \wedge 1) \vee (0.8 \wedge 0.2)}{4}$$

$$+ \frac{(0.8 \wedge 0.8) \vee (0.2 \wedge 0.2)}{6} + \frac{0.8 \wedge 1}{8} + \frac{0.2 \wedge 0.8}{9} + \frac{0.2 \wedge 1}{12}$$

$$= \frac{0.2}{2} + \frac{0.8}{3} + \frac{1}{4} + \frac{0.8}{6} + \frac{0.8}{8} + \frac{0.2}{9} + \frac{0.2}{12}$$

$$\tilde{A} \div \tilde{B} = \frac{1 \wedge 0.2}{1 \div 2} + \frac{1 \wedge 0.8}{1 \div 3} + \frac{1 \wedge 1}{1 \div 4} + \frac{0.8 \wedge 0.2}{2 \div 2} + \frac{0.8 \wedge 0.8}{2 \div 3}$$

$$+ \frac{0.8 \wedge 1}{2 \div 4} + \frac{0.2 \wedge 0.2}{3 \div 2} + \frac{0.2 \wedge 0.8}{3 \div 3} + \frac{0.2 \wedge 1}{3 \div 4}$$

$$= \frac{(1 \wedge 0.2) \vee (0.8 \wedge 1)}{1/2} + \frac{1 \wedge 0.8}{1/3} + \frac{1 \wedge 1}{1/4}$$

$$+ \frac{(0.8 \wedge 0.2) \vee (0.2 \wedge 0.8)}{1} + \frac{0.8 \wedge 0.8}{2/3} + \frac{0.2 \wedge 0.2}{3/2} + \frac{0.2 \wedge 1}{3/4}$$

$$= \frac{0.8}{1/2} + \frac{0.8}{1/3} + \frac{1}{1/4} + \frac{0.2}{1} + \frac{0.8}{2/3} + \frac{0.2}{3/2} + \frac{0.2}{3/4}$$

5.7.5 模糊语言变量

模糊语言变量的概念是 Zedeh 首先提出的。所谓语言变量是以自然或人工语言中的字或句作为变量,用以表征那些十分复杂或定义很不完善而又无法用通常的精确术语进行描述的对象。模糊语言变量如下:

一个模糊语言变量可以定义为一个五元体:

$$(X, T(X), U, G, M),$$

式中　　X——语言变量的名称;

$T(X)$——语言变量语言值名称的集合;

U——论域;

G——语法规则;

M——语义规则。

例如,以控制系统中的误差为语言变量 X,论域取 $U = [-6, +6]$。"误差"语言变量的原子单词有"大、中、小、零",对这些原子单词施加以适当的语气算子,就可以构成多个语言名称,如"很大"、"较大"、"中等"、"较小"等,再考虑误差有正、负的情况,$T(X)$ 可表示为

$T(X) = T(误差) = 正很大 + 正大 + 正较大 + 正中 + 正较小 + 正小 + 零$
$\qquad + 负小 + 负较小 + 负中 + 负较大 + 负大 + 负很大$

图 5-19 是以误差为论域的模糊语言五元体的示意图。

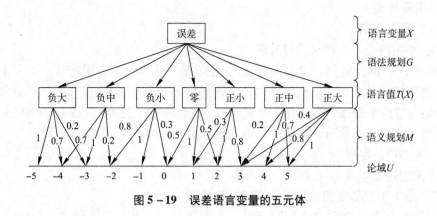

图 5-19 误差语言变量的五元体

5.8 模糊逻辑

在运用电子计算机研究复杂的大系统的过程中,不仅要求计算机具有更高的计算速度、更大的信息存储和处理能力,还要求计算机具有更高的"智能",要求计算机能够模拟人的思维有效地处理模糊信息,由于思维本身具有模糊性,因此有必要将二值逻辑推广为多值逻辑、模糊逻辑。

模糊逻辑是在二值逻辑和多值逻辑的基础上发展起来的,模糊逻辑是二值逻辑的扩展和推广。

5.8.1 普通命题及其基本逻辑运算

1. 普通命题

与经典集合论相对应的逻辑是二值逻辑。在二值逻辑中,能够明确判断其中真假的陈述句称为命题。一个命题只有两种可能性,或者是真,或者是假,二者必居其一,没有模棱两可的情况,例如:

(1) 北京是中国的首都;
(2) 李四是大学生;
(3) 北京夏天经常下雪;
(4) 今天天气真冷。

显然,(1) 是真的,因此是真命题;对于 (2) 来说,如果李四是某大学的学生,则命题是真的,否则命题是假的;(3) 显然是假的,也是命题;(4) 中"天气真冷"具有模糊性,不能判断绝对的"真"或"假",所以不是命题。

2. 普通命题的基本逻辑运算

若将两个单命题连接起来,就构成复合命题。复合命题是通过两个命题之间的基本逻辑运算来完成的。普通命题的基本逻辑运算有以下几种。

(1) "与"(AND) 运算,又称"合取"运算或"交"运算,用符号"∧"表示,与集合论中的交"∩"相对应。通过对两个命题进行"与"(AND) 运算所得到的命题是一个复合命题,只有当两个命题同时成立时,复合命题才是真。"与"(AND) 运算是一种二元运算,常用于日常用语"既…又…"的逻辑抽象。例如:

A：小王爱好英语。

B：小王爱好日语。

$A \wedge B$：小王既爱好英语又爱好日语。

（2）"或"（OR）运算，又称"析取"运算或"并"运算，用符号"$\vee$"表示，与集合论中的交"$\cup$"相对应。通过对两个命题进行"或"（OR）运算所得到的命题是一个复合命题，当两个命题中至少有一个成立时，复合命题才是真。"或"（OR）运算是一种二元运算，常用于日常用语"或者"的逻辑抽象。例如：

A：小王去青岛度假。

B：小王留在家里复习功课。

$A \vee B$：小王去青岛度假或者留在家里复习功课。

（3）"非"运算，又称"否定"运算，在原命题符号上加一横线"$-$"表示。"非"运算是一元运算。例如：

A：小王爱好英语。

$\bar{A}$：小王不爱好英语。

（4）逻辑"等价"，又称为"当且仅当"，用符号"$\Leftrightarrow$"表示。

（5）"如果…，则…"，又称"蕴涵"，亦称为"条件"，用符号"$\rightarrow$"表示，和集合论中的"$\subset$"相对应。例如：

A：四边形 $ABCD$ 是正方形。

B：四边形 $ABCD$ 是平行四边形。

$A \rightarrow B$：如果四边形 $ABCD$ 是正方形，则四边形 $ABCD$ 是平行四边形。

一个命题的真或假，叫做它的真值。当用给定的两个单命题构成一个复合命题时，它们的真值表如表 5-2 所示。

复命题真值表　　　　表 5-2

命题	A	B	$A \vee B$	$A \wedge B$	$\bar{A}$	$A \rightarrow B$	$A \Leftrightarrow B$
真值	真	真	真	真	假	真	真
	真	假	真	假	假	假	假
	假	真	真	假	真	真	假
	假	假	假	假	真	真	真

由于一个普通命题只取真、假二值，所以又称二值逻辑。通常用"1"表示"真"，用"0"表示"假"，将表中的"真"和"假"分别用 1 和 0 取代后，称为真值表。从表 5-2 中可以看出，命题的演算规律与经典集合的运算规律相类同。

3. 命题公式

设 A 和 B 是任意两个单命题，可以用 A 和 B 构成一些复合命题：

$$A \vee B, \ A \wedge B, \ \bar{A}, \ A \rightarrow B, \ A \Leftrightarrow B$$

上面的复合命题是由单命题 A 和 B 复合成的命题公式。因此，可以认为命题是由单命题复合成的命题公式。

在一个命题公式中，五个命题联结词的运算次序规定为：

$\neg, \wedge, \vee, \rightarrow, \Leftrightarrow$

5.8.2 模糊逻辑

1. 模糊命题

与经典集合论相对应的逻辑是二值逻辑，亦称数理逻辑。在数理逻辑中规定：命题是一个具有明确意义的陈述句。由于数理逻辑的命题不允许模糊不清，必须是非真即假，非假即真，所以数理逻辑在对命题的处理上就表现为二值逻辑。命题的真或假，叫做它的真值。在模糊数学中，把具有模糊概念的陈述句称为模糊命题。虽然模糊命题的取值不是单纯的"真"或"假"，却反映了真和假的程度。把用来表示模糊命题的真假程度的数值称为该命题的真值。模糊命题的真值为 [0，1] 之间的值，是命题对绝对真的隶属度。

模糊命题 $\tilde{P}$ 的真值记作

$$V(\tilde{P}) = x \quad 0 \leq x \leq 1$$

显然，当 $x=1$ 时，表示 $\tilde{P}$ 完全真；当 $x=0$ 时，表示 $\tilde{P}$ 完全假。当 x 介于 0、1 之间时，表征了 $\tilde{P}$ 真假的程度。x 越接近于 1，表明真的程度越大；x 越接近于 0，表明真的程度越小，即假的程度越大。

模糊命题的"与"、"或"、"非"运算如下：

设 $U: x\ is\ \tilde{A}$，$V: y\ is\ \tilde{B}$ 为模糊命题，则

(1) "与"运算（合取）：$U \cap V$，其真值为 $\mu_{\tilde{A}}(x) \wedge \mu_{\tilde{B}}(y)$

(2) "或"运算（析取）：$U \cup V$，其真值为 $\mu_{\tilde{A}}(x) \vee \mu_{\tilde{B}}(y)$

(3) "非"运算：$\bar{U}$，其真值为 $1 - \mu_{\tilde{A}}(x)$

2. 模糊逻辑

通常将研究模糊命题的逻辑称为模糊逻辑，它是二值逻辑的推广，是对经典的二值逻辑的模糊化。模糊逻辑是建立在模糊集合和二值逻辑概念基础上的，可以把它视为一类特殊的多值逻辑。一个公式的真值：在二值逻辑中只能取 0 和 1 两个值，而在模糊逻辑中可取 [0，1] 区间中的任何值，其数值表示这个模糊命题真的程度。

3. 模糊逻辑的基本运算

与普通命题一样，也可以用"或"、"与"、"非"、"如果…则…"等把两个或两个以上的模糊命题连接起来，构成一个复合命题。常用的构成复合命题的模糊逻辑基本运算定义如下：

(1) 模糊逻辑"或"：$\tilde{A} \vee \tilde{B} = \max(\tilde{A}, \tilde{B})$

(2) 模糊逻辑"与"：$\tilde{A} \wedge \tilde{B} = \min(\tilde{A}, \tilde{B})$

(3) 模糊逻辑"非"：$\bar{\tilde{A}} \vee = 1 - \tilde{A}$

(4) 模糊逻辑"蕴涵"：$\tilde{A} \rightarrow \tilde{B} = ((1-\tilde{A}) \vee \tilde{B}) \wedge 1$

(5) 模糊逻辑"等价" $\tilde{A} \Leftrightarrow \tilde{B} = (\tilde{A} \rightarrow \tilde{B}) \wedge (\tilde{B} \rightarrow \tilde{A})$

(6) 模糊逻辑"有界和"：$\tilde{A} \oplus \tilde{B} = (\tilde{A} + \tilde{B}) \wedge 0 = \min((\tilde{A} + \tilde{B}), 1)$

(7) 模糊逻辑"有界积"：$\tilde{A} \odot \tilde{B} = (\tilde{A} + \tilde{B} - 1) \vee 0 = \max((\tilde{A} + \tilde{B} - 1), 0)$

4. 模糊逻辑公式

模糊逻辑变量和运算符"或"（$\vee$）、"与"（$\wedge$）、"非"（$-$）等及括号构成的表达式称为模糊逻辑公式。模糊逻辑基本公式如下：

(1) 幂等律：$\tilde{A} \vee \tilde{A} = \tilde{A}$, $\tilde{A} \wedge \tilde{A} \tilde{A}$

(2) 交换律：$\tilde{A} \vee \tilde{B} = \tilde{B} \vee \tilde{A}$, $\tilde{A} \wedge \tilde{B} = \tilde{B} \wedge \tilde{A}$

(3) 结合律：$\tilde{A} \vee (\tilde{B} \vee \tilde{C}) = (\tilde{A} \vee \tilde{B}) \vee \tilde{C}$, $\tilde{A} \wedge (\tilde{B} \wedge \tilde{C}) = (\tilde{A} \wedge \tilde{B}) \wedge \tilde{C}$

(4) 吸收律：$\tilde{A} \vee (\tilde{A} \wedge \tilde{B}) = \tilde{A}$, $\tilde{A} \wedge (\tilde{A} \vee \tilde{B}) = \tilde{A}$

(5) 分配律：
$\tilde{A} \vee (\tilde{B} \wedge \tilde{C}) = (\tilde{A} \vee \tilde{B}) \wedge (\tilde{A} \vee \tilde{C})$
$\tilde{A} \wedge (\tilde{B} \vee \tilde{C}) = (\tilde{A} \wedge \tilde{B}) \vee (\tilde{A} \wedge \tilde{C})$

(6) 还原律：$\bar{\bar{\tilde{A}}} = \tilde{A}$

(7) 德·摩根律：$\overline{\tilde{A} \vee \tilde{B}} = \overline{\tilde{A}} \wedge \overline{\tilde{B}}$, $\overline{\tilde{A} \wedge \tilde{B}} = \overline{\tilde{A}} \vee \overline{\tilde{B}}$

(8) 常数运算法则：$1 \vee \tilde{A} = \tilde{A}$, $0 \vee \tilde{A} = \tilde{A}$
$0 \wedge \tilde{A} = 0$, $1 \wedge \tilde{A} = \tilde{A}$

注意，在模糊逻辑中，互补律不成立，即

$\tilde{A} \wedge \overline{\tilde{A}} \neq 0$，而 $\tilde{A} \wedge \overline{\tilde{A}} = \min(\tilde{A}, 1 - \tilde{A})$

$\tilde{A} \vee \overline{\tilde{A}} \neq 1$，而 $\tilde{A} \vee \overline{\tilde{A}} = \max(\tilde{A}, 1 - \tilde{A})$

5.9 模糊推理

5.9.1 判断与推理

1. 判断句

句型为"u 是 a"的陈述句称为判断句。这里 a 是表示概念的一个词或词组，u 叫做语言变元，它可以代表论域 U 中任何一个特定对象。我们把"u 是 a"这种判断句记作 (a)。

在判断句 (a) 中，若词 a 所表示的概念是确切的，则称 (a) 为普通判断句。一般地，一个普通判断句对应一个普通集合 A，

$$A = \{u \mid (a) \text{ 对 } u \text{ 真}\} \subseteq U$$

这里 (a) 对 u 真是指对此特定的 u，命题"u 是 a"为真，称 A 为判断句 (a) 的集合表示或真域，如图 5-20 所示。若 $A = U$，则称判断句 (a) 永真，即对 $\forall u \in U$，命题"u 是 a"为真。

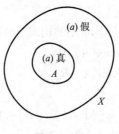

图 5-20

在判断句 (a) 中，若词 a 所表示的概念是模糊的，则称 (a) 为模糊判断句。例如，a 表示"老年人"，取 $u = $ "赵五"，则"赵五是老年人"就成为模糊命题。因为"老年人"的概念具有模糊性，因此难以判断"赵五是老年人"这句话是绝对真还是绝对假。当"u 是 a"的判断没有绝对的真假时，将 u 对 $\tilde{A}$ 的隶属度定义为 (a) 对 u 的真值。

2. 推理句

句型为"若 u 是 a,则 u 是 b"的陈述句称为推理句,记作 $(a)\to(b)$。若 a、b 对应的均为普通集合,即 a、b 所表示的概念都是确切的,则称为普通的推理句。

例如,"若 u 是等边三角形,则 u 是等腰三角形"。以 (a) 表示"u 是等边三角形",(b) 表示"u 是等腰三角形",则该推理句,即 $(a)\to(b)$。推理句又称为条件判断句,该例句中前半句说明了后半句成立的条件。

与判断句类似,若赋予普通推理句中变元 u 一个特定对象 u_0,则"若 u_0 是 a,则 u_0 是 b"就是一个命题,具有真值。令

$$R = \{u \mid (a)\to(b) \text{ 对 } u \text{ 真}\} \subseteq U$$

称 R 为 $(a)\to(b)$ 的集合表示或真域。

如果 $(a)\to(b)$ 永真,则称为定理。$(a)\to(b)$ 是定理的充分必要条件是 (b) 的真域 B 包含 (a) 的真域 A,即

$$(a)\to(b) \text{ 是定理} \Leftrightarrow A \subseteq B$$

所谓演绎推理的三段论法可表示为

$$(a)\to(b) \text{ 是定理,且 } (a) \text{ 对 } u \text{ 真} \Rightarrow (b) \text{ 对 } u \text{ 真}$$

可用集合描述为 $A \subseteq B, u \in A \Rightarrow u \in B$。

若 $(a)\to(b)$ 是定理,$(b)\to(c)$ 是定理,则 $(a)\to(c)$ 是定理,这一规则称为复合原则,可以用集合描述为

$$A \subseteq B, B \subseteq C \Rightarrow A \subseteq C$$

5.9.2 模糊推理

1. 模糊推理句

在推理句 $(a)\to(b)$ 中,若 a 或 b 所表示的概念是模糊的,则称为模糊推理句。

如"若 u 是阴雨天,则 u 很冷",由于"阴雨天"、"很冷"等概念是模糊的,因此该推理句是模糊推理句。

同模糊判断句一样,模糊推理句不能给出绝对的真与假,只能给出真的程度。模糊推理句真值定义如下

$$((a)\to(b))(u) = (1-\tilde{A}(u)) \vee \tilde{B}(u)$$

2. 模糊条件语句

在模糊控制中,模糊条件语句占有特别重要的地位,这是因为模糊控制规则是由一个或多个模糊条件语句构成的。模糊条件语句符合人们的思维和推理规律,按照模糊条件语句的句型结构的不同,模糊条件语句可以分为基本模糊条件语句和多重组合模糊条件语句两大类。

(1) 基本模糊条件语句

常用的基本模糊条件语句可以分为以下三种。

1) "如果 $\tilde{A}$,那么 $\tilde{B}$"句型

该句型也可写为"if $\tilde{A}$ then $\tilde{B}$"。例如,对于加热炉的炉温控制,一般为:如果炉温偏高,那么加一些冷水。

模糊条件语句"if $\tilde{A}$ then $\tilde{B}$"取决于二元模糊关系 $\tilde{R}$。

设有论域 X、Y,若存在 $X \times Y$ 上的二元模糊关系 $R = \tilde{A} \to \tilde{B}$,则其隶属函数为

$$\mu_{\tilde{R}}(x, y) = [1 - \mu_{\tilde{A}}(x)] \vee \mu_{\tilde{A}}(x) \wedge \mu_{\tilde{B}}(y)$$

式中，$\tilde{A} \in X$，$\tilde{B} \in Y$。模糊关系为：

$$\tilde{R} = \tilde{A}^c \cup (\tilde{A} \times \tilde{B})$$

2)"如果 $\tilde{A}$ 且 $\tilde{B}$ 那么 $\tilde{C}$"句型

该句型也可写为"if $\tilde{A}$ and $\tilde{B}$ then $\tilde{C}$"。例如，对于变风量空调系统的控制，一般为：如果空调房间温度偏高，且不断上升，那么应加大送风量。

在模糊控制中，"if $\tilde{A}$ and $\tilde{B}$ then $\tilde{C}$"语句用得非常多，使用中一般用 $\tilde{A}$ 表示偏差，$\tilde{B}$ 表示偏差变化，$\tilde{C}$ 表示输出。

模糊条件语句"if $\tilde{A}$ and $\tilde{B}$ then $\tilde{C}$"取决于一个三元模糊关系 $\tilde{R}$。

3)"如果 $\tilde{A}$ 那么 $\tilde{B}$ 否则 $\tilde{C}$"句型

该句型也可写为"if $\tilde{A}$ then $\tilde{B}$ else $\tilde{C}$"。

模糊条件语句取决于二元模糊关系 $\tilde{R}$。

设有论域 X、Y，且 $\tilde{A} \in X$，$\tilde{B} \in Y$，$\tilde{C} \in Y$，则二元模糊关系的隶属函数为：

$$\mu_{\tilde{R}}(x, y) = [\mu_{\tilde{A}}(x) \wedge \mu_{\tilde{B}}(y)] \vee [(1 - \mu_{\tilde{A}}(x)) \wedge \mu_{\tilde{C}}(y)]$$

二元模糊关系 $\tilde{R}$ 为

$$\tilde{R} = (\tilde{A} \times \tilde{B}) \cup (\tilde{A}^c \times \tilde{C})$$

(2) 多重组合模糊条件语句

前面介绍的句型称为基本模糊条件语句（或简单模糊条件语句），通常把具有多个条件的语句称为多重组合模糊条件语句，常用的有以下几种。

1)"如果 $\tilde{A}$ 且 $\tilde{B}$ 且 $\tilde{C}$ 那么 $\tilde{D}$"句型

该句型也可写为"if $\tilde{A}$ and $\tilde{B}$ and $\tilde{C}$ then $\tilde{D}$"。这种模糊条件语句常用于三输入单输出的模糊控制中，构成四元模糊关系 $\tilde{R}$，即

$$\tilde{R} = (\tilde{A} \times \tilde{B} \times \tilde{C}) \times \tilde{D}$$

2)"如果 $\tilde{A}$ 或 $\tilde{B}$ 那么 $\tilde{C}$ 或 $\tilde{D}$"句型

该句型也可写为"if $\tilde{A}$ or $\tilde{B}$ then $\tilde{C}$ or $\tilde{D}$"。

3)"如果 $\tilde{A}$ 且 $\tilde{B}$ 那么 $\tilde{C}$ 且 $\tilde{D}$"句型

该句型也可写为"if $\tilde{A}$ and $\tilde{B}$ then $\tilde{C}$ and $\tilde{D}$"。

3. 模糊推理

在形式逻辑中，推理分为直接推理、演绎推理、归纳推理等几种形式。其中，演绎推理又可分为假言直言推理与各种形式的三段论。演绎推理往往由判断句组成。

假言直言推理的逻辑结构为：

前提：如果 A，则 B；

结论：所以 B.

用数学式子表示，条件句"如果 A 则 B"可以用符号表示为 $A \rightarrow B$，有

$$A \rightarrow B \text{ 为真}，A \text{ 对 } x \text{ 真} \Rightarrow B \text{ 对 } x \text{ 真}$$

用集合论来描述，有

$$A \subseteq B, x \in A \Rightarrow x \in B.$$

在上面的假言推理中，如果小前提与大前提的前项不一致，是否仍能推出有一定价值的结论呢？在传统的形式逻辑中是办不到的。扎德提出的近似推理理论很好地解决了这一问

题。近似推理的提法是"若 $\tilde{A}$ 则 $\tilde{B}$",这里 $\tilde{A}$ 和 $\tilde{B}$ 分别为 X 和 Y 上的模糊集,即 $\tilde{A} \in F(X)$,$\tilde{B} \in F(Y)$。如果已知某一 $\tilde{A}' \in F(X)$(或 $\tilde{B}' \in F(Y)$),问能从蕴涵命题推出什么结论 $\tilde{B}'$(或 $\tilde{A}'$)。

由于模糊命题往往是两个不同论域上的模糊集,扎德利用模糊关系定义模糊蕴涵命题(1973年),并用模糊关系的合成运算给出近似推理的方法。

定义 设 $\tilde{A} \in F(X)$,$\tilde{B} \in F(Y)$,则模糊蕴涵 $\tilde{A} \rightarrow \tilde{B}$ 是 $X \times Y$ 上的一个模糊关系:
$$(\tilde{A} \rightarrow \tilde{B}) = \tilde{R} \in F(X \times Y),$$

其隶属函数为:
$$(\tilde{A} \rightarrow \tilde{B})(x, y) = (\tilde{A}(x) \wedge \tilde{B}(y)) \vee (1 - \tilde{A}(x))$$

若已知 $\tilde{A}' \in F(X)$,则
$$\tilde{B}' = \tilde{A}' \circ \tilde{R} = \tilde{A}' \circ (\tilde{A} \rightarrow \tilde{B}) \in F(Y),$$
$$\tilde{B}'(y) = \bigvee_{x \in X} [\tilde{A}'(X) \wedge (\tilde{A} \rightarrow \tilde{B})(x, y)]。$$

若已知 $\tilde{B}' \in F(Y)$,则
$$\tilde{A}' = \tilde{R} \circ \tilde{B}' = (\tilde{A} \rightarrow \tilde{B}) \circ \tilde{B}' \in F(X),$$
$$\tilde{A}'(x) = \bigvee_{y \in Y} [(\tilde{A} \rightarrow \tilde{B})(x, y) \wedge \tilde{B}'(y)]。$$

可以把 $\tilde{A} \rightarrow \tilde{B}$ 理解为一个模糊转换器。若有一个模糊集 $\tilde{A}' \in F(X)$,则经过模糊转换器得到一个输出 $\tilde{B}' \in F(Y)$。

在模糊控制中应用较多的"模糊条件语句"也是一种模糊推理。模糊条件语句"若 $\tilde{A}$ 则 $\tilde{B}$ 否则 $\tilde{C}$",可以表示为:
$$(\tilde{A} \rightarrow \tilde{B}) \vee (\tilde{A}^c \rightarrow \tilde{C})$$

其隶属函数为:
$$\tilde{R}(x, y) = [\tilde{A}(x) \wedge \tilde{B}(y)] \vee [(1 - \tilde{A}(x)) \wedge \tilde{C}(y)].$$

当输入 $\tilde{A}' \in F(X)$,亦可求得:
$$\tilde{B}' = \tilde{A}' \circ \tilde{R} \in F(Y)。$$

模糊条件语句"若 $\tilde{A}$ 且 $\tilde{B}$ 则 $\tilde{C}$",模糊关系可以表示为:
$$\tilde{R} = (\tilde{A} \times \tilde{B}) \rightarrow \tilde{C},\text{即} \tilde{R} = \tilde{A} \times \tilde{B} \times \tilde{C}$$

其隶属函数为:
$$\tilde{R}(x, y, z) = [\tilde{A}(x) \wedge \tilde{B}(y)] \wedge \tilde{C}(z) = \tilde{A}(x) \times \tilde{B}(y) \times \tilde{C}(z)$$

例 5.13 模糊条件语句为"if A and B then C"。设 A,B,C 分别是论域 U,V,W 上的集合,在这种条件下,其蕴涵关系为:$(A \wedge B) \rightarrow C$,其三元模糊关系矩阵为 $\tilde{R} = A \times B \times C$。设论域 $U = \{a_1, a_2, a_3\}$,$V = \{b_1, b_2, b_3\}$,$W = \{c_1, c_2, c_3\}$,已知:
$$A = \frac{1}{a_1} + \frac{0.4}{a_2} + \frac{0}{a_3},\ B = \frac{0.1}{b_1} + \frac{0.6}{b_2} + \frac{1}{b_3},\ C = \frac{0.3}{c_1} + \frac{0}{c_2} + \frac{1}{c_3}$$

求:输入分别为 $A' = \frac{0}{a_1} + \frac{0.5}{a_2} + \frac{0.7}{a_3}$,$B' = \frac{0.4}{b_1} + \frac{0.9}{b_2} + \frac{0}{b_3}$ 时的输出 C'。

解:令 $\tilde{R}_1 = A \times B$,则由模糊向量的笛卡尔乘积可得:

$$\tilde{R}_1 = A \times B = A^T \circ B = \begin{pmatrix} 1 \\ 0.4 \\ 0 \end{pmatrix} \circ [0.1 \ 0.6 \ 1] = \begin{pmatrix} 0.1 & 0.6 & 1 \\ 0.1 & 0.4 & 0.4 \\ 0 & 0 & 0 \end{pmatrix}$$

第5章 模糊控制的理论基础

将 $\tilde{R}_1 = A \times B$ 按行展开成列向量为：

$$\tilde{R}_1^T = [0.1 \quad 0.6 \quad 1 \quad 0.1 \quad 0.4 \quad 0.4 \quad 0 \quad 0 \quad 0]^T$$

则

$$\tilde{R} = \tilde{R}_1 \times C = \tilde{R}_1^T \circ C = \begin{pmatrix} 0.1 \\ 0.6 \\ 1 \\ 0.1 \\ 0.4 \\ 0.4 \\ 0 \\ 0 \\ 0 \end{pmatrix} \circ [0.3 \quad 0 \quad 1] = \begin{pmatrix} 0.1 & 0 & 0.1 \\ 0.3 & 0 & 0.6 \\ 0.3 & 0 & 1 \\ 0.1 & 0 & 0.1 \\ 0.3 & 0 & 0.4 \\ 0.3 & 0 & 0.4 \\ 0 & 0 & 0 \\ 0 & 0 & 0 \\ 0 & 0 & 0 \end{pmatrix}$$

令 $\tilde{R}_2 = A' \times B'$，则

$$\tilde{R}_2 = A' \times B' = {A'}^T \circ B' = \begin{pmatrix} 0 \\ 0.5 \\ 0.7 \end{pmatrix} \circ [0.4 \quad 0.9 \quad 0] = \begin{pmatrix} 0 & 0 & 0 \\ 0.4 & 0.5 & 0 \\ 0.4 & 0.7 & 0 \end{pmatrix}$$

将 $\tilde{R}_2$ 按行展开成行向量，为

$$\tilde{R}^T = [0 \quad 0 \quad 0 \quad 0.4 \quad 0.5 \quad 0 \quad 0.4 \quad 0.7 \quad 0]$$

最后得到

$$C' = (A' \times B') \circ \tilde{R} = \tilde{R}_2^T \circ \tilde{R}$$

$$= [0 \quad 0 \quad 0 \quad 0.4 \quad 0.5 \quad 0 \quad 0.4 \quad 0.7 \quad 0] \circ \begin{pmatrix} 0.1 & 0 & 0.1 \\ 0.3 & 0 & 0.6 \\ 0.3 & 0 & 1 \\ 0.1 & 0 & 0.1 \\ 0.3 & 0 & 0.4 \\ 0.3 & 0 & 0.4 \\ 0 & 0 & 0 \\ 0 & 0 & 0 \\ 0 & 0 & 0 \end{pmatrix}$$

$$= [0.3 \quad 0 \quad 0.4]$$

亦即

$$C' = \frac{0.3}{c_1} + \frac{0}{c_2} + \frac{0.4}{c_3}$$

本 章 小 结

模糊数学是模糊控制的理论基础。本章简要介绍了模糊数学的基本知识，包括模糊子集的定义和计算、模糊集合和经典集合的联系、隶属函数、模糊矩阵、模糊关系、模糊关系的合成、模糊向量的笛卡儿乘积、模糊逻辑与模糊推理等内容。

第6章　模糊控制理论及其设计方法

　　模糊控制是以模糊数学理论，即模糊集合论、模糊语言变量及模糊逻辑推理等作为理论基础，以传感器技术、计算机技术和自动控制理论作为技术基础的一种新型自动控制理论和控制方法。模糊控制是控制理论发展的高级阶段的产物，属于智能控制的范畴，而且也是人工智能控制的一种新类型。

　　经过人们长期研究和实践形成的经典控制理论，对于解决线性定常系统的控制问题是很有效的。然而，经典控制理论对于非线性时变系统难以奏效。随着计算机的发展和应用，自动控制理论和技术获得了快速的发展。基于状态变量描述的现代控制理论对于解决线性或非线性、定常或时变的多输入多输出系统问题，获得了广泛的应用。但是，无论采用经典控制理论还是现代控制理论设计一个控制系统，都需要事先知道被控对象（或生产过程）精确的数学模型，然后根据数学模型以及给定的性能指标，选择适当的控制规律，进行控制系统设计。然而，在很多情况下被控对象（或生产过程）的精确的数学模型很难建立。例如，有些对象难以用一般的物理和化学方面的规律来描述，有的对象影响因素很多，而且相互之间又有交叉耦合，使其模型十分复杂，难以求解，以致没有实用价值。还有一些生产过程缺乏适当的测试手段，或者测试装置不能进入被测试区域，致使无法建立过程的数学模型。因此，对于这类对象或过程难以应用经典控制理论或现代控制理论进行自动控制。

　　模糊控制系统是一种经过改造后的自动控制系统，而且还是一种智能自动控制系统。它以模糊数学、模糊语言形式的知识表示和模糊逻辑推理为理论基础，是采用计算机控制技术的一种具有反馈通道的、闭环结构的数字控制系统。它的组成核心是具有智能功能的模糊控制器，这也是它与传统自动控制的根本区别之处。模糊控制所研究的对象通常有以下几个方面的特点：

　　（1）被控对象的数学模型不确定，有时模型未知或知之甚少，有时模型的结构和参数可能在很大范围内变化。

　　（2）被控对象具有非线性。

　　（3）被控对象具有复杂的任务和要求。

　　随着科学技术的高度发展，被控对象越来越复杂。一个复杂系统的突出表现是它的多输入、多输出变量间的强耦合性、系统参数的时变性、系统结构的严重非线性和不确定性。这类系统没有明确的物理规律可遵循，即使做出多种假设，要进行传统的定量分析也是十分困难的，甚至是无法实现的。对于这些复杂系统，经典控制理论和现代控制理论显得力不从心。而模糊控制却恰恰能够解决非线性时变系统的控制问题，它不要求建立被控对象精确的数学模型，将被控对象看作一个黑箱，只需知道被控对象的输入、输出信息便可根据模糊控制理论来对被控对象进行实时控制。

第6章 模糊控制理论及其设计方法

6.1 模糊控制的工作原理

6.1.1 模糊控制系统的基本结构

如图6-1所示,模糊控制系统的基本结构主要由模糊控制器、输入/输出接口电路、广义对象以及传感器系统(或检测装置)四部分组成。

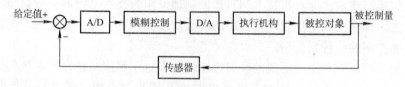

图6-1 模糊控制系统框图

(1) 模糊控制器:它是模糊控制系统的核心,其主要作用是完成输入精确量的模糊化处理、模糊规则运算、模糊推理决策运算及精细化处理等重要过程。可以说,一个模糊控制系统性能指标的好坏,在很大程度上取决于模糊控制器的"聪明"程度。

(2) 输入/输出接口电路:它是模糊控制器连接前后系统的两个通道口,包括前向通道中的 A/D 转换以及后向通道中的 D/A 转换两个信号转换电路。传感器系统输出的信号一般为模拟信号,则由 A/D 转换电路将其转换为数字信号输入控制器。而从模糊控制器输出的信号一般是数字信号,必须经 D/A 转换电路将其转换为相对应的模拟信号输出,控制执行器的动作,以实现控制被控对象的目的。

(3) 广义对象:它主要包括执行机构和被控对象两部分。被控对象可以是线性或非线性的、定常或时变的,也可以是单变量或多变量的、有时滞或无时滞的以及有强干扰的等多种情况。

(4) 传感器系统:它在模糊控制系统中占有十分重要的地位,其精度往往直接影响整个控制系统的性能指标,因此要求其精度高、可靠且稳定性好。

6.1.2 模糊控制器的基本结构

模糊控制器的基本结构如图6-2所示,主要由模糊化、知识库、模糊推理和清晰化四个部分组成。

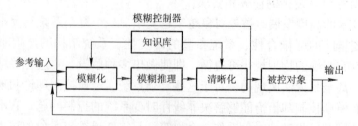

图6-2 模糊控制器的基本结构

(1) 模糊化部分：这部分的功能是将输入的精确量转化为模糊量（其中输入量包括外界的参考输入、系统的输出或状态等），并将输入量进行处理，使其变成模糊控制器要求的输入量，接着进行尺度变换，使其变换到各自的论域范围，并进行模糊化处理，使原先精确的输入量变成模糊量，用相应的模糊集合表示。

(2) 知识库：知识库中包含了具体应用领域中的知识和要求的控制目标，通常由数据库和模糊控制规则库两部分组成。其中，数据库主要包括语言变量的隶属函数、尺度变换因子以及模糊空间的分级数等；规则库包括了用模糊语言变量表示的一系列控制规则，它们反映了控制专家的经验和知识等。

(3) 模糊推理部分：它是模糊控制器的重要组成部分，具有模拟人的基于模糊概念的推理能力，其推理是基于模糊逻辑中的蕴涵关系和推理规则来进行的。

(4) 清晰化部分：它的主要功能是将模糊推理所得的控制量（模糊量）变换为实际用于控制的清晰量，包含两部分内容：其一，将模糊的控制量经清晰化处理变换成表示在论域范围的清晰量；其二，将表示在论域范围的清晰量经尺度变换转换成实际的控制量。

6.1.3 模糊控制系统的工作原理

模糊控制系统的工作原理如图 6-1 所示。一般由传感器系统的数据采集单元获取被控变量，经转换和运算处理后，输出精确值，然后此精确值与给定值进行比较获得精确偏差，经模糊控制器进行模糊化处理、模糊规则及推理运算等，最后经过精确化处理输出精确量，再经 D/A 转换电路将其转换为相对应的模拟信号输出，控制执行器的动作，以实现控制被控对象的目的。由于数据采集是分段进行的，所以控制过程也是分段进行的，以此实现整体模糊控制。

为了说明模糊控制系统的工作原理，下面介绍一个简单的单输入单输出的温度控制系统。

如果某温度控制系统采用电热炉进行温度控制，按照生产工艺要求需保持炉温 800℃ 恒定不变。电热炉的供电电压是经可控硅整流电源提供的，它的电压连续可调。当调整可控硅触发电路中的偏置电压，即改变了可控硅的导通角 α 时，可控硅整流电源的电压相应得到调整，即供电电压可根据需要连续可调。当用人工操作方式进行温度控制时，根据对炉温的观测值，手动调节电位器旋钮即可调节电热炉的供电电压，达到升温或降温的目的。

该温度控制系统的基本操作规则可以用语言描述如下：

若炉温低于 800℃，则升压，低得越多，升压越高；

若炉温高于 800℃，则降压，高得越多，降压越低；

若炉温等于 800℃，则保持电压不变。

对于上述温度控制系统，采用模糊控制方法进行温度控制时，模糊控制系统的工作原理及工作过程可简述如下：

(1) 确定模糊控制器的输入变量和输出变量

在此将炉温 800℃ 作为给定值 t_0，测量得到的炉温记为 $t(K)$，则误差为：

$$e(K) = t_0 - t(K)$$

将误差 $e(K)$ 作为模糊控制器的输入变量，模糊控制器的输出变量是触发电压 u 的变化,该电压直接控制电热炉的供电电压的高低,因此,该输出变量也是控制量。

(2) 输入变量和输出变量的模糊语言描述

描述输入变量和输出变量的语言值的模糊子集为:{负大,负小,零,正小,正大}。采用如下简记形式:

NB = 负大,NS = 负小,ZO = 零,PS = 正小,PB = 正大

设误差 e 的论域为 X,并将误差大小量化为 7 个等级,分别表示为 -3,-2,-1,0,$+1$,$+2$,$+3$,则有:

$$X = \{-3, -2, -1, 0, +1, +2, +3\}$$

(3) 模糊控制规则的语言描述

根据手动控制策略,模糊控制规则可归纳如下:

1) 若 e 负大,则 u 正大;
2) 若 e 负小,则 u 正小;
3) 若 e 为零,则 u 为零;
4) 若 e 正小,则 u 负小;
5) 若 e 正大,则 u 负大。

上述控制规则可用英文写成如下形式:

1) if e = NB then u = PB;
2) if e = NS then u = PS;
3) if e = ZO then u = ZO;
4) if e = PS then u = NS;
5) if e = PB then u = NB。

为简化起见,也可以用表格形式来描述控制规则,表 6-1 即为上述模糊控制规则的表格化,称为控制规则表。

控制规则表 表 6-1

e	NB	NS	ZO	PS	PB
u	PB	PS	ZO	NS	NB

(4) 模糊控制规则的矩阵形式

模糊控制规则实际上是一组多重条件语句,它可以表示为从误差论域到控制量论域的模糊关系。因为当论域为有限时,模糊关系可以用矩阵来表示,而误差论域及控制量论域均是有限的(由于将精确量离散化时,将其分成有限的几档,如在此为 7 档,每一档对应一个模糊集,这样可使问题处理简化),所以模糊关系可以用矩阵来表示,以便于推理和运算。

(5) 模糊决策

模糊控制器的控制作用取决于控制量,而控制量通过下式进行计算,即

$$u = e \circ \tilde{R}$$

式中 $\tilde{R}$——从误差论域到控制量论域的模糊关系。

控制量 u 等于误差的模糊向量 e 和模糊关系 $\tilde{R}$ 的合成。

(6) 控制量的模糊量转化为精确量

上面求得的控制量 u 为一模糊向量,设该模糊向量为:

$$u = \frac{0.3}{-3} + \frac{0.5}{-2} + \frac{1}{-1} + \frac{0.5}{0} + \frac{0.4}{1} + \frac{0}{2} + \frac{0}{3}$$

对于上述控制量的模糊子集按照最大隶属度原则,应选取控制量为"-1"级。即当误差 e = PS 时,控制量 u = NS,为"-1"级,具体地说,当炉温偏高时,应降低一点电压。

实际控制时,"-1"级要变为精确量。"-1"这个等级控制电压的精确值根据实现确定的范围是容易计算得出的。通过这个精确量去控制电热炉的电压,使得炉温朝着减小误差的方向变化。

上述温度控制系统所采用的模糊控制器,是选用偏差作为一个输入变量的单输入单输出的模糊控制器,对于这样的模糊控制器,它的控制性能显然还不能令人满意。举这样一个单输入单输出模糊控制器的例子,目的是在于从一个最简单的模糊控制器来说明模糊控制系统的基本工作原理,为深入研究更复杂、更高级的模糊控制器奠定基础。

6.2 模糊控制器的设计方法

设计一个模糊控制器,必须着重解决以下几方面的问题:

(1) 模糊控制器的结构设计。通过确定模糊控制器的输入变量和输出变量来确定模糊控制器的结构。

(2) 模糊控制规则的设计。通过输入输出语言变量的选择、定义各模糊变量的模糊子集及建立模糊控制器的控制规则来进行模糊控制规则的设计。

(3) 精确量的模糊化。通过精确量的模糊化把语言变量的语言值化为某适当论域上的模糊子集。

(4) 模糊控制算法设计。模糊控制算法设计主要包括模糊规则算法设计和模糊决策算法设计,通过一组模糊条件语句构成模糊控制规则,并计算由模糊控制规则决定的模糊关系,然后通过模糊推理运算进入模糊判决环节。

(5) 输出信息的模糊判决。通过输出信息的模糊判决来完成由模糊量到精确量的转换,最后计算出精确控制量输出给执行器。

6.2.1 模糊控制器的结构设计

模糊控制器的结构设计是指确定模糊控制器的输入变量和输出变量。在手动控制过程中,人所能获取的信息量基本为误差、误差的变化和误差变化的速率。由于模糊控制器的控制规则是根据人的手动控制规则提出的,所以模糊控制器的输入变量也可以有三个,即误差、误差的变化和误差变化的速率,输出变量一般选择控制量的变化。

1. 单变量模糊控制器

在模糊控制系统中,具有一个输入变量和一个输出变量的系统称为单变量模糊控制系统,一个单变量模糊控制系统所采用的模糊控制器称为单变量模糊控制器。通常把单变量模糊控制器的输入量个数称为模糊控制器的维数。

一维模糊控制器的输入变量是系统的偏差量 E，输出变量是系统的控制量的变化值 U。由于仅仅采用偏差控制，所以系统的动态性能不佳，一般用于一阶被控对象。

二维模糊控制器的输入变量是系统的偏差量 E 和偏差变化 EC，输出变量是系统的控制量的变化值 U，是目前广泛采用的一类模糊控制器，具有较好的控制效果，二维模糊控制系统框图如图 6-3 所示。图 6-3 中，e 和 de/dt 分别为系统偏差与偏差变化率（精确量）；E 和 EC 分别为反映系统偏差与偏差变化的语言变量的模糊集合（模糊量）；U 为输出变量（模糊量）；u 为模糊控制器输出的起控制作用的精确量。

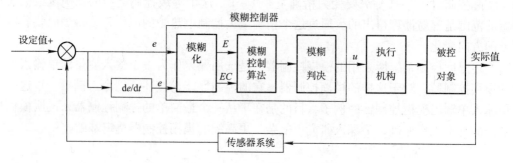

图 6-3 二维模糊控制器原理框图

三维模糊控制器是以系统的偏差量 E、偏差变化 EC 以及偏差变化的速率作为输入变量，以控制量的变化值 U 作为输出量。由于三维模糊控制器结构比较复杂，推理运算时间长，所以一般较少采用。

2. 多变量模糊控制器

在模糊控制系统中，多于一个输入变量和一个输出变量的系统称为多变量模糊控制系统。多变量模糊控制系统所采用的模糊控制器往往具有多变量结构，称为多变量模糊控制器。要直接设计一个多变量模糊控制器是十分困难的，通常将一个多输入多输出的模糊控制器在结构上实现解耦，即分解为若干个多输入单输出的模糊控制器。

6.2.2 模糊控制规则的设计

控制规则的设计是设计模糊控制器的关键，一般包括三部分设计内容：输入输出语言变量的选择、定义各模糊变量的模糊子集及建立模糊控制器的控制规则。

1. 输入输出语言变量的选择

确定模糊控制器的语言变量是设计模糊控制器的第一步，其语言变量包括输入语言变量和输出语言变量，它们不是以数值的形式而是以自然语言的形式表示的。这些语言变量反映了工作经验的总结及习惯上的概念表述。在一般情况下，模糊控制器的输入多取系统偏差 e 及其变化率 de/dt，这种结构反映了模糊控制器具有 PD 控制规律，从而有利于保证系统的稳定性，并可减少响应过程的超调量以及削弱其振荡现象，而输出多取被控对象的控制量。

在模糊数学中，模糊语言反映了工程技术人员的实际工作经验，因此在控制领域中，操作者们对于控制系统中偏差、偏差变化率及其控制量的变化，常常采用日常生活中所使用的"大"、"中"、"小"三个等级的模糊概念来衡量其变化。考虑到变量的正、负性，一般在设计模糊控制器时,对于偏差、偏差变化率和控制量的变化,通常综合采用"正大"(PB)、"正中"(PM)、"正小"(PS)、"零"(0)、"负小"(NS)、"负中"(NM)和"负大"(NB)七个语言变量值来描述。

语言变量值的个数与编制控制规则有直接的关系。若选择较多的词汇描述输入、输出变量,可使制定控制规则时方便灵活,控制规则本身也比较细微,但相应地也使控制规则变得复杂,制定起来较为困难。如果选择词汇过少的话,使得描述变量变得粗糙,导致控制器的性能变坏。因此,在选取语言变量值时,既要考虑到控制规则的灵活性与细致性,又要兼顾其简单与易行的要求。

根据以上选取语言变量值的原则,常见的情况是每个语言变量宜取用2~10个值,一般为PB、PM、PS、0、NS、NM、NB等7个值。

2. 定义各模糊变量的模糊子集

定义一个模糊子集,实际上就是要确定模糊子集隶属函数曲线的形状。将确定的隶属函数曲线离散化,就得到了有限个点上的隶属度,便构成了一个相应的模糊变量的模糊子集。以正态函数作为隶属函数为例,根据经验总结,对于常采用的论域 $\{-6, -5, -4, -3, -2, -1, -0, +0, +1, +2, +3, +4, +5, +6\}$,在其定义的8个语言变量值 $\{PB、PM、PS、P0、N0、NS、NM、NB\}$ 的模糊子集当中,具有最大隶属度"1"的元素,习惯上可取为:

$$\mu_{PB}(x) = 1 \rightarrow x = +6, \quad \mu_{PM}(x) = 1 \rightarrow x = +4$$
$$\mu_{PS}(x) = 1 \rightarrow x = +2, \quad \mu_{P0}(x) = 1 \rightarrow x = +0$$
$$\mu_{N0}(x) = 1 \rightarrow x = -0, \quad \mu_{NS}(x) = 1 \rightarrow x = -2$$
$$\mu_{NM}(x) = 1 \rightarrow x = -4, \quad \mu_{NB}(x) = 1 \rightarrow x = -6$$

确定语言变量的模糊子集的隶属函数应注意以下几点:

(1)隶属函数曲线的形状对控制效果的影响。如图6-4所示,隶属函数曲线形状较尖的模糊子集,其分辨率较高,控制灵敏度也较高;相反,隶属函数曲线形状较缓,其控制特性也较平缓,系统稳定性较好。因此,在选择模糊变量的模糊子集的隶属函数时,在误差较大的区域采用低分辨率的模糊子集,在误差较小的区域采用高分辨率的模糊子集,当误差接近于0时,采用高分辨率的模糊子集。

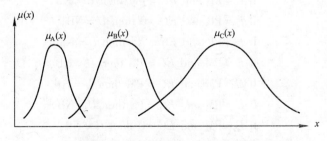

图6-4 形状不同的隶属函数曲线

(2)在选择描述某一模糊变量的各个模糊子集时,要使它们在论域上的分布合理,即它们应该较好地覆盖整个论域。在定义这些模糊子集时要注意使论域中任何一点对这些模糊子集的隶属度的最大值不能太小,否则会在这样的点附近出现不灵敏区,甚至造成失控,使模糊控制系统控制性能变坏。适当地增加各模糊变量的模糊子集论域中的元素个数,如一般论域中的元素个数的选择均不低于13个,而模糊子集总数通常选7个。当论域中元素总数为模糊子集总数的2~3倍时,模糊子集对论域的覆盖程度较好。

(3) 各模糊集合间的相互影响,可以用这些模糊集合中任意两个模糊集合的交集中的最大隶属度的最大值 β 来衡量。当 β 值较小时,控制灵敏度较高,而当 β 值较大时,模糊控制器鲁棒性较好,即控制器具有较好的适应对象特性参数变化的能力。β 值取得过小或过大都是不利的,一般选取 β 值为 $0.4\sim0.8$。β 值不宜取得过大,否则会造成两个模糊子集难以区分,使得控制灵敏度显著降低。

3. 建立模糊控制器的控制规则

模糊控制器的控制规则是基于手动控制策略,而手动控制策略又是人们通过学习、试验以及长期经验积累而逐渐形成的存储在操作者头脑中的一种技术知识集合。手动控制过程一般是通过对被控对象的一些观测,操作者再根据已有的经验和技术知识,进行综合分析并作出控制决策,调整加到被控对象的控制作用,从而使系统达到预期的控制目标。利用模糊集合和语言变量的概念,可以把利用语言归纳的手动控制策略上升为数值运算,采用计算机实现模糊自动控制。

利用语言归纳手动控制策略的过程,实际上就是建立模糊控制器的控制规则的过程。手动控制策略一般可以用条件语句加以描述,双输入单输出模糊控制器的控制规则通常采用以下模糊条件语句,即

$$\text{if } E \text{ and } EC \text{ then } U \text{(如果 } E \text{ 且 } EC \text{ 则 } U\text{)}$$

其中,E 为输入系统偏差变量 e 模糊化的模糊集合;EC 为输入系统偏差变化率变量模糊化的模糊集合;U 为输出变量 u 的模糊集合。

上式表示了双输入单输出的模糊条件语句,但是一条模糊条件语句只代表某一特定情况下的一个对策。在实际操作过程中,操作者将要遇到各种可能出现的情况,所以,反映手动控制策略的完整控制规则一般要由若干条结构相同但语言值不同的模糊条件语句构成,这样一组模糊条件语句称为模糊控制规则集。例如:

$$\text{If } E = \text{PB and } EC = \text{PB then } U = \text{NB},$$
$$\text{If } E = \text{PB and } EC = \text{PM then } U = \text{NB},$$
$$\text{If } E = \text{PB and } EC = \text{PM then } U = \text{NB},$$
$$\text{If } E = \text{PB and } EC = 0 \text{ then } U = \text{NB},$$
$$\text{If } E = \text{PB and } EC = \text{NS then } U = \text{NM},$$
$$\text{If } E = \text{PM and } EC = \text{PB then } U = \text{NB},$$
$$\text{If } E = \text{PM and } EC = \text{PM then } U = \text{NB},$$
$$\text{If } E = \text{PM and } EC = \text{PS then } U = \text{NB},$$
$$\text{If } E = \text{PM and } EC = 0 \text{ then } U = \text{NB},$$
$$\text{If } E = \text{PM and } EC = \text{NS then } U = \text{NM},$$
$$\text{If } E = \text{PS and } EC = \text{PB then } U = \text{NM},$$
$$\text{If } E = \text{PS and } EC = \text{PM then } U = \text{NM},$$
$$\text{If } E = \text{PS and } EC = \text{PS then } U = \text{NM},$$
$$\text{If } E = \text{PS and } EC = 0 \text{ then } U = \text{NM},$$

If E = PS and EC = NS then $U = 0$,
......

下面说明建立模糊控制规则的基本思想。首先考虑误差为负的情况,当误差为负大时,如果误差变化为负,这时误差有增大的趋势,为了尽快消除已有的负大误差并抑制误差变化,所以控制量的变化取正大;当误差为负而误差变化为正时,系统本身已有减少误差的趋势,所以为了尽快消除误差且又不超调,应取较小的控制量;当误差为负中时,控制量的变化应该使误差尽快消除,基于这种原则,控制量的变化选取与误差为负大时相同;当误差为负小时,系统接近稳态,若误差变化为负时,选取控制量变化为正中,以抑制误差往负方向变化,若误差变化为正时,系统本身有消除负小误差的趋势,选取控制量变化为正小即可。总之,选取控制量变化的原则是:当误差大或较大时,选择控制量以尽快消除误差为主;而当误差较小时,选择控制量要注意防止超调,以系统的稳定性为主要出发点。

6.2.3 精确量的模糊化

1. 语言变量的赋值表

在设计模糊控制器时,首先确定模糊控制器的结构,选取模糊控制器的语言变量,即偏差 E、偏差变化 EC 和输出 U,然后选取相关的语言变量值,即 PB、PM、PS、0、NS、NM、NB,确定语言变量在各自论域上的模糊子集。在此基础上,可以为语言变量 E、EC 和 U 分别建立用以说明语言值从属于各自论域程度的表格,这些表格称为语言变量的赋值表。

(1) 偏差语言变量 E 的赋值表

根据语言变量论域上的模糊子集的确定原则,选取偏差语言变量 E 的语言值为 NB、NM、NS、N0、P0、PS、PM、PB,其语言变量论域元素为 -6,-5,-4,-3,-2,-1,-0,+0,+1,+2,+3,+4,+5,+6。典型的偏差语言变量 E 的赋值表如表 6-2 所示。

语言变量 E 赋值表　　　　表 6-2

E 语言值	-6	-5	-4	-3	-2	-1	-0	+0	+1	+2	+3	+4	+5	+6
PB	0	0	0	0	0	0	0	0	0	0	0.1	0.4	0.8	1.0
PM	0	0	0	0	0	0	0	0	0	0.2	0.7	1.0	0.7	0.2
PS	0	0	0	0	0	0	0	0.3	0.8	1.0	0.5	0.1	0	0
P0	0	0	0	0	0	0	0	1.0	0.6	0.1	0	0	0	0
N0	0	0	0	0	0.1	0.6	1.0	0	0	0	0	0	0	0
NS	0	0	0.1	0.5	1.0	0.8	0.3	0	0	0	0	0	0	0
NM	0.2	0.7	1.0	0.7	0.2	0	0	0	0	0	0	0	0	0
NB	1.0	0.8	0.4	0.1	0	0	0	0	0	0	0	0	0	0

(2) 偏差变化率语言变量 EC 赋值表

选取偏差变化率语言变量 EC 的语言变量值为 NB, NM, NS, 0, PS, PM, PB, 其语言变量论域元素为 -6, -5, -4, -3, -2, -1, 0, +1, +2, +3, +4, +5, +6。典型的偏差变化率语言变量 EC 赋值表如表 6-3 所示。

语言变量 EC 赋值表　　　　　表 6-3

EC 语言值	-6	-5	-4	-3	-2	-1	0	+1	+2	+3	+4	+5	+6
PB	0	0	0	0	0	0	0	0	0	0.1	0.4	0.8	1.0
PM	0	0	0	0	0	0	0	0	0.2	0.7	1.0	0.7	0.2
PS	0	0	0	0	0	0	0	0.9	1.0	0.7	0.2	0	0
0	0	0	0	0	0	0.5	1.0	0.5	0	0	0	0	0
NS	0	0	0.2	0.7	1.0	0.9	0	0	0	0	0	0	0
NM	0.2	0.7	1.0	0.7	0.2	0	0	0	0	0	0	0	0
NB	1.0	0.8	0.4	0.1	0	0	0	0	0	0	0	0	0

(3) 输出量语言变量 U 赋值表

选取输出量语言变量 U 的语言变量值为 NB, NM, NS, 0, PS, PM, PB, 其语言变量论域元素为 -6, -5, -4, -3, -2, -1, 0, +1, +2, +3, +4, +5, +6。典型的输出量语言变量 U 赋值表如表 6-4 所示。

语言变量 U 赋值表　　　　　表 6-4

U 语言值	-6	-5	-4	-3	-2	-1	0	+1	+2	+3	+4	+5	+6
PB	0	0	0	0	0	0	0	0	0	0.1	0.4	0.8	1.0
PM	0	0	0	0	0	0	0	0	0.2	0.7	1.0	0.7	0.2
PS	0	0	0	0	0	0	0	0.9	1	0.7	0.2	0	0
0	0	0	0	0	0	0.5	1.0	0.5	0	0	0	0	0
NS	0	0	0.2	0.7	1	0.9	0	0	0	0	0	0	0
NM	0.2	0.7	1.0	0.7	0.2	0	0	0	0	0	0	0	0
NB	1	0.8	0.4	0.1	0	0	0	0	0	0	0	0	0

2. 精确量的模糊化方法

将精确量转化为模糊量的过程称为模糊化。精确量的模糊化一般采用以下两种方法：

(1) 离散精确量法

如把在 [-6, +6] 之间变化的连续量分为 7 个档次，每一档对应一个模糊集，这样处理使模糊化过程简单。例如，设有输入精确量 x, x 的实际变化范围为 $[a, b]$, 将 $[a,$

b] 区间的精确量转换为模糊子集的论域 [-6, +6] 区间变化的变量 y, 其变换式为:

$$y = \frac{12}{b-a}\left(x - \frac{a+b}{2}\right)$$

若由上式计算出的 y 值不是整数, 可以把它用四舍五入的方法归入最接近于 y 的整数, 计算出 y 值后, 查表得出 y 元素上最大隶属度对应的语言值所决定的模糊集合, 该模糊集合便代表了精确量 x 的模糊化。

（2）量化因子法

假设偏差的基本论域为 $[-e, e]$, 偏差所取的模糊子集的论域 X 为 $\{-n, -n+1, \cdots, 0, \cdots, n-1, n\}$, 其中, e 表示偏差大小的精确量, n 是在 $0 \sim e$ 范围内连续变化的偏差离散化（或量化）后分成的档数, 构成论域 X 的元素, 一般常取 $n=6$ 或 7。在实际的控制中, 需要通过量化因子进行论域变换。其中, 偏差的量化因子的定义为:

$$K_e = n/e$$

由上式可知, 一旦量化因子选定, 系统的任何偏差总可以量化为论域 X 上的某一个元素。

同理, 对于偏差变化率 de/dt 的基本论域 $[-\dot{e}, \dot{e}]$, 若选定构成论域 $Y = \{-m, -m+1, \cdots, 0, \cdots, m-1, m\}$ 的元素的量化档数 m, 则偏差变化率的量化因子可定义为:

$$K_{\dot{e}} = m/\dot{e}$$

上式中量化因子 $K_{\dot{e}}$ 具有与 K_e 完全相同的特性。

例如, 假设 e 为输入偏差量, 通过式 $n = k_e \cdot e$ 计算出 n 的值为 $n = +4$, 查语言变量 E 的赋值表（见表 6-2）, 在 +4 级上的隶属度有 0.4, 1.0, 0.1, 取中间最大值 1.0, 则 1.0 对应的语言值 PM 模糊集合为:

$$PM = \frac{0.2}{2} + \frac{0.7}{3} + \frac{1}{4} + \frac{0.7}{5} + \frac{0.2}{6}$$

则模糊集合 PM 便为精确量 e 的模糊化结果。

6.2.4 模糊控制状态表及模糊关系

1. 模糊控制状态表

模糊控制规则集是由一组模糊条件语句表达的模糊控制规则, 而模糊控制状态表则是模糊控制规则的另一种表达形式, 它所表达的控制规则与模糊条件语句组所表达的控制规则是等价的。典型的模糊控制状态表如表 6-5 所示。

模糊控制状态表　　　　表 6-5

E \ EC \ U	PB	PM	PS	0	NS	NM	NB
PB	NB	NB	NB	NB	NM	0	0
PM	NB	NB	NB	NB	NM	0	0
PS	NM	NM	NM	NM	0	PS	PS
P0	NM	NM	NS	0	PS	PM	PM

续表

EC \ U \ E	PB	PM	PS	0	NS	NM	NB
N0	NM	NM	NS	0	PS	PM	PM
NS	NS	NS	0	PM	PM	PM	PM
NM	NS	NS	0	PM	PM	PM	PM
NB	0	0	PM	PB	PB	PB	PB

表6-5所示的56条控制规则，反映了操作者的实际操作经验和相应的控制策略。

2. 反映控制规则的模糊关系

模糊控制器的模糊规则是由一组彼此间通过"或"的关系连接起来的条件语句来描述的，其中，当输入、输出语言变量在各自论域上反映各语言值的模糊子集为已知时，每一条模糊条件语句都可以表达为论域集上的模糊关系，而模糊关系可用模糊关系矩阵（简称为模糊矩阵）来表示，模糊关系的运算可以转化为模糊矩阵的运算。由表6-5可见，每一条控制规则都决定了一个模糊关系，一共有56个模糊关系，其中模糊关系 $\tilde{R}_1$，$\tilde{R}_2$，… $\tilde{R}_{55}$，$\tilde{R}_{56}$ 分别为：

$$\tilde{R}_1 = [(PB)_E \times (PB)_{EC}]^T \times (NB)_U$$

$$\tilde{R}_2 = [(PB)_E \times (PM)_{EC}]^T \times (NB)_U$$

……

$$\tilde{R}_{55} = [(NB)_E \times (NM)_{EC}]^T \times (PB)_U$$

$$\tilde{R}_{56} = [(NB)_E \times (NB)_{EC}]^T \times (PB)_U$$

在计算出每一条模糊条件语句的模糊关系 $\tilde{R}_i(i=1,2,\cdots,56)$ 后，通过"并"运算，可获取整个控制系统模糊控制规则的总的模糊关系 $\tilde{R}$，即：

$$\tilde{R} = \tilde{R}_1 \vee \tilde{R}_2 \vee \cdots \vee \tilde{R}_{55} \vee \tilde{R}_{56} = \bigvee_{i=1}^{56} \tilde{R}_i$$

6.2.5 模糊推理与模糊判决

1. 模糊推理

有了上述表达手动控制策略的模糊关系 R，在给定模糊控制器输入语言变量论域上的模糊子集 E 和 EC 后，可根据推理合成规则求出其输出语言论域上的模糊集合 U，即：

$$U_{ij} = (E_i \times EC_j) \circ \tilde{R}$$

设 $\tilde{A} \in F(X)$，$\tilde{B} \in F(Y)$，$\tilde{C} \in F(Z)$，对于模糊条件语句"若 $\tilde{A}$ 且 $\tilde{B}$ 则 $\tilde{C}$"，模糊关系可以表示为：

$$\tilde{R} = (\tilde{A} \times \tilde{B}) \to \tilde{C}, \quad 即 \tilde{R} = \tilde{A} \times \tilde{B} \times \tilde{C}$$

其隶属函数为：

$$\tilde{R}(x,y,z) = [\tilde{A}(x) \wedge \tilde{B}(y)] \wedge \tilde{C}(z) = \tilde{A}(x) \times \tilde{B}(y) \times \tilde{C}(z)$$

当输入 $\tilde{A}' \in F(X)$，$\tilde{B}' \in F(Y)$，亦可求得输出为：

$$\tilde{C}' = (\tilde{A}' \times \tilde{B}') \circ \tilde{R} \in F(Z)$$

2. 模糊判决

在模糊控制中，对建立的模糊控制规则要经过模糊推理才能决策出控制变量的一个模糊子集，它是一个模糊量，不能直接控制被控对象，还需要采取合理的模糊判决方法将模糊量转化为精确量，以便最好地发挥出模糊推理结果的决策效果。模糊判决方法主要有以下几种：

（1）最大隶属度法：指在经过模糊推理所得的模糊集合中，选取隶属度最大的元素作为清晰量的方法，若输出模糊集合的隶属函数只有一个最大值，则直接取该隶属函数的最大值为清晰值；若推理所得的论域上有多个元素同时出现最大隶属函数值，就取其平均值作为精确控制量。

（2）中位数法：是将描述输出模糊集合的隶属函数曲线与横坐标所围成的面积的均分点所对应的论域元素作为判决结果的方法。

（3）加权平均法：先计算输出量模糊集 U 中的各元素 $x_i(i=1, 2, \cdots, n)$ 与其隶属度 $\mu_u(x_i)$ 的乘积 $x_i\mu_u(x_i)(i=1, 2, \cdots, n)$，再计算该乘积和 $\sum_{i=1}^{n} x_i\mu_u(x_i)$ 对于隶属度和 $\sum_{i=1}^{n} \mu_u(x_i)$ 的平均值，即：

$$x_0 = \frac{\sum_{i=1}^{n} x_i\mu_u(x_i)}{\sum_{i=1}^{n} \mu_u(x_i)}$$

平均值 x_0 便是输出量 U 的模糊集合的判决结果。例如，若已知输出量 U 的模糊集合为：

$$C = \frac{0.1}{2} + \frac{0.4}{3} + \frac{0.7}{4} + \frac{1.0}{5} + \frac{0.7}{6} + \frac{0.1}{7}$$

用加权平均法计算清晰值 U_0，即：

$$U_0 = \frac{0.1 \times 2 + 0.4 \times 3 + 0.7 \times 4 + 1 \times 5 + 0.7 \times 6 + 0.3 \times 7}{0.1 + 0.4 + 0.7 + 1 + 0.7 + 0.3} = 4.84$$

对 U_0 取整为 5，则 $U_0 = 5$ 就是输出量 U 的模糊集合的判决结果。

6.2.6 模糊控制查询表及算法流程图

1. 模糊控制查询表

在二维模糊控制器中，设误差、误差变化和控制量的论域 X、Y、Z 分别为：

$$X = \{x_1, x_2, \cdots, x_n\}$$
$$Y = \{y_1, y_2, \cdots, y_m\}$$
$$Z = \{z_1, z_2, \cdots, z_l\}$$

则论域 X、Y、Z 上的模糊集分别为一个 n、m 和 l 元的模糊向量，而描述控制规则的模糊关系 $\bar{R}$ 为一个 $n \times m$ 行、l 列的矩阵。根据采样得到的误差 x_i、误差变化 y_j，可以计算出相应的控制量变化 u_{ij}，对所有 X、Y 中元素的所有组合全部计算出相应的控制量变化值，可写成矩阵如下：

$$(u_{ij})_{n \times m}$$

一般将这个矩阵制成表,这个表以偏差 E 的论域元素为行,偏差变化率 EC 的论域元素为列,两种元素相应的交点为输出量,将该表称为模糊控制查询表。典型的模糊控制查询表如表 6-6 所示。

模糊控制查询表　　　　　　　　表 6-6

E＼EC U	-6	-5	-4	-3	-2	-1	0	+1	+2	+3	+4	+5	+6
-6	+6	+5	+6	+5	+6	+6	+3	+3	+1	0	0	0	0
-5	+5	+5	+5	+5	+5	+5	+5	+3	+3	+1	0	0	0
-4	+6	+5	+6	+5	+6	+6	+6	+3	+3	+1	0	0	0
-3	+5	+5	+5	+5	+5	+5	+5	+2	+1	0	-1	-1	-1
-2	+3	+3	+3	+4	+3	+3	+3	0	0	0	-1	-1	-1
-1	+3	+3	+3	+4	+3	+3	+1	0	0	0	-2	-2	-1
-0	+3	+3	+3	+4	+1	+1	0	0	-1	-1	-3	-3	-3
+0	+3	+3	+3	+4	+1	0	0	-1	-1	-1	-3	-3	-3
+1	+2	+2	+2	+2	0	0	-1	-1	-3	-3	-3	-3	-3
+2	+1	+1	+1	+1	0	-1	-2	-3	-3	-3	-3	-4	-4
+3	0	0	0	-1	-2	-2	-3	-5	-5	-5	-5	-5	-5
+4	0	0	0	-1	-3	-3	-3	-5	-5	-5	-5	-5	-5
+5	0	0	-1	-2	-3	-3	-5	-6	-6	-6	-6	-6	-6
+6	0	0	-1	-2	-3	-3	-5	-6	-6	-6	-6	-6	-6

在实际控制中,为了节省在线实时计算控制量时所需要的大量时间,一般做法如下:

(1) 查询表可以由计算机事先离线计算好,将其存于计算机内存中。

(2) 在实际控制过程中,计算机直接根据采样值求得系统的误差和误差变化率,并对其进行量化处理,得到各自的论域元素 E_i 和 EC_j 后,通过查询表获得所需的控制量变化 U_{ij}。

2. 输出量的尺度变换(比例因子)

对于系统控制量的变化 u,基于量化因子的概念,将比例因子定义为:

$$k_u = \frac{u}{n}$$

式中,$[-u, u]$ 为控制量变化的基本论域;n 为基本论域 $[-u, u]$ 的量化等级(档)数。比例因子 k_u 与量化等级(档)数 n 的乘积便是实际加到被控过程上的控制量的变化 u。

3. 模糊控制算法流程图

模糊控制器的控制算法是由计算机的程序实现的。这种程序一般包括两个部分:一个是计算机离线计算查询表的程序,属于模糊矩阵运算;另一个是计算机在模糊控制过程中在线计算输入变量,并将它们模糊化处理,查找查询表后再作输出处理的程序。图 6-5 给出了单变量二维模糊控制器的模糊控制算法流程图。不难看出,这种控制算法程序简单,易于实现。

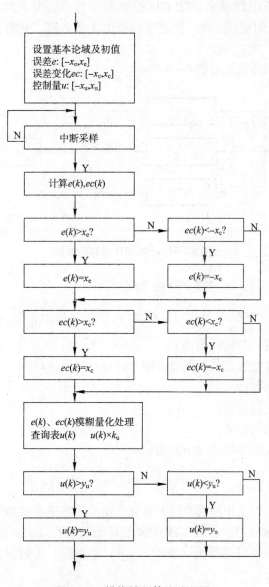

图 6-5 模糊控制算法流程图

6.3 模糊控制与 PID 控制相结合

6.3.1 PID 控制

在过程控制中,按误差信号的比例、积分和微分进行控制的控制器,称为 PID 控制器。PID控制器具有原理简单、易于实现和适用面广等优点,在连续控制系统中是一种技术成熟、应用最为广泛的控制器。在实际应用中,根据实际工作经验在线整定PID各参数,往往可以取得较为满意的控制效果。数字PID控制则以此为基础,与计算机的计算与逻辑功能结合起来,不但继承了连续PID控制器的特点,而且由于软件系统的灵活性,PID算法可以得到修正而更加完善,使之变得更加灵活多样,更能满足生产过程中提出的各种控制要求。

采用连续PID控制的系统如图6-6所示。

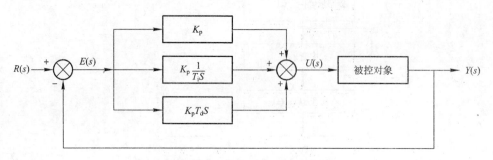

图6-6 连续PID控制的系统

设系统的误差为$e(t)$,则连续PID控制规律为:

$$u(t) = K_P\left[e(t) + \frac{1}{T_i}\int_0^t e(t)\mathrm{d}t + T_D\frac{\mathrm{d}e(t)}{\mathrm{d}t}\right]$$

式中 $u(t)$——控制量(控制器输出);

$e(t)$——被控量与给定值的偏差,即$e(t) = r(t) - y(t)$;

K_P——比例系数;

T_i——积分时间常数;

T_D——微分时间常数。

它所对应的连续时间系统传递函数为:

$$D(s) = \frac{U(s)}{E(s)} = K_P + \frac{K_P}{T_i s} + K_P T_D s$$

在系统中起调节、校正作用的$D(s)$部分是由对偏差进行比例、积分、微分运算的线性组合构成的。在实际应用中,可以根据被控对象的特性和控制要求,灵活地改变其结构,取其中一部分环节构成控制器。如比例(P)控制器、比例积分(PI)控制器、比例微分(PD)控制器等。

1. 比例控制器

比例控制器(P)的控制规律为:

$$u(t) = K_P e(t)$$

比例控制器对于误差是即时反应的。根据误差进行调节,使系统沿着减小误差的方向运动。误差大则控制作用也大。比例控制器一般不能消除稳态误差。增大K_P可以加快系统的响应速度及减少稳态误差。但过大的K_P,有可能加大系统超调,产生振荡,以致使系统不稳定。

2. 比例积分（PI）控制器

仅采用比例调节的系统存在静差，为了消除静差，在比例控制器的基础上加入积分调节器，组成比例积分（PI）控制器，其控制规律为：

$$u(t) = K_P\left[e(t) + \frac{1}{T_i}\int_0^t e(t)\mathrm{d}t\right]$$

积分调节的引入，可以消除或减少控制系统的稳态误差。但是积分的引入，有可能使系统的响应变慢，并有可能使系统不稳定。增加 T_i 即减少积分作用，有利于增加系统的稳定性，减少超调，但系统静态误差的消除也随之变慢。T_i 必须根据对象特性来选定，对于管道压力、流量等滞后不大的对象，T_i 可选得小一些，对温度等滞后较大的对象，T_i 可选得大一些。

3. 比例积分微分（PID）控制器

比例积分调节消除系统误差需经过较长的时间，为进一步改进控制器，可以通过检测误差的变化率来预报误差，根据误差变化趋势，产生调节作用，使偏差尽快地消除在萌芽状态，这就是微分的作用。因此，在 PI 调节器的基础上加入微分调节，就构成了比例积分微分（PID）控制器，其控制规律为：

$$u(t) = K_P\left[e(t) + \frac{1}{T_i}\int_0^t e(t)\mathrm{d}t + T_D\frac{\mathrm{d}e(t)}{\mathrm{d}t}\right]$$

微分环节的加入，可以在误差出现或变化瞬间，按偏差变化的趋向进行控制。它引进一个早期的修正作用，有助于增加系统的稳定性。微分时间常数 T_D 的增加，即微分作用的增加，将有助于加速系统的动态响应，使系统超调减少，系统趋于稳定。但微分作用有可能放大系统的噪声，减低系统的抗干扰能力。

标准数字 PID 控制算法主要有位置型 PID 控制算法和增量型 PID 控制算法。

(1) 位置型 PID 控制算法

位置型 PID 控制算法为：

$$u(k) = u(k-1) + K_P e(k) - K_P e(k-1) + \frac{K_P T}{T_i}e(k)$$

$$+ \frac{K_P T_D}{T}e(k) - 2\frac{K_P T_D}{T}e(k-1) + \frac{K_P T_D}{T}e(k-2)$$

式中　　T——采样周期；

　　　　$u(k)$——全量值输出，每次的输出值都与执行机构的位置（如控制阀门的开度）一一对应，数字调节器的输出 $u(k)$ 和过去的状态有关，计算机的运算工作量大，需要对 $e(k)$ 作累加，而且计算机的故障有可能使 $u(k)$ 作大幅度的变化，在有些场合可能会造成严重的事故，因此这种情况往往是生产实践中不允许的。

工程上，常采用以下方法进行离散化

$$\int_0^{kT} e(t)\mathrm{d}t \approx T\sum_{j=1}^{k} e(jT)$$

$$\frac{\mathrm{d}e(t)}{\mathrm{d}t} \approx \frac{e(kT) - e[(k-1)T]}{T}$$

其离散化思想是：采用矩形面积累加近似表示积分，用本次采样得到的偏差值 $e(kT)$ 和上次采样获得的偏差值 $e[(k-1)T]$ 这两点之间的直线斜率近似表示 $e(kT)$ 点的切线斜率。当 T 足够小时，上述逼近足够准确，被控过程与连续系统十分接近。由 PID 调节器的微分方程可得工程上常用的位置型 PID 算法：

$$u(k) = K_P \left\{ e(k) + \frac{T}{T_i} \sum_{j=1}^{k} e(j) + \frac{T_D}{T}[e(k) - e(k-1)] \right\}$$

（2）增量型 PID 控制算法

当控制系统中的执行器为步进电动机、电动调节阀、多圈电位器等具有保持历史位置功能的装置时，一般均采用增量型 PID 控制算法。

增量型 PID 控制算法为：

$$\Delta u(k) = u(k) - u(k-1)$$

$$= K_P \left\{ [e(k) - e(k-1)] + \frac{T}{T_i} e(k) + \frac{T_D}{T}[e(k) - 2e(k-1) + e(k-2)] \right\}$$

增量型 PID 控制算法是对位置型 PID 控制算式取增量，数字调节器的输出只是增量 $\Delta u(k)$。

将上式进一步整理，可得下式：

$$\Delta u(k) = K_P[(1 + T/T_i + T_D/T)e(k) - (1 + 2T_D/T)e(k-1) + (T_D/T)e(k-2)]$$

$$= K_P[Ae(k) - Be(k-1) + Ce(k-2)]$$

式中，$A = 1 + T/T_i + T_D/T$，$B = 1 + 2T_D/T$，$C = T_D/T$。可见，增量式算法的实质就是根据误差在 $e(k)$、$e(k-1)$ 和 $e(k-2)$ 这三个时刻的采样值，通过适当加权计算出控制量，调整加权值即可获得不同的控制品质和精度。

计算出控制量的增量 $\Delta u(k)$ 后，在需要输出值与执行机构位置相对应的场合，可由下式得出当前时刻控制量 $u(k)$ 的值，即位置型 PID 控制算法的递推形式：

$$u(k) = u(k-1) + \Delta u(k)$$

数字 PID 控制的算法流程如图 6-7 所示。

增量型 PID 控制算法与位置型 PID 控制算法在本质上没有大的差别，增量型 PID 控制算法虽然只是算法上的一点改动，却带来了很多优点：

（1）计算机只输出增量，使得计算机误动作时造成的影响比较小；

（2）手动-自动切换的冲击小；

（3）增量型 PID 控制算式中不需要作累加，增量只与最近的几次采样值有关，容易获得较好的控制效果。由于增量型 PID 控制算式无累加，消除了当偏差存在时发生饱和的危险。

下面讨论比例系数 K_P、积分时间常数 T_i 和微分时间常数 T_D 对系统性能的影响。

（1）比例系数 K_P 对系统性能的影响

1）对动态特性的影响。比例系数 K_P 加大，使系统的动作灵敏提高，速度加快。K_P 偏大，会使振荡次数加多，调节时间加长。当 K_P 太大时，系统会趋于不稳定。若 K_P 太小，又会使系统的动作缓慢。图 6-8 比较了不同 K_P 对动态性能的影响。

2）对稳态特性的影响。在系统稳定的情况下，加大比例系数 K_P，可以减小稳态误差 e_{ss}，提高控制精度。但是加大 K_P 只是减少 e_{ss}，却不能完全消除稳态误差。

（2）积分时间常数 T_i 对控制性能的影响

积分控制通常与比例控制或微分控制联合作用，构成 PI 控制或 PID 控制。积分控制对性能的影响如图 6-9 所示。

6.3 模糊控制与 PID 控制相结合

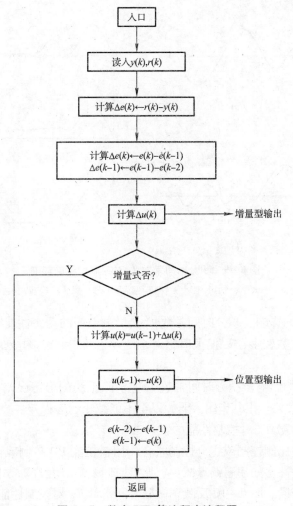

图 6-7 数字 PID 算法程序流程图

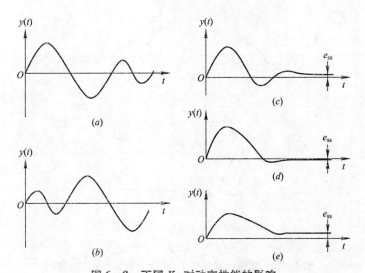

图 6-8 不同 K_p 对动态性能的影响

(a) K_p 偏大；(b) K_p 太大；(c) K_p 合适；(d) K_p 偏小；(e) K_p 太小

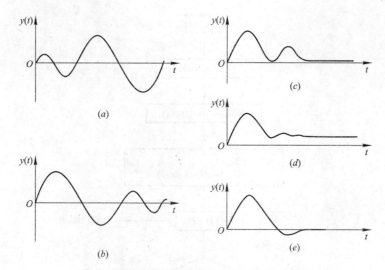

图 6-9　积分时间常数 T_i 对控制性能的影响

(a) T_i 太小；(b) T_i 偏小；(c) T_i 偏大；(d) T_i 太大；(e) T_i 合适

1）对动态特性的影响。积分时间常数 T_i 会影响系统的动态性能。T_i 太小系统将不稳定；T_i 偏小，振荡次数较多；T_i 偏大时，对系统动态性能的影响减少；当 T_i 合适时，过渡特性比较理想。

2）对稳态特性的影响。积分时间常数 T_i 能消除系统的稳态误差，提高控制系统的控制精度。但是若 T_i 太大，积分作用太弱，以至不能减小稳态误差。

（3）微分时间常数 T_D 对控制性能的影响

微分控制经常与比例控制或积分控制联合作用，构成 PD 控制或 PID 控制。微分控制可以改善系统动态特性，如使超调量减少、调节时间缩短、允许加大比例控制、使稳态误差减小、提高控制精度。图 6-10 反映了微分时间常数 T_D 对控制性能的影响。

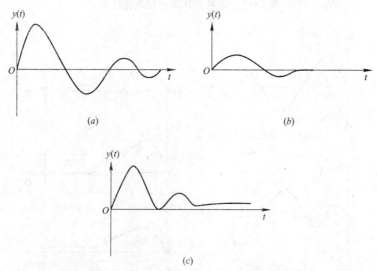

图 6-10　微分时间常数 T_D 规律对控制性能的影响

(a) T_D 偏大；(b) T_D 合适；(c) T_D 偏小

6.3 模糊控制与PID控制相结合

当T_D偏大或偏小时，都会使超调量较大，调节时间较长。只有T_D合适时，可以得到比较满意的过渡过程。

综合起来，不同的控制规律各有特点，对于相同的控制对象，不同的控制规律有不同的控制效果，图6-11是不同控制规律时的过渡过程曲线。

使用中应根据对象特性，负荷情况，合理选择控制规律。根据分析可以得出如下几点结论：

（1）对于一阶惯性的对象，负荷变化不大，工艺要求不高，可采用比例（P）控制。例如，用于对控制精度要求不高的压力、液位控制等。

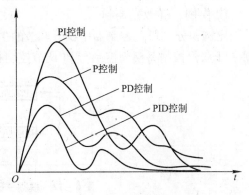

图6-11 各种控制规律对控制性能的影响

（2）对于一阶惯性与纯滞后环节串联的对象，负荷变化不大，要求控制精度较高，可采用比例积分（PI）控制。例如，用于对控制精度有一定要求的压力、流量、液位控制等。

（3）对于纯滞后时间τ较大，负荷变化也较大，控制性能要求较高的场合，可采用比例积分微分（PID）控制。例如，用于过热蒸汽温度控制、PH值控制等。

6.3.2 模糊控制与PID控制相结合

传统的PID控制具有原理简单、使用方便、稳定性和鲁棒性较好等特点，是过程控制中应用最广泛的一种控制方法，其调节过程的品质取决于PID控制器各个参数的调整。由PID控制器各环节的作用可知，比例控制作用动态响应快，系统误差一旦产生，控制器立即就有控制作用，使被PID控制的对象朝着减小误差的方向变化，控制作用的强弱取决于比例系数K_P。对于具有自平衡能力的被控对象存在静差，加大K_P可减小静差，但是K_P过大，会导致系统超调增大，使系统的动态性能变坏；积分控制作用能够消除静差，但是积分作用具有滞后特性，积分作用太强会使被控对象的动态品质变坏；微分控制作用可以加快系统的响应，减小超调量，但是微分控制作用对于干扰非常敏感，使系统对于干扰的抑制能力降低。

根据被控对象的不同，适当地调整PID参数，可以获得比较满意的控制效果。但是PID控制算法也有它的局限性和不足。由于PID控制只有在系统模型参数为非时变的情况下，才能获得理想的效果，而对于模型参数为时变的系统进行PID控制时，系统的性能会变差，甚至不稳定。另外，在对PID参数进行整定的过程中，PID参数的整定值是具有一定局域性的优化值，而不是全局性的最优值。因此，PID控制无法从根本上解决动态品质和稳态精度的矛盾。

传统的PID控制由于其PID参数难以在线调整，对于强非线性、时变和机理复杂的过程存在控制困难的问题。模糊控制器虽然能对复杂的、难以建立精确数学模型的被控对象或过程进行有效的控制，但是由于其不具有积分环节，因而很难消除稳态误差，尤其是在变量分级不够多的情况下，常常在平衡点附近产生小幅振荡。将模糊控制与PID控制相结合，既具有模糊控制灵活而且适应性强的优点，又具有 PID 控制器精度高的特点。这种自适应模糊 - PID 复合型控制器，对复杂控制系统具有良好的控制效果。

1. 模糊 - PI 双模控制

比例积分（PI）控制器中积分调节的引入，可以消除或减少控制系统的稳态误差。模糊 - PI 双模控制将模糊控制与 PI 调节控制相结合，其结构原理如图 6 - 12 所示。

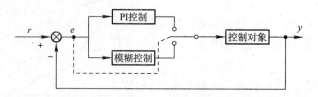

图 6 - 12　模糊 - PI 双模控制结构原理图

当系统偏差在某个阈值以外时，采用模糊控制，以获得良好的动态性能；当系统偏差在某个阈值以内时，采用 PI 控制，以获得良好的稳态性能。两者的转换通过计算机程序根据事先给定的偏差范围自动实现。

2. 模糊 - I 复合控制

模糊 - I 复合控制将模糊控制与 I 调节控制相结合，其结构原理如图 6 - 13 所示。控制系统总的控制作用是模糊控制器的控制作用与 I 调节器的控制作用之和。实验研究结果表明，模糊 - I 复合控制比单独的模糊控制器或单独的 PID 控制器具有更好的控制性能。

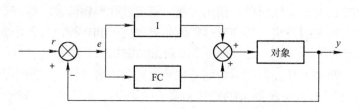

图 6 - 13　模糊 - I 复合控制结构原理图

3. 比例 - 模糊 - PI 控制

常规的模糊控制器分档越细，控制性能越好，但是分档太多会造成控制规则数和系统的计算量大大增加。由于模糊控制没有积分环节，而且对输入量的处理是离散而有限的，即控制曲面是阶梯形而非平滑的，必然会产生稳态误差。PI 控制在小范围内调节具有良好的效果，其积分作用可以消除稳态误差。比例（I）控制可以可以提高系统的响应速度，加快响应过程。

可以采用一种多模态分段控制算法来综合比例、模糊和比例积分控制的优点。当偏差大于某个阈值时，用比例控制，可以提高系统的响应速度，加快响应过程；当偏差小于某个阈值时，切换转入模糊控制，以提高系统的阻尼性能，减小响应过程中的超调。

比例 - 模糊 - PI 控制器的结构原理如图 6 - 14 所示。

6.3 模糊控制与PID控制相结合

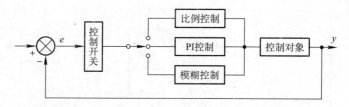

图 6-14 比例-模糊-PI 控制器的结构原理图

令 EC 为某一阈值，E 为绝对偏差，则采用：

比例控制，当 $E \geqslant EC$ 时；

模糊控制，当 $0 \leqslant E \leqslant EC$ 时；

PI 控制，当 $E = EC$ 时。

这三种控制方式在系统工作过程中分段切换使用，不会同时出现而相互干扰。三种控制方式可以分别进行设计和调试，但是要注意，切换阈值的设定十分重要。从比例控制方式向模糊控制方式切换，如果阈值选得过大，就会过早地进入模糊控制模态而影响系统的响应速度，但是这有利于减小系统的超调；如果阈值选得过小，在太接近目标值时切换，就可能出现较大的超调。所以要根据系统的特点选择一个相对最优的阈值。从模糊控制方式向 PI 控制方式转换时，一般会选在偏差语言变量的语言值为"零（ZO）"时切换至 PI 控制方式，即当 E = ZO 时，采用如下 PI 控制算法：

$$U_n = U_{n-1} + K_P(E_n - E_{n-1}) + K_I E_n$$

式中 K_P——比例系数；

K_I——积分系数；

U——PI 的输出控制量。

当模糊控制中的语言变量的语言值为"零（ZO）"时，其绝对偏差并不一定为零。因此，可以根据绝对偏差以及偏差变化趋势来改变积分器的作用，以改善稳态性能。当绝对偏差朝着增大方向变化时，让积分器起积分作用，以抑制偏差继续增大；当绝对偏差朝着减小方向变化时，保持积分值为常值，这时积分作用仅相当于一个放大器；当绝对偏差为零或积分饱和时，把积分器关闭清零。

与常规 PID 控制器相比，比例-模糊-PI 控制器大大提高了系统对外部的抗干扰能力以及适应系统内部参数变化的鲁棒性，减小了响应过程中的超调，改善了动态特性；与常规的模糊控制器相比，比例-模糊-PI 控制器减小了稳态误差，提高了平衡点的稳定性。

4. 模糊-积分控制器

1978 年，M. Braae 和 D. A. Rutheford 提出模糊-积分控制器，如图 6-15 所示。采用积分形式的模糊控制器，在模糊控制器中通过引入积分控制作用来提高其稳态精度，积分环节被设置在偏差输入量的模糊化之前和模糊控制器输出量的解模糊之后。这种积分引入方式可以减小稳态误差，却不能保证消除极限环振荡现象。

5. 模糊-PI 混合控制器

1983 年，W. L. Bialkowski 提出模糊-PI 混合控制器，其结构原理如图 6-16 所示。模糊-PI 混合控制器由一个常规的 PI 控制器和一个二维模糊控制器并联而成。常规的 PI 控

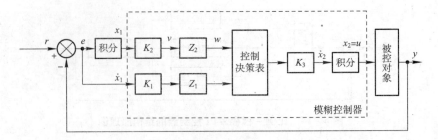

图 6 – 15　模糊 – 积分控制器的结构原理图

制器的输出与二维模糊控制器的输出相叠加,作为模糊 – PI 混合控制器的总输出。这种模糊 – PI 混合控制器可以消除稳态误差,并能完全消除极限环振荡现象。

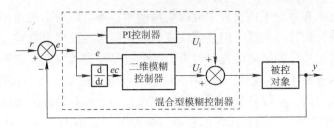

图 6 – 16　模糊 – PI 混合控制器的结构原理图

6. 模糊 – PD 控制器

参考模糊控制的思想,应用模糊集合理论建立比例系数 K_P 和微分时间系数 K_D 两个参数与偏差及偏差变换率之间的函数关系,以便控制器能够根据偏差和偏差变换率的大小及时调整 PD 控制器参数,获得良好的控制效果。模糊 – PD 控制器的结构原理如图 6 – 17 所示。

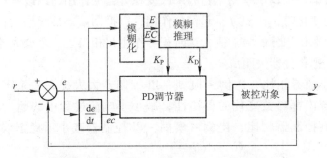

图 6 – 17　模糊 – PD 控制器的结构原理图

增大比例系数 K_P,可以加快响应速度,减少控制系统的稳态误差,提高控制精度,但是 K_P 过大会使系统产生超调,甚至会出现不稳定。减小 K_P,会使系统稳定裕量增大,减小超调量,但是降低了系统精度,使调节时间延长。

增大微分时间系数 K_D,可以加快响应速度,减小超调量,增加稳态性能,但是抑制外部干扰的能力减弱。K_D 过大会使调节过程出现提前减速,延长调整时间;K_D 过小会使过程超调增加,系统响应速度变慢,稳定性变差。

根据以上对 PD 控制器参数作用的分析,可以得出控制规律如下:

(1) 当 |E| 较大时,应选择较大的 K_P 和较小的 K_D,从而使系统具有较好的快速性;

(2) 当 |E| 为中等大小时,应选择较小的 K_P 和较大的 K_D,从而使系统具有较小的超调;

(3) 当 |E| 小时,应使 K_P 大些,使系统具有较好的稳态性能,同时为了增强系统的抗干扰能力,应选择较小的 K_D。

7. 模糊 – PID 复合控制器

可以将模糊 PI 控制器与模糊 PD 控制器并联,构成模糊 – PID 复合控制器,如图 6 – 18 所示。模糊 PI 控制器与模糊 PD 控制器均按照二输入一单输出的规则库来设计。模糊 PD 控制器的输出为当前控制量 U,而模糊 PI 控制器的输出为控制增量 ΔU。

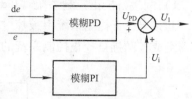

图 6 – 18 模糊 – PID 复合控制器的结构原理图

6.4 自适应模糊控制

6.4.1 自适应控制

自适应控制(Adaptive Control)的定义为:通过测量系统的输入\输出信息,实时地掌握被控对象和系统误差的动态特性,并根据其变化情况及时调节控制量,使系统的控制性能维持最优或满足要求。

自适应控制具有以下特征:

(1) 通过传感器技术和系统辨识技术不断量测被控对象和系统的变化,实时掌握变化信息,以降低不确定性带来的风险。

(2) 通过改变控制器参数及时调整控制器,使控制量的变化及时适应被控对象的变化,减小系统的误差。

(3) 根据给出的控制量的控制效果,对控制器的控制决策进一步改进,以获得更好的控制效果,达到控制性能的优化。

自适应控制系统是同时执行系统辨识和控制任务的,自适应控制系统原理框图如图 6 – 19 所示,它有两个回路:一个是带有过程和可调控制器的一般反馈回路,另一个是有自适应机构(控制参数调节)的自适应回路。自适应回路的信号变化一般慢于反馈回路的信号变

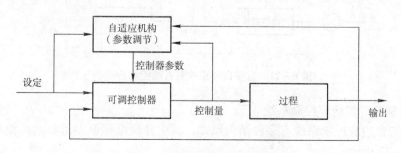

图 6 – 19 自适应控制系统原理框图

化;而反馈回路的过程参数变化速度比自适应回路的控制参数变化速度慢得多。与一般的反馈回路相比,自适应控制系统具有更加优越的控制性能。

自适应控制系统主要分为以下两种类型:

(1) 自校正控制系统 (Self-tuning Control)

自校正控制也称为参数估计自适应控制,主要有以下两种形式:

1) 间接自校正控制系统 (Indirect Self-tuning Control System)

间接自校正控制系统由被控过程、过程模型参数估计器和控制器参数计算器及可调控制器组成。间接自校正控制系统的方框图如图6-20所示。

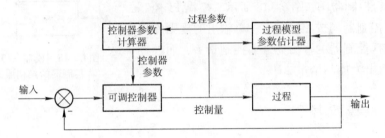

图6-20 间接自校正控制系统控制方框图

在间接自校正控制系统中,过程模型参数估计器通过测量系统的输入\输出信息,估计出过程参数,然后将其送到控制器;按照某种控制策略设计控制器,并将控制器参数的计算和控制量的计算分开。通过控制器参数计算器来进行控制器参数的计算,它是过程参数的函数;通过可调控制器来进行控制量的计算,并给出具体的控制量的大小。当过程参数未知或变化时,过程模型参数估计器都能给出过程参数,并分别由控制器参数计算器及可调控制器计算出控制参数和控制量,然后施加给过程。由于控制器是按照某种控制策略设计的,所以系统能够达到并维持预期的性能指标。

2) 直接自校正控制系统 (Direct Self-tuning Control System)

直接自校正控制系统的方框图如图6-21所示。直接自校正控制系统省略了控制器参数计算器,并将模型参数估计器改为控制器参数估计器,估计的结果直接送到可调控制器,进行控制量的计算。

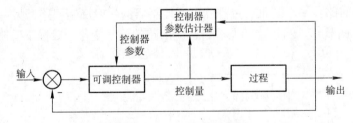

图6-21 直接自校正控制系统控制方框图

(2) 模型参考自适应控制系统

模型参考自适应控制系统有多种结构形式,其中并联型模型参考自适应控制系统的方框图如图6-22所示。

6.4 自适应模糊控制

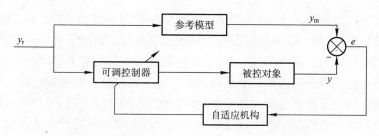

图 6-22 模型参考自适应控制系统控制方框图

图中 y_m——参考模型输出，即期望输出；

y——被控对象或过程的实际输出，偏差 $e = y_m - y$；

y_r——输入。

模型参考自适应控制系统也分为模型参考直接自适应控制系统和模型参考间接自适应控制系统，在实际应用中，模型参考间接自适应控制系统较为多见。

6.4.2 自适应模糊控制

自适应模糊控制是指具有自适应学习算法的模糊逻辑系统，其学习算法是依靠数据信息来调整模糊逻辑系统的参数。自适应模糊控制器的本质是通过对控制器性能的观察，作出控制决策，并用语言形式描述控制策略。与传统的自适应控制系统相比，自适应模糊控制的优越性在于它可以利用操作人员提供的语言性模糊信息，而传统的自适应控制则无法做到。这一点对于具有高度不确定因素的系统尤为重要。

扎德（Zadeh）的模糊集理论是设计自适应模糊控制器的重要工具，它将描述外部世界的不精确的语言与控制器内部的精确数学表示联系起来。与传统的自适应控制器相比，自适应模糊控制器中用语言表示的策略比传统的自适应控制器中用精确的数学表示的策略简单、方便而且灵活。自适应模糊控制器的语言描述如图 6-23 所示。

图 6-23 自适应模糊控制器的语言描述

自适应模糊控制器主要分为以下几种类型：

（1）量化因子和比例因子的自调整模糊控制器

设计一个模糊控制器除了要有一个好的模糊控制规则外，合理地选择模糊控制器输入变量的量化因子和输出控制量的比例因子也是非常重要的。量化因子和比例因子的大小对模糊控制器的控制性能影响极大。

量化因子 K_e 及 K_{ec} 的大小对控制系统的动态性能影响很大。K_e 选得较大时，系统的超调也大，使得系统的过渡过程较长；K_{ec} 选得较大时，系统的超调减小，K_{ec} 选得越大，则系统的超调越小，但是系统的响应速度却会变慢。K_{ec} 对系统超调的抑制作用十分明显。量化因子 K_e 及 K_{ec} 的大小意味着对输入变量误差和误差变化的不同加权程度，K_e 及 K_{ec} 二者之间也会相互影响。

输出控制量的比例因子 K_u 的大小也影响着模糊控制系统的特性。K_u 选择过小会使系统动态响应过程变长,而 K_u 选择过大则会导致系统振荡。输出控制量的比例因子 K_u 的大小影响着控制器的输出,通过调整 K_u 可以改变被控对象(过程)输入的大小。

量化因子和比例因子的选择并不是唯一的,对于比较复杂的被控过程,采用一组固定的量化因子和比例因子通常难以收到预期的控制效果。可以在控制过程中采用改变量化因子和比例因子的方法来调整整个控制过程中不同阶段上的控制特性,从而对复杂的被控过程收到良好的控制效果。这种形式的控制器称为量化因子和比例因子的自调整模糊控制器。

量化因子和比例因子的自调整模糊控制器的工作原理如图 6-24 所示。量化因子和比例因子的自调整是自适应模糊控制应用于实际控制中最有效的手段,控制器根据在线辨识控制效果,依据上升时间、超调量、稳态误差和振荡发散程度等对量化因子和比例因子进行整定,以达到良好的控制效果。

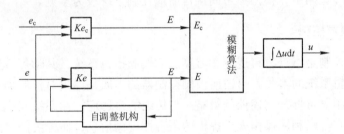

图 6-24 量化因子和比例因子的自调整模糊控制器的控制结构图

(2) 自组织模糊控制器

自组织模糊控制器是在常规模糊控制器的基础上,增加了三个功能块而构成的一种模糊控制器,它可以自动地对模糊控制规则进行修正、改进和完善,以提高控制系统的性能。自组织模糊控制器的结构如图 6-25 所示。图中虚线框内的三个功能块即为增加的部分,它们分别是:

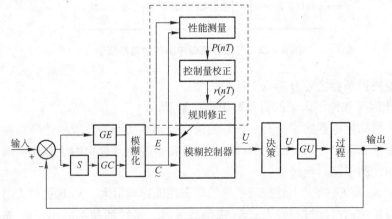

图 6-25 自组织模糊控制器的结构图

1) 性能测量:用于测量实际输出特性与希望特性的偏差,以便为控制规则的修正提供信息,即确定输出响应的校正量。

2) 控制量校正:将输出响应的校正量转化为对控制量的校正量。

3) 控制规则校正:通过修改控制规则来实现对控制量的校正。

自组织模糊控制器通过性能测量得到输出特性的校正量,再利用校正量,通过控制量校正环节求出控制量,根据此控制量再进一步对模糊控制规则进行修正,以达到改善系统性能的目的。

(3) 自适应模糊 PID 控制器

常规的模糊控制系统中,由于模糊控制器实现的简易性和快速性,往往采用二维模糊控制器的形式。这类控制器都是以系统偏差和偏差变化率作为输入变量的,因此,具有类似常规比例微分控制器的作用,可以获得良好的动态特性,但其稳定性不能达到满意效果。由 PID 控制器各环节的作用可知,比例控制作用动态响应快,积分控制作用能够消除稳态误差,但动态响应慢,微分控制作用可以加快系统的响应,减小超调量,比例积分作用既能获得较高的稳态精度,又具有较快的动态响应速度。自适应模糊 PID 控制器以误差 e 和误差变化 ec 作为输入,利用模糊控制规则在线对 PID 参数进行修改,以满足不同时刻的误差 e 和误差变化 ec 对 PID 参数自整定的要求。将模糊控制与 PID 控制相结合,既具有模糊控制灵活而且适应性强的优点,又具有 PID 控制器精度高的特点。这种自适应模糊 PID 控制器,对复杂控制系统具有良好的控制效果。模糊 PID 控制器控制框图如图 6-26 所示。

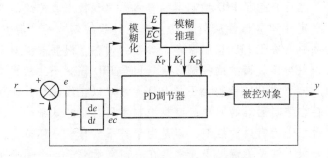

图 6-26 模糊 PID 控制器框图

(4) 自适应递阶模糊控制

自适应递阶模糊控制是采用一些模糊变量来衡量和表达系统的性能,通过构造监督模糊规则集来调整模糊控制器中递阶规则基的参数,从而使系统对过程参数未知性的变化具有适应能力。自适应递阶模糊控制的原理结构如图 6-27 所示。

(5) 稳定的非线性自适应模糊控制器

以上四种自适应模糊控制器的特点是无需建立被控对象(过程)的模型,直接应用模糊语言规则进行推理、决策和控制,控制方法简单,易于实施,但是缺少对控制系统的稳定性和收敛性分析。1993 年,王立新针对一类非线性不确定系统,提出了一种新的稳定的非线性自适应模糊控制器。它的特点是:在设计控制器时可以把专家知识结合到模糊逻辑系统中,基于李雅普诺夫函数的方法给出模糊系统中的参数自适应调节率,并严格证明了模糊控制系统的稳定性。这种稳定的非线性自适应模糊控制器分为直接自适应模糊控制器和间接自适应模糊控制器。在直接自适应模糊控制器中,将模糊逻辑系统作为控制器使

第6章 模糊控制理论及其设计方法

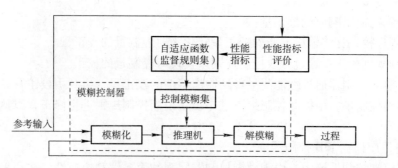

图 6 - 27　自适应递阶模糊控制的原理结构图

用，可以直接利用模糊控制规则，根据实时的控制性能修改控制率；在间接自适应模糊控制器中，将模糊逻辑系统用于为被控对象（过程）建模，可以直接利用描述被控对象（过程）的模糊信息，在这类自适应模糊控制器中，首先辨识对象的模型，然后基于模型辨识所建立的规则模型或关系矩阵模型来实现自适应控制。

本 章 小 结

对于难以建立精确数学模型的被控对象，经典控制理论和现代控制理论显得无能为力，而模糊控制适用于控制那些具有高度非线性、交叉耦合严重、环境因素干扰强烈、难以获得精确数学模型的被控对象或过程。本章首先介绍了模糊控制的基本结构、基本原理和基本的设计方法，然后介绍了PID控制器的基本原理和特点。传统的PID控制具有原理简单、使用方便、稳定性和鲁棒性较好等特点，是过程控制中应用最广泛的一种控制方法，其调节过程的品质取决于PID控制器各个参数的调整。根据被控对象的不同，适当地调整PID参数，可以获得比较满意的控制效果。但是PID控制无法从根本上解决动态品质和稳态精度的矛盾。传统的PID控制由于其PID参数难以在线调整，对于强非线性、时变和机理复杂的过程存在控制困难的问题；模糊控制器虽然能对复杂的、难以建立精确数学模型的被控对象或过程进行有效的控制，但是由于其不具有积分环节，因而很难消除稳态误差，尤其在变量分级不够多的情况下，常常在平衡点附近产生小幅振荡。将模糊控制与PID控制相结合，既具有模糊控制灵活而且适应性强的优点，又具有PID控制器精度高的特点。这种自适应模糊 - PID复合型控制器，对复杂控制系统具有良好的控制效果。本章介绍了将模糊控制与PID控制相结合的模糊 - PID复合控制。最后，本章介绍了自适应模糊控制，介绍了自适应控制的定义、特征和主要类型，介绍了自适应模糊控制的特点和主要类型。

第7章 神经网络

7.1 生物神经元与人工神经元模型

7.1.1 生物神经元

人脑是由大量的基本单元经过复杂的互相连接而形成的,这些基本单元称为生物神经元。生物神经元也称神经细胞,它是构成神经系统的基本功能单元。神经元的结构如图7-1所示。

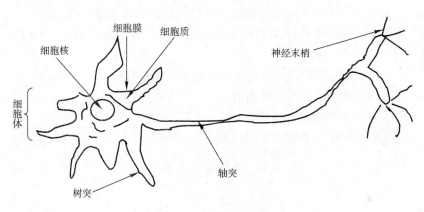

图7-1 生物神经元

生物神经元(也称神经细胞)主要由细胞体、树突和轴突等组成。细胞体由细胞核、细胞质和细胞膜组成,是神经元的中心;树突是树状的神经纤维接受网络,是由细胞体向外伸出的许多树状突起,用来接收传入的神经冲动;轴突是一根由细胞体向外伸出的长纤维组织,它将细胞体接收的神经冲动导向其他神经元,传导的方向是从轴突的起点传向末梢。一个神经元轴突末梢和另一个神经元的树突或细胞体之间的结合点称为突触。一个神经元约有 $10^4 \sim 10^5$ 个突触。通过其轴突的神经末梢,一个神经元经突触与另一个神经元的树突连接,以实现信息的传递。由于随着神经冲动传递方式的变化,传递作用强弱不同,因此形成了神经元之间连接的柔性,称为结构可塑性。每一个神经细胞都由细胞膜将其与外部隔开,神经细胞在受到电的、化学的、机械的刺激后,会产生兴奋,此时细胞膜内外有电位差,将外部电位为零时的内部电位称为膜电位。当细胞兴奋时,如果膜电位高于某个阈值,就会产生神经冲动,神经冲动通过轴突传给其他神经细胞。反之,如果膜电位低于某个阈值,就不会产生神经冲动,轴突也不会将神经冲动传给其他神经细胞。由于神经元具有结构可塑性,突触的传递作用可以增强或减弱,因此,神经元具有学习和遗忘的功能。

7.1.2 人工神经元模型

人工神经元是对生物神经元的一种模拟和进化，是神经网络的基本处理单元，是一个多输入单输出的非线性信息处理单元，典型的人工神经元结构如图 7-2 所示。

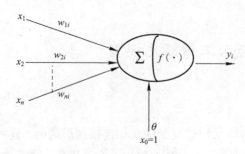

图 7-2 人工神经元模型

图中， y_i——第 i 个神经元的输出，可以与其他神经元通过权连接；

x_j——第 j 个神经元的输出，也是第 i 个神经元的输入，$i \neq j (i, j = 1, 2, \cdots, n)$；

w_{ji}——第 j 个神经元至第 i 个神经元的连接权值；

θ_i——第 j 个神经元的阈值；

$f(x_i)$——非线性作用函数。

人工神经元模型的输入和输出之间的关系为：

$$S_i = \sum_{j=1}^{n} w_{ji} x_j - \theta_i, \quad i \neq j$$

$$y_i = f(S_i)$$

有时为了方便起见，通常把 $-\theta_i$ 也看成是恒等于 1 的输入 x_0 的权值，此时上式可写为：

$$S_i = \sum_{j=0}^{n} w_{ji} x_j, \quad i \neq j$$

$$y_i = f(S_i)$$

人工神经元的输出变换函数 $f(\cdot)$ 是一个作用函数，也称为激发函数，它决定了神经元的输出。$f(\cdot)$ 一般具有非线性特性，常用的输出变换函数通常有以下几种：

1. 比例函数

$$f(x) = x$$

如图 7-3 (a) 所示。

2. 阶跃函数

$$f(x) = \begin{cases} 1 & x \geq 0 \\ 0 & x < 0 \end{cases}$$

如图 7-3 (b) 所示。

3. 对称型阶跃函数（符号函数）

7.1 生物神经元与人工神经元模型

$$f(x) = \begin{cases} 1 & x \geq 0 \\ -1 & x < 0 \end{cases}$$

如图 7-3（c）所示。

4. 饱和函数

$$f(x) = \begin{cases} 1 & x \geq \dfrac{1}{a} \\ ax & -\dfrac{1}{a} \leq x < \dfrac{1}{a} \\ -1 & x < -\dfrac{1}{a} \end{cases}$$

如图 7-3（d）所示，其中，$a > 0$。

5. 双曲正切函数

$$f(x) = \frac{1 - e^{\alpha x}}{1 + e^{\alpha x}}, \quad \alpha > 0$$

如图 7-3（e）所示。

6. Sigmoid 函数

$$f(x) = \frac{1}{1 + e^{-\beta x}}, \quad \beta > 0$$

如图 7-3（f）所示。

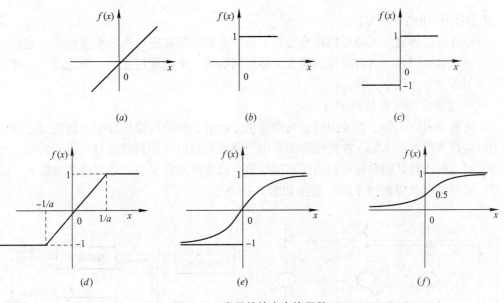

图 7-3 常用的输出变换函数

7.1.3 人工神经网络模型

人工神经网络是由大量的人工神经元组成的系统，是以工程技术手段来模拟人脑神经元网络的结构与特征的系统。人工神经元可以构成各种不同拓扑结构的神经网络，每一个神经元有一个单一的输出，它可以连接到很多其他的神经元，其输入有多个连接通路，每一个连接通路对应一个连接权值。图7-4和图7-5表示了两种典型的神经网络结构。图7-4表示了前馈型神经网络的结构,前馈型神经网络又称为前向网络(Feedforward Neural Network),由输入层、隐层(中间层)和输出层组成,每一层神经元只接受前一层神经元的输入。典型的前馈型神经网络有感知器网络、BP网络等。图7-5表示了反馈型神经网络的结构,在反馈型神经网络中,从输出层到输入层均有反馈,任意一个神经元既可以接受来自前一层各个神经元的输入,同时也可以接受来自其后的任意一个神经元的反馈输入。另外,由输出神经元引回其自身的输入而构成的自环反馈也属于反馈输入。反馈型神经网络是一种反馈动力学系统,它需要工作一段时间才能达到稳定。Hopfield神经网络是一种最简单的应用广泛的反馈型神经网络,具有联想记忆的功能,在一定条件下还可以解决快速寻优问题。

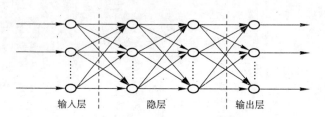

图7-4 前馈型神经网络的结构

7.1.4 神经网络的学习

1. 神经网络的学习方法

学习方法是体现人工神经网络自适应、自学习能力等智能特性的重要标志,通过向环境学习而获取知识并改进自身性能是人工神经网络的一个重要特点。一般情况下,神经网络的学习方法分为以下三种:

(1)监督学习(有教师学习)

在这种学习方式中,需要向神经网络提供一组给定的输入输出数据,这组给定的输入输出数据称为训练样本集。神经网络的输出与期望的输出(即教师信号)进行比较,然后根据二者之间的差异调整神经网络的连接权值,最终使差异变小,达到满意的输入-输出关系。监督学习(有教师学习)框图如图7-6所示。

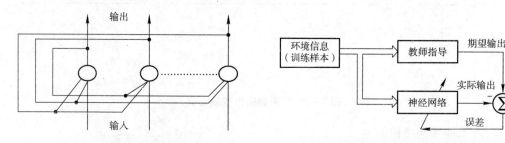

图7-5 反馈型神经网络的结构　　　　图7-6 监督学习(有教师学习)框图

在教师指导下学习,神经网络可以适应环境变化,但是神经网络在学习新知识的同时容易忘记学过的知识。反向传播(BP)算法就是一种典型的监督学习(有教师学习)。

（2）无监督学习（无教师学习）

在这种学习方式中，不存在外部教师，没有期望输出或目标输出。当输入模式进入神经网络后，神经网络按照预先设定的规则（如竞争规则）自动调整权值，以表示外部输入的某种固有特征，使神经网络最终具有模式分类等功能。无监督学习（无教师学习）框图如图 7-7 所示。

图 7-7　无监督学习（无教师学习）框图

（3）再励学习（增强学习）

这种学习方式介于上述两种情况之间，外部环境对系统的输出结果只给出评价（奖励或惩罚）而不是给出正确答案，学习系统通过强化那些受奖励的动作来改善自身性能。再励学习不需要教师给出期望输出信息，采用一个评价函数实现给定输入对应神经网络输出的趋向评价，以获得策略的改进。再励学习框图如图 7-8 所示。

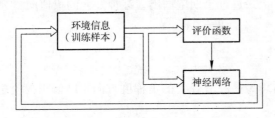

图 7-8　再励学习框图

2. 神经网络的学习算法

（1）Hebb 学习规则

1949 年，由生物学家 D. O. Hebbian 提出的 Hebb 学习规则是神经网络中常用的最基本的学习方法。Hebb 学习规则是一种联想式学习方法。生物学家 D. O. Hebbian 基于对生物学和心理学的研究，提出了学习行为的突触联系和神经群理论。当突触前与突触后二者同时兴奋，即两个神经元同时处于激发状态时，它们之间的连接强度将得到加强，将这一论述的数学描述称为 Hebb 学习规则。

Hebb 学习规则是一种无教师的学习方法，它只根据神经元连接间的激活水平改变权值。Hebb 学习规则可以表示为：

$$\Delta w_{ji} = \eta x_j y_i$$

式中　Δw_{ji}——神经元连接权值的调整量；

　　　η——学习速率。

当神经元由下式描述时，

$$S_i = \sum_{j=1}^{n} w_{ji} x_j - \theta_i, \ i \neq j$$

$$y_i = f(S_i)$$

Hebb 学习规则可以表示为：

$$w_{ji}(k+1) = w_{ji}(k) + \eta x_j y_i$$

式中　　$w_{ji}(k)$——k 时刻从第 j 个神经元到第 i 个神经元的连接权值；

　　　　$w_{ji}(k+1)$——$k+1$ 时刻从第 j 个神经元到第 i 个神经元的连接权值。

另外，根据神经元状态变化来调整权值的 Hebb 学习规则（微分 Hebb 学习规则）可以表示为：

$$w_{ji}(k+1) = w_{ji}(k) + \eta [y_i(k) - y_i(k-1)][y_j(k) - y_j(k-1)]$$

(2) Delta (δ) 学习规则

Delta (δ) 学习规则是一种误差修正规则，是监督学习（有教师学习）。假设误差准则函数（目标函数）为：

$$E = \frac{1}{2}\sum_{p=1}^{P}(d_p - y_p)^2 = \sum_{p=1}^{P} E_p$$

式中　　d_p——期望的输出（教师信号）；

　　　　y_p——实际输出，训练样本数 $p = 1, 2, \cdots, P$。

误差修正的目的是通过不断调整神经元的权值使目标函数达到最小，从而使神经网络的实际输出在统计意义上最逼近于期望输出。某神经元的权值向量为：

$$W = (w_0, w_1, w_2, \cdots, w_n)^{\mathrm{T}}$$

输入模式为：

$$X_p = (x_{p0}, x_{p1}, \cdots, x_{pn})^{\mathrm{T}}$$

梯度下降法的基本思想是：沿着 E 的负梯度方向不断修正权值矩阵 W，直到 E 达到最小，可以表示为：

$$\nabla W = \eta \left(-\frac{\partial E}{\partial w_i}\right)$$

$$\frac{\partial E}{\partial w_i} = \sum_{p=1}^{P} \frac{\partial E_p}{\partial w_i}$$

其中

$$E_p = \frac{1}{2}(d_p - y_p)^2$$

$$\frac{\partial E_p}{\partial w_i} = \frac{\partial E_p}{\partial y_p}\frac{\partial y_p}{\partial w_i} = -(d_p - y_p)f'(W^{\mathrm{T}} X_p) X_{pi}$$

W 的修正规则为：

$$\Delta w_i = \eta \cdot \sum_{p=1}^{P}(d_p - y_p)f'(W^{\mathrm{T}} X_p) \cdot x_{pi} = \eta \cdot \delta \cdot x_{pi}$$

上式称为 Delta (δ) 学习规则，也称为误差修正规则。其中

$$\delta = \sum_{p=1}^{P}(d_p - y_p)f'(W^{\mathrm{T}} X_p)$$

BP 网络的 BP 算法是在 Delta (δ) 学习规则的基础上发展起来的。

7.2　前向反馈 (BP) 神经网络

前馈神经网络中的神经元按层排列，分为输入层、隐层和输出层。信息从输入层向隐

层传递,再由隐层传递至输出层,同层的神经元之间没有连接,各神经元之间也没有反馈。

7.2.1 感知器

感知器是模拟人的视觉,接受环境信息,并由神经冲动进行信息传递的神经网络。感知器是最简单的前馈神经网络,它主要用于模式分类。按照神经网络的拓扑结构,感知器可以分为单层感知器和多层感知器。

1. 单层感知器

单层感知器的网络结构如图 7-9 所示。

图中,$X = [x_1, x_2, \cdots, x_n]^T$ 为输入特征向量,各分量为 $x_i (i = 1, 2, \cdots, n)$;$w_{ji}$ 是 x_i 到 y_j 的连接权值;输出量 $Y = [y_1, y_2, \cdots, y_m]^T$,$y_j (j = 1, 2, \cdots, m)$ 为按照不同特征通过学习调整权值的分类结果;$\theta_j (j = 1, 2, \cdots, m)$ 为输出神经元的阈值。由于按照不同特征分类是相互独立的,因此可以针对单层感知器中的一个神经元来讨论,单层感知器中输出层神经元 j 的结构如图 7-10 所示。

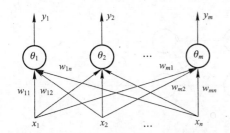

图 7-9 单层感知器的网络结构

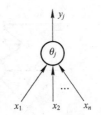

图 7-10 单个神经元的感知器

输出层神经元 j 的输入与输出分别为:

$$S_j = \sum_{i=1}^{n} w_{ji} x_i - \theta_j$$

$$y_j = f(S_j) = \begin{cases} 1 & S_j \geq 0 \\ -1 & S_j < 0 \end{cases}$$

该感知器的输出只有 1 和 -1 两种可能,从而将输入模式分成了两类。

通过单层感知器解决模式分类问题可以描述为:对于输入输出样本,如何设计单层感知器的连接权值和阈值,以使该单层感知器网络能够实现正确的分类。单层感知器的学习属于监督学习(有教师学习),单层感知器实际上是一个具有单层神经元,采用阈值激励函数的前向神经网络,通过某个神经元的期望输出与实际输出的差值调整网络的权值,达到目标输出,从而实现对输入模式的分类。

设有 k 个学习样本,当给定的第 k 个样本输入向量为 X^k,期望输出为 Y^k 时,单层感知器的学习算法如下:

(1)随机给定一组连接权值和阈值;

(2)对第 k 个学习样本 $(X^k, Y^k)(k = 1, 2, \cdots, p)$,计算网络实际输出:

$$y_j = f(\sum_{i=1}^{n} w_{ji} x_i - \theta_j)$$

激励函数选用阶跃函数或对称型阶跃函数。

（3）计算输出层单元期望输出 y_j^k 与实际输出 y_j 之间的误差：$e_j^k = y_j^k - y_j$。

（4）输出层神经元 j 的连接权值和阈值的调整量按照下式进行修正：

$$\Delta w_{ji} = \eta \cdot e_j^k \cdot x_i^k (i=1, 2, \cdots, n; j=1, 2, \cdots, m)$$

$$\Delta \theta_j = \eta \cdot e_j^k (j=1, 2, \cdots, m)$$

其中，η 为学习率，其值介于 0 与 1 之间。

（5）在样本集中选取另外一组训练样本，重复步骤（2）~（4），直至对一切样本，误差 $e_j^k = y_j^k - y_j$ 满足要求（趋于 0 或小于给定的误差限），学习过程结束。

该算法是有教师指导的 Hebb 学习规则，学习结束后网络学习样本模式以连接权值的形式分布记忆下来，当网络提供一个输入模式时，可以计算出输出值，从而判断输入模式更接近于何种模式。

2. 多层感知器

单层感知器只能解决线性可分的模式分类问题，如果要解决任意的模式分类问题，需要构建多层感知器模型。多层感知器模型如图 7-11 所示。

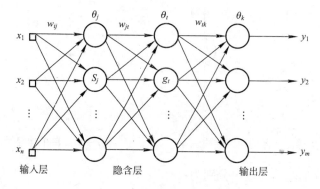

图 7-11 多层感知器模型

图中，$X = [x_1, x_2, \cdots, x_n]^T$ 为输入特征向量，各分量为 $x_i(i=1, 2, \cdots, n)$；w_{ji} 是 x_i 到第一隐层 s_j 的连接权值，w_{tj} 是 s_j 到第二隐层 g_t 的连接权值，w_{kt} 为 g_t 到输出层 y_k 的连接权值；θ_j 为第一隐层神经元的阈值，θ_t 为第二隐层神经元的阈值，θ_k 为输出层神经元的阈值；输出量 $Y = [y_1, y_2, \cdots, y_m]^T$，各分量为 $y_k(k=1, 2, \cdots, m)$；$f(\cdot)$ 为激励函数，通常用阶跃函数或对称型阶跃函数。

多层感知器可以解决任意的模式分类问题，学习算法可以采用上面介绍的 Hebb 学习规则。多层感知器可以将不同的激励函数和学习算法结合起来，具有很大的灵活性。只要隐层具有足够的神经元，多层感知器几乎可以逼近任意函数。

7.2.2 前向反馈（BP）神经网络

1985 年，以 Rumelhart 和 McClelland 为首提出了多层前馈神经网络（Multilayer Feedforward Neural Networks）的误差反向传播学习算法（Error Back Propagation Algorithm），简称 BP 算法，是有导师的学习。多层前馈神经网络是一种单向传播的神经网络，将 BP 学习算法应用于多层前馈神经网络称为 BP 网络，BP 网络具有大规模并行处理的自学习、自组织和自适应能力，BP 网络在模式识别、图像处理、系统辨识、函数逼近、优化计算、最优预测和自适应控制等领域应用非常广泛。图 7-12 为三层前馈神经网络的结构示意图。

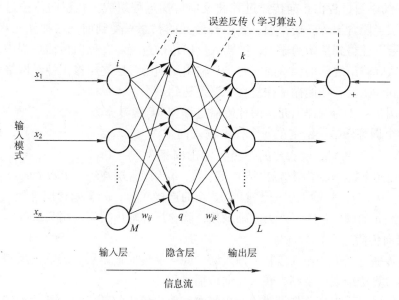

图 7-12　三层前馈神经网络的结构

图 7-12 中，第一层为输入层，有 m 个输入节点（神经元），输入层节点的输出等于其输入，第二层为隐含层，有 q 个节点，第三层为输出层，有 n 个节点；w_{ij} 是输入层和隐含层之间的连接权值，w_{jk} 是隐含层和输出层之间的连接权值；隐含层和输出层节点的输入是前一层节点的输出的加权和，每个节点的激励程度由它的激发函数来决定。

BP 网络通常包含一个或多个隐含层，隐含层中的神经元一般采用 S 型函数作为激励函数，输出层中的神经元可以根据实际情况选用线性激励函数或 S 型激励函数。如果输出层中的神经元选用线性激励函数，则整个网络的输出可以取任意值；如果输出层中的神经元采用 S 型激励函数，则整个网络的输出就限定在一个较小的范围内。由于 BP 网络的基本处理单元选用 S 型激励函数，因此可以实现输入与输出的高度非线性映射关系。

下面给出 S 型激励函数和线性激励函数：

Sigmoid 函数（S 型对数函数）：

$$f(x) = \frac{1}{1+e^{-ax}}, \quad a > 0$$

双曲正切函数（S 型正切函数）：

$$f(x) = \frac{1-e^{-ax}}{1+e^{-ax}}, \quad a > 0$$

线性函数：

$$f(x) = x$$

BP 网络的输入与输出关系是一个高度非线性映射关系，如果输入节点数为 m，输出节点数为 n，则神经网络是一个从 m 维欧氏空间到 n 维欧氏空间的映射。

BP算法的基本思想是最小二乘法，它通过计算每个权值（阈值）变化时误差的导数来调整权值，以减小实际输出值与期望输出值之间的误差，使神经网络的实际输出值与期望输出值之间的误差均方值为最小。

BP算法的学习过程由正向传播过程和反向传播过程组成。在正向传播过程中，输入信息从输入层经隐含层传向输出层，各层神经元的状态只受到前一层神经元状态的影响。如果在输出层不能得到期望的输出，则转入反向传播过程。在反向传播过程中，按照减小期望输出与实际输出之间的误差的方向，从输出层向隐含层逐层修正神经网络的权值和阈值，直至回到输入层，如此循环往复直至误差达到最小。

下面以图7-12为例详细介绍两种传播过程和BP学习算法。

设有 P 个训练样本，给定第 p 个样本输入向量 $X^p = (x_1, x_2, \cdots, x_m)^T$，期望输出为 $Y^p = (Y_1, Y_2, \cdots, Y_n)^T$，隐含层的神经元输出向量为 $S^p = (s_1, s_2, \cdots, s_q)^T$；其中 m 为网络输入神经元个数，n 为网络输出神经元个数，q 为隐含层神经元个数；$w_{ij}(i=1, 2, \cdots, m; j=1, 2, \cdots, q)$ 为输入层 x_i 到隐含层 s_j 的连接权值，θ_j 为隐含层神经元的阈值，θ_k 为输出层神经元的阈值；$f(\cdot)$ 为激励函数，隐含层和输出层均选用Sigmoid函数。

（1）正向传播过程

在正向传播过程中，输入信号从输入层经隐含层传向输出层，若输出层得到了期望的输出，则学习算法结束；否则，转入反向传播过程。

在正向传播过程中，首先设置初始权值和阈值为较小的随机数，然后给定输入输出样本，计算神经网络的输出。

隐含层第 j 个神经元的输出为：

$$s_j = f\left(\sum_{i=1}^{m} w_{ij}x_i - \theta_j\right), j=1, 2, \cdots, q$$

令

$$S_j = \sum_{i=1}^{m} w_{ij}x_i - \theta_j$$

则

$$s_j = f(S_j) = \frac{1}{1+e^{-S_j}}, j=1, 2, \cdots, q$$

输出层第 k 个神经元的输出为：

$$y_k = f\left(\sum_{j=1}^{q} w_{jk}s_j - \theta_k\right), k=1, 2, \cdots, n$$

令

$$Q_k = \sum_{j=1}^{q} w_{jk}s_j - \theta_k$$

则

$$y_k = f(Q_k) = \frac{1}{1+e^{-Q_k}}, k=1, 2, \cdots, n$$

（2）误差的反向传播过程

误差的反向传播就是将误差信号（样本输出与网络输出之差）按原连接通路反向计算，修正各层的连接权值和阈值，使误差信号减小到期望的值。

设第 p 个训练样本得出的网络期望输出与实际输出的偏差为:
$$e_k^p = (Y_k^p - y_k^p), \quad k = 1, 2, \cdots, n$$
第 p 个训练样本输入时网络的目标函数取神经元输出的均方差,即:
$$E^p = \frac{1}{2} \sum_{k=1}^{n} [e_k^p]^2 = \frac{1}{2} \sum_{k=1}^{n} [Y_k^p - y_k^p]^2$$
对于所有的样本,设网络的全局误差为:
$$E = \sum_{p=1}^{P} E^p = \frac{1}{2} \sum_{p=1}^{P} \sum_{k=1}^{n} [e_k^p]^2 = \frac{1}{2} \sum_{p=1}^{P} \sum_{k=1}^{n} [Y_k^p - y_k^p]^2$$

网络的全局误差也就是网络的全局目标函数。应用梯度下降法来反向调节神经网络各层的权值和阈值,沿着全局误差的负梯度方向求解当目标函数为极小值时的权值。BP 神经网络从隐含层到输出层的权值的修正量为:

$$\begin{aligned} \Delta w_{jk} &= -\eta \cdot \frac{\partial E}{\partial w_{jk}} = -\eta \cdot \sum_{p=1}^{P} \frac{\partial E^p}{\partial w_{jk}} = -\eta \cdot \sum_{p=1}^{P} \frac{\partial E^p}{\partial y_k^p} \frac{\partial y_k^p}{\partial Q_k^p} \frac{\partial Q_k^p}{\partial w_{jk}} \\ &= -\eta \cdot \sum_{p=1}^{P} (Y_k^p - y_k^p)(-1) \cdot f'(Q_k^p) \cdot s_j^p \\ &= \eta \cdot \sum_{p=1}^{P} e_k^p \cdot f'(Q_k^p) \cdot s_j^p \end{aligned}$$

令
$$\delta_k^p = e_k^p \cdot f'(Q_k^p)$$
为输出层各单元的一般化误差,则从隐含层到输出层的权值的修正量可以化简为:
$$\Delta w_{jk} = \eta \cdot \sum_{p=1}^{P} \delta_k^p \cdot s_j^p$$

从输入层到隐含层的权值的修正量为:

$$\begin{aligned} \Delta w_{ij} &= -\eta \cdot \frac{\partial E}{\partial w_{ij}} = -\eta \cdot \sum_{p=1}^{P} \frac{\partial E^p}{\partial w_{ij}} = -\eta \cdot \sum_{p=1}^{P} \sum_{k=1}^{n} \frac{\partial E^p}{\partial y_k^p} \frac{\partial y_k^p}{\partial Q_k^p} \frac{\partial Q_k^p}{\partial s_j^p} \frac{\partial s_j^p}{\partial S_j^p} \frac{\partial S_j^p}{\partial w_{ij}} \\ &= -\eta \cdot \sum_{p=1}^{P} \sum_{k=1}^{n} (Y_k^p - y_k^p)(-1) \frac{\partial y_k^p}{\partial Q_k^p} \frac{\partial Q_k^p}{\partial s_j^p} \frac{\partial s_j^p}{\partial S_j^p} \frac{\partial S_j^p}{\partial w_{ij}} \\ &= \eta \cdot \sum_{p=1}^{P} \sum_{k=1}^{n} (Y_k^p - y_k^p) \cdot f'(Q_k^p) \cdot w_{jk} \cdot f'(S_j^p) \cdot x_i^p \end{aligned}$$

令

$$\begin{aligned} \delta_j^p &= \sum_{p=1}^{P} \sum_{k=1}^{n} (Y_k^p - y_k^p) \cdot f'(Q_k^p) \cdot w_{jk} \cdot f'(S_j^p) \\ &= \sum_{k=1}^{n} e_k^p \cdot f'(Q_k^p) \cdot w_{jk} \cdot f'(S_j^p) \\ &= \sum_{k=1}^{n} \delta_k^p \cdot w_{jk} \cdot f'(S_j^p) \end{aligned}$$

为隐含层各单元的一般化误差,则从输入层到隐含层的权值的修正量可以化简为:
$$\Delta w_{ij} = \eta \cdot \sum_{p=1}^{P} \delta_j^p \cdot x_i^p$$

同理,可以将各层的阈值看做各神经元输入为 -1 时的权值,α 为学习速率,则其修

第7章 神经网络

正量为：

$$\Delta \theta_k = \alpha \cdot \sum_{p=1}^{P} \delta_k^p$$

$$\Delta \theta_j = \alpha \cdot \sum_{p=1}^{P} \delta_j^p$$

BP 网络学习算法的计算机流程如下：

（1）对网络的各连接权值和阈值进行初始化，赋予权值和阈值的初始值为（-1，+1）之间的随机数。

（2）提供训练样本数据集。给定输入向量 $X^p = (x_1, x_2, \cdots, x_m)^T$ 和期望的输出向量 $Y^p = (Y_1, Y_2, \cdots, Y_n)^T$。

（3）计算网络的实际输出。

隐含层第 j 个神经元的输出为：

$$s_j = f\Big(\sum_{i=1}^{m} w_{ij} x_i - \theta_j\Big),\ j = 1, 2, \cdots, q$$

输出层第 k 个神经元的输出为：

$$y_k = f\Big(\sum_{j=1}^{q} w_{jk} s_j - \theta_k\Big),\ k = 1, 2, \cdots, n$$

（4）从输出层向输入层依次反向计算各层神经元的一般化误差：

$$\delta_k^p = e_k^p \cdot f'(Q_k^p)$$

$$\delta_j^p = \sum_{k=1}^{n} \delta_k^p \cdot w_{jk} \cdot f'(S_j^p)$$

（5）按照下列各式对网络各层的权值和阈值进行修正：

$$w_{jk}(t+1) = w_{jk}(t) + \Delta w_{jk}(t) = w_{jk}(t) + \eta \cdot \sum_{p=1}^{P} \delta_k^p \cdot s_j^p$$

$$w_{ij}(t+1) = w_{ij}(t) + \Delta w_{ij}(t) = w_{ij}(t) + \eta \cdot \sum_{p=1}^{P} \delta_j^p \cdot x_i^p$$

$$\theta_k(t+1) = \theta_k(t) + \Delta \theta_k(t) = \theta_k(t) + \alpha \cdot \sum_{p=1}^{P} \delta_k^p$$

$$\theta_j(t+1) = \theta_j(t) + \Delta \theta_j(t) = \theta_j(t) + \alpha \cdot \sum_{p=1}^{P} \delta_j^p$$

网络各层的权值和阈值在 $t+1$ 时刻的值等于它们各自在 t 时刻的值加上各自在 t 时刻的修正量。

（6）返回步骤（2）重复计算，直至网络的全局误差目标函数满足要求为止。

BP 网络的主要优点是：

（1）只要 BP 网络中有足够多的隐含层和足够多的隐含层节点，BP 网络就可以逼近任意的非线性映射关系，因此 BP 网络实质上是对任意非线性映射关系的一种逼近。

（2）由于 BP 网络采用的是全局逼近的方法，因此 BP 网络具有较好的泛化能力（经过训练的 BP 神经网络，对于不是样本集中的输入也能给出合适的输出，这种性质称为泛化能力）。

（3）由于 BP 网络能够实现输入输出的非线性映射关系，其输入和输出之间的关系分布存储于连接权中，而神经元连接权的数目很多，个别神经元的损坏对 BP 网络输入输出关系的影响很小，因此 BP 网络具有较好的容错性。

但是 BP 网络也存在以下缺点：

（1）只要 BP 网络中有足够多的隐含层和足够多的隐含层节点，BP 网络就可以逼近任意的非线性映射关系，但是 BP 网络中隐含层数目和隐含层神经元数目的增加会使网络复杂化，从而增加了网络权值的训练时间；BP 网络训练算法中学习率的大小也会影响网络权值的训练时间，学习率太小会造成网络权值的训练时间过长。

（2）由于 BP 网络采用梯度下降法逐渐减小误差，有可能陷入局部极小点，使算法不收敛，达不到全局误差的最小点。

（3）网络的权值和阈值初始值的选取对网络的训练也有一定的影响。权值和阈值不同的初始值可能会导致网络陷入局部极小点，造成学习失败；网络的权值和阈值的初始值还会影响网络学习收敛的速度，可能会导致网络学习收敛的速度太慢。

（4）网络的结构设计尚无理论性的指导，隐含层数目和隐含层神经元数目以及激励函数、训练算法等均根据经验试凑和选取，增加了研究工作量和编程工作量。

7.2.3 径向基函数神经网络

径向基函数（Radial Basis Function）神经网络又称为 RBF 神经网络，它是由 J. Moody 和 C. Darken 于 20 世纪 80 年代末提出的一种神经网络，它是具有单隐含层的三层前馈神经网络，其结构如图 7-13 所示。RBF 神经网络是一种局部逼近神经网络，具有很强的非线性映射功能，只要隐含层神经元的数量足够多，RBF 神经网络可以以任意的精度逼近任何单值连续函数。

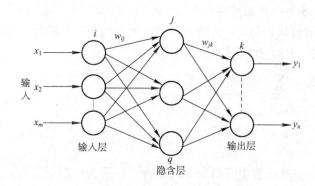

图 7-13 RBF 神经网络

图 7-13 中，第一层为输入层，有 m 个输入节点（神经元），各输入分量为 $x_i(i=1, 2, \cdots, m)$，输入层节点的输出等于其输入，第二层为隐含层，有 q 个节点，第三层为输出层，有 n 个节点；w_{ij} 是输入层和隐含层之间的连接权值，w_{jk} 是隐含层和输出层之间的连接权值；隐含层节点通过选取的激励函数实现输入、输出的非线性映射；输出层节点的输出是隐含层节点输出的线性加权和。

RBF 神经网络与其他前馈神经网络的重要区别是 RBF 神经网络采用径向基函数作为隐含层神经元的激励函数。径向基函数的基本形式为：

$$s_j(x) = \phi_j(\|x - c_j\|), \ j = 1, 2, \cdots, q$$

式中　　$s_j(x)$——隐含层第 j 个神经元的输出；

　　　　$\phi_j(\cdot)$——基函数；

　　　　$\|\cdot\|$——欧氏范数；

　　　　c_j——隐含层节点基函数的聚类中心点或中心向量。

在 RBF 神经网络中，由于高斯函数具有表达形式简单、解析性和光滑性好以及任意阶次可微等优点，因此它成为最常用的径向基函数。高斯函数的数学形式如下：

$$s_j(x) = \phi_j(\|x - c_j\|) = \exp\left[-\frac{(x-c_j)^T(x-c_j)}{\delta_j^2}\right], \ j = 1, 2, \cdots, q$$

式中　　δ_j——第 j 个隐含层节点的归一化参数（或称为基函数的宽度参数）；

　　　　q——隐含层节点数。

RBF 神经网络的输出层节点的输出为隐含层节点输出的线性组合，即输出层第 k 个神经元的输出为：

$$y_k = f\left(\sum_{j=1}^{q} w_{jk} s_j - \theta_k\right), \ k = 1, 2, \cdots, n$$

RBF 神经网络的学习算法可以分为有教师学习和无教师学习两种。

RBF 神经网络的结构如图 7-13 所示。设有 P 个训练样本，给定第 p 个样本输入向量 $X^p = (x_1, x_2, \cdots, x_m)^T$，期望输出为 $Y^p = (Y_1, Y_2, \cdots, Y_n)^T$，隐含层的神经元激励函数为径向基函数 $s_j(x) = \phi_j(\|x - c_j\|), \ j = 1, 2, \cdots, q$，其中 $c_j = (c_{j1}, c_{j2}, \cdots, c_{jm})^T$ 为隐含层节点基函数的聚类中心点或中心向量；隐含层的神经元输出向量为 $S^p = (s_1, s_2, \cdots, s_q)^T$；系统的实际输出为 $y^p = (y_1, y_2, \cdots, y_n)^T$；其中 m 为网络输入神经元个数，n 为网络输出神经元个数，q 为隐含层神经元个数；$w_{ij}(i = 1, 2, \cdots, m; j = 1, 2, \cdots, q)$ 为输入层 x_i 到隐含层 s_j 的连接权值，θ_j 为隐含层神经元的阈值，θ_k 为输出层神经元的阈值。

对于所有的样本，RBF 神经网络的全局误差目标函数为：

$$E = \sum_{p=1}^{P} E^p = \frac{1}{2} \sum_{p=1}^{P} \sum_{k=1}^{n} [e_k^p]^2 = \frac{1}{2} \sum_{p=1}^{P} \sum_{k=1}^{n} [Y_k^p - y_k^p]^2$$

其中

$$e_k^p = (Y_k^p - y_k^p), \ k = 1, 2, \cdots, n$$

（1）无教师学习

RBF 神经网络径向基函数中有两个可调参数，分别为聚类中心点（或称中心向量）c_j 和基函数的宽度参数 δ_j。在无教师学习中，根据所有的输入样本集利用聚类分析方法来求解隐含层各节点的径向基函数的中心向量 c_j 和宽度参数 δ_j。常用的聚类方法是 k 均值聚类算法，实时调整中心向量，算法步骤为：

1）随机给定各隐含层节点的初始中心向量 $c_j(0)$、初始学习速率 $\beta(0)$ 和误差目标函数的最小限定值 ε。

2）计算当前的欧氏距离，并求出最小距离的节点 $r(1 \leq r \leq q)$；

$$d_j(t) = \|x(t) - c_j(t-1)\|, \ j = 1, 2, \cdots, q$$

$$d_{\min}(t) = \min d_j(t) = d_r(t)$$

其中，r 为输入样本 $x(t)$ 与中心向量 $c_j(t-1)$ 之间距离最小的隐含层节点序号。

3) 调整中心：

$$c_j(t) = c_j(t-1), \quad j = 1, 2, \cdots, q, \quad j \neq r$$
$$c_r(t) = c_r(t-1) + \beta(t)[x(t) - c_r(t-1)]$$

4) 修正学习速率：

$$\beta(t+1) = \frac{\beta(t)}{\sqrt{1 + \mathrm{int}(\frac{t}{q})}}$$

$\beta(t)$ 为学习速率，一般情况下，$0 \leqslant \beta(t) \leqslant 1$，$\mathrm{int}(\cdot)$ 表示取整函数。

5) 对于下一个样本，从步骤2) 重复计算，直至满足 $E = \sum\limits_{p=1}^{P} E^p \leqslant \varepsilon$，聚类结束。

(2) 有教师学习

有教师学习也称监督学习，当 RBF 神经网络隐含层各节点基函数的中心向量 c_j 确定后，训练由隐含层到输出层之间的连接权值或阈值，由于输出层节点的输出是隐含层节点输出的加权和的线性化运算，则连接权值或阈值的更新就成为线性优化问题，可以利用各种线性优化算法求得，不存在 BP 网络中的极小值问题。常用的线性优化算法有 LMS 算法、最小二乘递推算法等。

1) LMS 算法

最小均方（Least Mean Square）算法简称为 LMS 算法，它是利用 Delta 学习规则，按照梯度方向修正权值或阈值的一种算法。根据 BP 学习算法的修正公式，对于 RBF 神经网络第 p 个训练样本，隐含层到输出层之间的连接权值或阈值的修正公式为：

$$\Delta w_{jk} = \eta \cdot (Y_k - y_k) \frac{\phi_j^p(\|x - c_j\|)}{\|\varphi^p\|^2} \quad (j = 1, 2, \cdots, q; \ k = 1, 2, \cdots, n)$$

式中 η ——学习速率，一般要求 $0 \leqslant \eta \leqslant 1$；

$Y_k - y_k$ ——输出层第 k 个节点的输出误差；

$\varphi^p = [\phi_1^p, \phi_2^p, \cdots, \phi_q^p]^T$，$\phi_j^p(\|x - c_j\|)$ ——隐含层节点的径向基函数。

对于所有的训练样本集，重复计算隐含层到输出层之间的连接权值或阈值的修正量，直至满足全局误差目标函数 $E = \sum\limits_{p=1}^{P} E^p \leqslant \varepsilon$ 时结束。

2) 最小二乘递推算法

定义目标函数为：

$$J = \sum_{p=1}^{P} J^p = \frac{1}{2} \sum_{p=1}^{P} \Lambda(p)[Y_k^p - y_k^p]^2$$

式中 $\Lambda(p)$ ——加权因子矩阵。

使目标函数 J 最小的权值即为所求的权值。令

$$\frac{\partial J}{\partial W} = 0$$

隐含层到输出层之间的连接权值为 $w_{jk}(t)$，隐含层的输出向量为 $\varphi^p = [\phi_1^p, \phi_2^p, \cdots, \phi_q^p]^T$，输出层第 k 个输出估计值为 $\hat{y}_k^p = \sum\limits_{j=1}^{q} w_{jk} \phi_j^p(t)$。

利用最小二乘递推算法，权值的递推公式为：

$$\hat{w}_{jk}(t) = \hat{w}_{jk}(t-1) + K(t)\{Y^p - [\varphi^p(t)]^T \hat{w}_{jk}(t-1)\}$$

$$K(t) = P(t-1) \cdot \varphi^p(t) \left\{ [\varphi^p(t)]^T P(t-1) \varphi^p(t) + \frac{1}{\Lambda(p)} \right\}^{-1}$$

$$P(t) = \{I - K(t)[\varphi^p(t)]^T\} P(t-1)$$

与 BP 神经网络相比较，RBF 神经网络具有以下特点：

（1）可以证明，只要隐含层神经元的数量足够多，RBF 神经网络和 BP 神经网络都可以以任意的精度逼近任何单值连续函数。两者的主要区别在于：RBF 神经网络和 BP 神经网络在非线性映射上采用了不同的激励函数，BP 神经网络的隐含层神经元采用了 S 型函数，作用函数具有全局接收域；而 RBF 神经网络的隐含层神经元采用了径向基函数，作用函数具有局部接收域，属于局部映射网络。

（2）RBF 神经网络具有唯一最佳逼近特性，并且无局部极小值问题。

（3）与 BP 神经网络相比较，RBF 神经网络具有训练收敛速度快、函数逼近能力强、模式分类能力强等优点，适合于系统的实时辨识和在线控制。但是，在泛化能力方面，BP 神经网络要优于 RBF 神经网络。

虽然 RBF 神经网络具有上述优点，但是它也具有以下问题：

（1）径向基函数具有多种形式，如何选择合适的径向基函数是 RBF 神经网络设计的难点。

（2）对于一组样本，具体求解 RBF 神经网络隐含层节点的中心向量 c_j 和隐含层基函数的宽度参数 δ_j 还存在很多困难。

因此，RBF 神经网络虽然具有唯一最佳逼近特性，且无局部极小值问题，但是由于对于一组样本，如何选择合适的径向基函数，如何确定隐含层节点数，以使网络学习能达到要求的精度，这些还是尚未解决的问题。因此，目前通常采用计算机选择、设计和校验的方法来确定隐含层节点数，以使网络学习能达到一定的精度要求。另外，隐含层中心点求解困难，也是 RBF 神经网络在应用中遇到的实际问题。

7.3 反馈神经网络

与前馈神经网络相比，反馈神经网络的神经元输出至少有一条反馈回路，它研究的是一个复杂的动力学系统，对神经网络的学习能力和决策都有很大影响，需要工作一段时间才能达到稳定。Hopfield 网络是典型的反馈神经网络，可以分为离散型和连续型两种类型。

7.3.1 离散型 Hopfield 网络

离散型 Hopfield 神经网络的结构如图 7-14 所示。

从图 7-14 可以看出，离散型 Hopfield 神经网络是一个单层神经网络，有 n 个神经元节

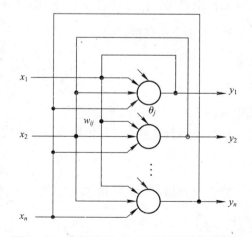

图 7-14 离散型 Hopfield 神经网络的结构图

点,每个神经元的输出均连接到其他神经元的输入,各节点没有自反馈。设网络的输入向量为 $X = (x_1, x_2, \cdots, x_n)^T$,$y_j(k)(j=1, 2, \cdots, n)$ 为第 j 个神经元在 k 时刻的输出量,θ_j 为神经元的阈值,w_{ij} 为第 j 个输出神经元到第 i 个输入神经元的反馈连接权值,$f(\cdot)$ 为神经元的激励函数,一般为二值阈值函数,可取阶跃函数或对称型阶跃函数,如果神经元的输出大于其阈值时,则神经元的输出取值为 1;如果神经元的输出小于其阈值时,则神经元的输出取值为 0 或 -1。

离散型 Hopfield 神经网络的第 j 个神经元的输入、输出关系为:

$$x_i(k) = y_i(k) \qquad (i = 1, 2, \cdots, n)$$

$$s_j(k) = \sum_{i=1}^{n} w_{ij} x_i(k) - \theta_j \qquad (i, j = 1, 2, \cdots, n)$$

$$y_j(k+1) = f(s_j(k)) = f\left(\sum_{i=1}^{n} w_{ij} x_i(k) - \theta_j\right) \qquad (i, j = 1, 2, \cdots, n)$$

当网络取阶跃函数作为激励函数时,神经元在 $k+1$ 时刻的输出为:

$$y_j(k+1) = f(s_j(k)) = \begin{cases} 1 & s_j(k) \geq 0 \\ 0 & s_j(k) < 0 \end{cases}$$

当网络取对称型阶跃函数作为激励函数时,神经元在 $k+1$ 时刻的输出为:

$$y_j(k+1) = f(s_j(k)) = \begin{cases} 1 & s_j(k) \geq 0 \\ -1 & s_j(k) < 0 \end{cases}$$

离散型 Hopfield 神经网络的工作方式有以下两种:

(1) 异步工作方式

每次只有一个神经元的输出状态产生变化,而其他神经元的输出状态均保持不变,离散型 Hopfield 神经网络的这种工作方式称为异步工作方式。对第 j 个神经元的输出状态变化,有:

$$y_j(k+1) = f(s_j(k)) = f\left(\sum_{i=1}^{n} w_{ij} x_i(k) - \theta_j\right)$$

$$y_i(k+1) = y_i(k), \quad i \neq j$$

状态发生变化的神经元可以随机选取,也可以按照一定的次序进行。

(2) 同步工作方式

在任一时刻,如果所有的神经元(或多个神经元)的输出状态同时发生变化,则称这种工作方式为同步工作方式。所有的神经元的输出状态同时发生变化,即:

$$y_j(k+1) = f(s_j(k)) = f\left(\sum_{i=1}^{n} w_{ij} x_i(k) - \theta_j\right) \qquad (j = 1, 2, \cdots, n)$$

上述同步工作计算方式也可以写成如下的矩阵形式:

$$Y(k+1) = f(WX(k) - \theta)$$

其中,

$$X(k) = [x_1(k), x_2(k), \cdots, x_n(k)]^T$$

$$Y(k) = [y_1(k), y_2(k), \cdots, y_n(k)]^T$$

分别为各神经元的输入向量和输出向量;

$$\theta = [\theta_1, \theta_2, \cdots, \theta_n]^T$$

为阈值向量；W 是由 w_{ij} 组成的 $n \times n$ 维权系数矩阵；

$$f(s) = [f(s_1), f(s_2), \cdots, f(s_n)]$$

是向量函数。

对于一个反馈网络来说，稳定性是一个重要的性能指标。对于离散型 Hopfield 神经网络，如果输出状态满足 $Y = f(WX - \theta)$，则称 Y 为网络的稳定点或吸引子。

离散型 Hopfield 神经网络实质上是一个离散的非线性动力学系统。如果系统是稳定的，则它可以从一个初始状态收敛到一个稳定状态；如果系统是不稳定的，则由于系统只输出 1 和 -1（或 0）两种状态，因而系统不可能出现无限发散状态，只可能出现一定幅值的自持振荡或极限环。

如果将稳定状态视为一个记忆样本，则初态向稳态的收敛过程就是寻找记忆样本的过程，可将初态看成是给定样本的部分信息，将网络改变的过程看成是从部分信息找到全部信息，从而实现联想记忆的功能。

如果将稳态与某种优化计算的目标函数相对应，并作为目标函数的极小点，那么初态向稳态的收敛过程就是优化计算过程，该优化计算是在网络演变过程中自动完成的。

Hopfield 利用 Lyapunov 稳定定理来分析和证明反馈网络的稳定性。可以证明：对于离散型 Hopfield 神经网络，若按照异步方式调整状态，且连接权值矩阵 W 为实对称阵，即 $w_{ii} = 0$，$w_{ij} = w_{ji}$，$(i \neq j)$，则对于任意初始状态，网络都最终收敛到一个吸引子（稳定状态）。

可以证明：对于离散型 Hopfield 神经网络，若按照同步方式调整状态，且连接权值矩阵 W 为非负定对称阵，则对于任意初始状态，网络都最终收敛到一个吸引子（稳定状态）。

可见，同步方式对连接权值的要求更高，若不满足非负定对称阵的要求，则网络可能出现自持振荡或极限环。

由于异步工作方式比同步工作方式具有更好的稳定性，通常情况下采用异步工作方式，但会失去神经网络并行处理的优点。

关于连接权的设计，通常采用 Hebb 规则进行设计。

7.3.2 连续型 Hopfield 网络

连续型 Hopfield 网络也是单层的反馈网络，其结构与离散型 Hopfield 网络相同，如图 7-14 所示。连续型 Hopfield 网络的激励函数采用连续可微的单调递增的 S 型函数，如图 7-15 所示。

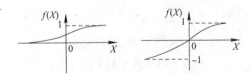

图 7-15 连续型 Hopfield 网络的激励函数

如图 7-15 所示，Sigmoid 函数为：

$$f(x) = \frac{1}{1 + e^{-\beta x}}, \quad \beta > 0$$

双曲正切函数为：

$$f(x) = \frac{1 - e^{\alpha x}}{1 + e^{\alpha x}}, \quad \alpha > 0$$

连续型 Hopfield 网络中各神经元是按照同步方式工作的，即所有神经元状态的更新均连续地随时间并行处理。对于网络中的第 j 个神经元，其输入、输出关系为：

$$s_j = \sum_{i=1}^{n} w_{ij} y_i - \theta_j \quad (i, j = 1, 2, \cdots, n)$$

$$\frac{\mathrm{d} x_j}{\mathrm{d} t} = -\frac{1}{\tau} x_j + s_j$$

$$y_j = f(x_j) \quad (j = 1, 2, \cdots, n)$$

式中　s_j——神经元的输入加权和；

　　　x_j——神经元的输入状态。

Hopfield 利用模拟电路设计了连续型 Hopfield 网络的电路模型，单个神经元的模拟电路如图 7–16 所示。

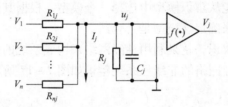

图 7–16　连续型 Hopfield 网络单个神经元的电路模型

根据图 7–16 可以列出如下的电路方程：

$$\begin{cases} C_j \dfrac{\mathrm{d} u_j}{\mathrm{d} t} + \dfrac{u_j}{R_j} + I_j = \sum_{i=1}^{n} \dfrac{V_i - u_j}{R_{ij}} \\ V_j = f(u_j) \end{cases}$$

经整理得：

$$\begin{cases} \dfrac{\mathrm{d} u_j}{\mathrm{d} t} = -\left(\sum_{i=1}^{n} \dfrac{1}{R_{ij} C_j} + \dfrac{1}{R_j C_j} \right) u_j + \sum_{i=1}^{n} \dfrac{V_i}{R_{ij} C_j} - \dfrac{I_j}{C_j} \\ V_j = f(u_j) \end{cases}$$

如果令

$$x_j = u_j, \quad V_j = y_j, \quad \sum_{i=1}^{n} \frac{1}{R_{ij} C_j} + \frac{1}{R_j C_j} = \frac{1}{\tau_j}, \quad \frac{1}{R_{ij} C_j} = w_{ij}, \quad \frac{I_j}{C_j} = \theta_j$$

则上式可简化为：

$$\begin{cases} \dfrac{\mathrm{d} x_j}{\mathrm{d} t} = -\dfrac{1}{\tau_j} x_j + \sum_{i=1}^{n} w_{ij} y_i - \theta_j \\ y_j = f(x_j) \quad (i, j = 1, 2, \cdots, n) \end{cases}$$

可以看出，连续型 Hopfield 网络实质上是一个连续的非线性动力学系统，可以用一系列的微分方程来描述。当给定网络的初始状态 $Y_j(0)$ 时，如果系统稳定，可以通过求解非线性微分方程组的解来求得网络状态的运动轨迹，使其收敛到一个稳定状态。

第7章 神经网络

和离散型 Hopfield 网络一样，连续型 Hopfield 网络稳定的充分条件也要求网络的连接权值矩阵为实对称矩阵，即 $w_{ij}=w_{ji}$，$(i\neq j)$。可以证明：当网络神经元的激励函数为 S 型函数，并且网络的连接权值矩阵为实对称矩阵时，网络可以收敛到一个稳定状态。

连续型 Hopfield 网络广泛应用于控制系统设计、系统辨识、信号处理等许多领域。

7.4 神经网络控制

由于神经网络具有良好的非线性映射能力、并行信息处理能力、自学习和自适应能力等优点，可以将神经网络用于非线性系统的建模和控制。

7.4.1 基于神经网络的非线性系统辨识

L. A. Zadel 所给出的系统辨识的定义为："系统辨识就是在输入和输出数据的基础上，从一组给定的模型中，确定一个与所测系统等价的模型。"由于实际中不可能找到与被测系统完全等价的模型，只能从辨识模型中选择一个模型，根据其静态特性与动态特性两个方面能否与被测系统拟合来确定该模型是否合适。

将神经网络用于系统辨识，就是利用神经网络来构成系统的模型，利用神经网络模型来逼近被测系统。基于神经网络的非线性系统辨识如图 7-17 所示。

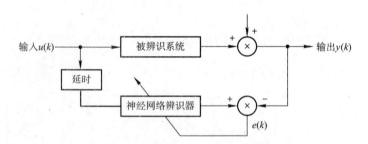

图 7-17 基于神经网络的非线性系统辨识框图

基于神经网络的非线性系统辨识有以下几种：

（1）将神经网络作为被控系统的辨识模型，估计模型的参数；

（2）利用神经网络建立被控系统的静态、动态参数模型；

（3）在控制系统中将神经网络与模糊运算、遗传算法和专家系统等方法相结合，建立非参数化的系统模型；

（4）在模型参数确定的情况下，利用神经网络建立时变模型，预测参数的变化趋势，实现自适应预测控制。

由于神经网络具有通过学习逼近任意非线性映射的能力，可以将神经网络应用于非线性系统的建模与辨识，即针对复杂的非线性、不确定及不确知系统进行神经网络模型辨识，以解决采用传统方法无法解决的非线性系统建模和控制问题。

由于多层前馈神经网络具有逼近任意非线性映射的能力，可以利用静态多层前馈神经网络来建立系统的输入输出模型。

1. 正向模型

所谓正向模型是指利用多层前馈神经网络,通过训练或学习,使其能够表达系统正向动力学特性的模型,如图 7-18 所示。

图 7-18 中,神经网络与待辨识系统并联,将二者的输出误差作为神经网络的训练信号。这是一个有监督学习问题,实际系统作为教师,向神经网络提供学习算法所需的期望输出。可以根据待辨识系统的特点来选择不同的学习算法,从而对多层前馈神经网络进行训练和学习。

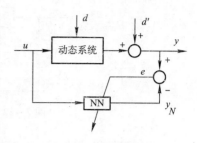

图 7-18 正向模型

2. 逆模型

（1）直接逆建模

直接逆建模如图 7-19 所示。由于神经网络训练所覆盖的范围要比未知的逆系统所可能涉及的范围大一些,因此该方法又称为泛化学习法。在建立非线性系统的逆模型时,首先假定待辨识系统是可逆的。将待辨识系统的输出作为神经网络的输入,将神经网络的输出与待辨识系统的输入相比较,将相应的输入误差作为神经网络的训练信号,神经网络通过学习来建立系统的逆模型。

（2）正-逆建模

1）被控对象-逆模型建模

被控对象-逆模型建模示意图如图 7-20 所示。将被控对象的输出 y 与系统输入 u 之差作为神经网络的训练误差。

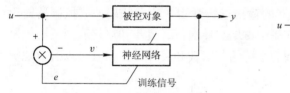

图 7-19 直接逆建模

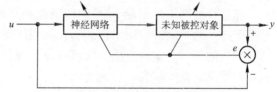

图 7-20 被控对象-逆模型建模示意图

这种方法要求知道被控对象的模型,而该模型在系统中是未知的,这是该方法的严重缺陷。

2）正模型-逆系统建模

正模型-逆系统建模示意图如图 7-21 所示。将神经网络的期望输入 u 与正模型的期望输出之差作为神经网络的训练误差来训练逆模型的神经网络连接权值。

在该方法中,由于被控对象不在反馈回路中,神经网络逆模型的精确程度依赖于正模型

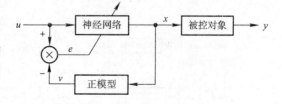

图 7-21 被控对象-逆系统建模示意图

的精确程度。如果正模型精度低、误差大,则逆模型也不能反映被控对象的实际情况。

3）被控对象-正模型-逆模型建模

被控对象-正模型-逆模型建模示意图如图 7-22 所示。

第7章 神经网络

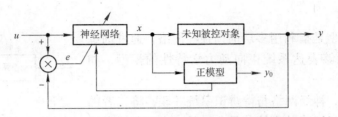

图7-22 被控对象-正模型-逆模型建模示意图

将神经网络的输入 u 作为系统的期望输出，将期望输出 u 与被控对象的实际输出 y 之差作为神经网络的训练误差，或者将期望输出 u 与已经建立的神经网络正向模型的输出之差作为神经网络的训练误差。在调节过程中，由于被控对象在反馈回路中，将被控对象用神经网络正模型代替，通过正模型来反映出被控对象的真实情况。

7.4.2 基于神经网络的非线性系统控制

基于神经网络的非线性系统控制，即神经网络控制。神经网络控制主要解决复杂的非线性、不确定系统的控制问题，利用神经网络所具有的并行处理、自学习能力使控制系统对变化的环境具有自适应性。由于神经网络具有良好的非线性映射能力、并行信息处理能力、自学习和自适应能力等优点，因此神经网络控制是不依赖于模型的控制，能够自适应内外干扰、被控对象的时变等。

1. 神经网络监督控制

通过对人工或传统控制器进行学习，然后用神经网络控制器取代传统控制器的方法，称为神经网络监督控制，如图7-23所示。

通过神经网络控制器 NNC 向传统控制器的输出进行学习，使反馈误差或控制器输出趋近于零，达到使神经网络控制器在控制作用中占据主导地位，逐步和最终取消反馈控制器的作用的目的。这种方法不仅可以保证控制系统的稳定性和鲁棒性，而且可以有效地提高控制系统的精度和自适应能力。

2. 神经网络直接逆控制

神经网络直接逆控制就是直接将被控对象的神经网络逆模型与被控对象串联，使期望输出与被控对象实际输出之间的传递函数为1，从而使被控对象的输出等于期望输出。神经网络直接逆控制如图7-24所示。

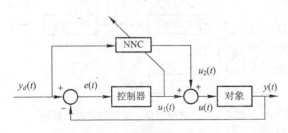

图7-23 神经网络监督控制

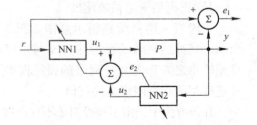

图7-24 神经网络直接逆控制

如图7-24所示的神经网络直接逆控制属于在线间接学习，边学习边控制，对系统不需要任何的先验知识，是一种双神经网络结构，神经网络 NN1 和 NN2 结构完全相同，其中神经网络 NN1 作为控制器,也相当于逆辨识器,直接串联在被控对象之前,神经网络 NN2 作为被控对象的逆辨识模型,承担神经网络的训练任务,学习系统实际输入－输出特性。这种方法的可行性取决于逆模型辨识的准确程度,逆模型的连接权必须在线修正。

3. 神经网络自适应控制

神经网络自适应控制分为神经网络自校正控制与神经网络模型参考控制两种。

(1) 神经网络自校正控制

神经网络自校正控制分为神经网络直接自校正自适应控制与神经网络间接自校正自适应控制两种。

神经网络直接自校正自适应控制,即神经网络直接逆控制,如图 7-24 所示。

神经网络间接自校正自适应控制如图 7-25 所示。

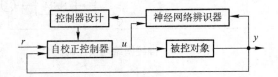

图 7-25　神经网络间接自校正自适应控制

神经网络直接自校正自适应控制与神经网络间接自校正自适应控制的根本区别在于:神经网络间接自校正自适应控制使用常规控制器,离线辨识的神经网络估计器需要具有足够高的建模精度;神经网络直接自校正自适应控制同时使用神经网络控制器和神经网络估计器,并且神经网络估计器可以进行在线修正。

(2) 神经网络模型参考控制

神经网络模型参考控制分为神经网络直接模型参考控制与神经网络间接模型参考控制。

神经网络直接模型参考控制如图 7-26 所示。

神经网络间接模型参考控制如图 7-27 所示。

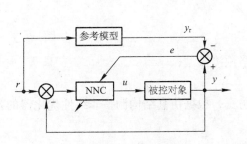
图 7-26　神经网络直接模型参考自适应控制

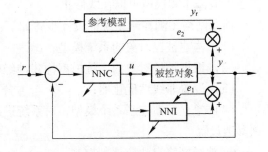
图 7-27　神经网络间接模型参考自适应控制

在神经网络直接模型参考自适应控制中,神经网络控制器 NNC 的作用是使被控对象与参考模型输出之差 $e(k) = y(k) - y_r(k) \to 0$ 或者 $e(k)$ 的二次型最小。误差 $e(k)$ 的反向传播必须确知被控对象的数学模型,这给神经网络控制器 NNC 的学习修正带来了许多问题。为了克服神经网络控制器 NNC 学习修正的困难,增加了神经网络辨识器 NNI,构成了神经网络间接模型参考自适应控制。神经网络辨识器 NNI 能够离线辨识被控对象的正向模型,并且由 $e_1(k)$ 进行在线学习与修正。神经网络辨识器 NNI 能够为神经网络控制器 NNC 提供误差 $e_2(k)$ 或者其变化率的反向传播。

4. 神经网络内模控制

内模控制(Internal Model Control)是一种基于被控过程的内部模型进行反馈修正控制器的新型控制策略。内模控制设计简单,具有较强的鲁棒性,易于在线修正,是一种实用的先进控制算法。

神经网络内模控制如图 7-28 所示。

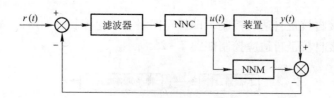

图 7-28 神经网络内模控制

在神经网络内模控制中,将对象的正向模型 NNM 与对象并联,将二者的输出之差作为反馈信号,该反馈信号由前向通道上的神经网络控制器 NNC 进行处理,该控制器直接与系统的逆有关。图 7-2 中被控对象的正向模型和控制器均由神经网络实现,线性滤波器可以保证系统获得期望的鲁棒性和闭环系统跟踪响应。

5. 神经网络预测控制

神经网络预测控制如图 7-29 所示。

在神经网络预测控制中,可以利用神经网络预测器来建立被控对象的预测模型,预测模型具有根据系统当前的输入-输出信息,预测未来某时刻输出值的功能,即由当前时刻的控制输入预报出被控系统在未来一段时间范围内的输出值。预测模型可以在线修正。

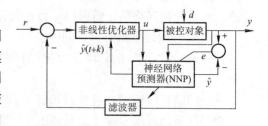

图 7-29 神经网络预测控制

神经网络预测控制系统的设计步骤如下:

(1)构建被控对象的系统模型;

(2)根据被控对象的系统模型构建神经网络预测模型;

(3)设置非线性优化器;

(4)建立反馈控制系统模型,对系统进行仿真,根据仿真结构调整非线性优化器的各项参数设置。

6. 神经网络自适应评判控制

在神经网络的学习方法中,监督学习需要教师提供网络的期望输出,也就是要求提供被控对象的期望输入。在上述各种神经网络控制方法中,都要求提供被控对象的期望输入。但是,在系统模型未知时,被控对象的期望输入是难以预先提供的。当缺乏被控对象的精确观测值,系统只能定性地提供一些评价信息时,基于这些定性信息的再励学习显然是十分有用的。神经网络自适应评判控制就是基于这种再励学习算法的控制。

神经网络自适应评判控制如图 7-30 所示。

神经网络自适应评判控制包含自适应评判神经网络和控制选择神经网络。其中自适应评判神经网络相当于一个需要进行再励学习的教师，其作用为：一方面通过不断的奖励、惩罚等再励学习方法，使其成为一个合格的教师；另一方面是在学习完成后，根据被控系统当前的状态和外部再励反馈信号 $r(t)$，产生一个再励预测信号，进

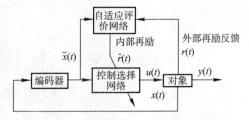

图 7-30　神经网络自适应评判控制

而给出内部再励信号 $\hat{r}(t)$，以期对当前控制作用的效果进行评价。控制选择神经网络相当于在再励信号的指导下进行学习的多层前馈神经网络。学习后的控制选择神经网络将根据编码器编码后的系统状态来选择下一步的控制作用。

本 章 小 结

本章首先介绍了生物神经元和人工神经元模型，介绍了人工神经元常用的输出变换函数，介绍了人工神经网络模型，介绍了人工神经网络的学习方法和学习算法；其次介绍了前向反馈（BP）神经网络和径向基函数（Radial Basis Function）神经网络；紧接着，本章介绍了反馈神经网络，分别介绍了离散型 Hopfield 神经网络和连续型 Hopfield 网络；最后，本章介绍了神经网络控制，分别介绍了基于神经网络的非线性系统辨识以及基于神经网络的非线性系统控制。

第8章 模糊控制技术在变风量空调系统中的应用

变风量空调系统由于其结构复杂、温湿度耦合、输入、输出之间具有非线性等特点，是一个典型的难以建立精确的数学模型的时变非线性系统，无法应用经典控制理论或现代控制理论来对其进行良好的控制。由于模糊控制能够解决经典控制理论或现代控制理论所无法解决的时变非线性系统的控制问题，不需要建立被控对象的精确的数学模型。因此，运用模糊控制理论和方法来对变风量空调系统进行控制是一种较好的控制方法，可以解决变风量空调系统这种典型的时变非线性系统的控制问题。

8.1 变风量空调系统的特点及控制要求

8.1.1 变风量空调系统的基本结构

被控对象为一个单风道的单区域制冷除湿变风量空调系统，所有实验内容都是基于该平台进行的。图8-1给出了变风量空调系统的结构示意图。

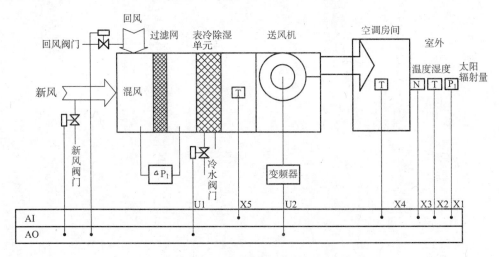

图8-1 变风量空调系统结构示意图

8.1.2 变风量空调系统的特点

（1）本实验系统是一个单冷的全空气式的变风量空调系统，利用组合式空调箱，依次对新风和室内回风进行一次混合、过滤、除湿、冷却等处理，经处理后的空气由变频风机输送入空调房间，调节室内各空气参数，其组成结构如图8-1所示。

（2）系统具有非线性、时变性等特点。

(3) 系统存在滞后性，输出不能迅速跟随输入变化。

(4) 温度、湿度、新风量、回风量等变量之间相互影响，存在耦合现象。

(5) 当室内空调负荷改变以及室内空气参数设定值变化时，自动调节空调系统送入房间的送风量，以满足室内人员的舒适要求。同时，送风量的自动调节可以最大限度地减少风机的动力，节约运行能耗。

8.1.3 变风量空调系统的控制特点

(1) 通过改变电压大小来控制表冷器冷冻水阀门的开度，从而控制送风温度，电压调节范围是 0~10V，线性对应表冷器水阀开度变化范围是 0~100%。

(2) 通过改变电压大小来调节变频器的频率，控制送风机的转速，从而控制送风量，达到调节空调房间温度的目的。电压调节范围是 0~10V，风机频率变化范围是 0~50Hz。

(3) 通过改变电压大小来控制新风阀门开度，从而通过调节新风阀门开度来控制新风量，满足空调房间内人员对于空气质量（以二氧化碳浓度来衡量）的要求。电压调节范围是 0~10V，线性对应新风阀门开度变化范围是 0~100%。

(4) 通过改变电压大小来控制回风阀门开度，从而通过调节回风阀门开度来控制回风量，以保持混风量一定。电压调节范围是 0~10V，线性对应回风阀门开度变化范围是 0~100%。

(5) 通过控制除湿机的启停来控制空调房间的相对湿度，以满足空调房间内人员对于相对湿度的要求。

8.1.4 控制目标

基于上述特点，该实验系统的控制目标为：

(1) 通过调节表冷器冷冻水阀门的开度来控制送风温度，从而使送风温度与设定值保持一致。

(2) 通过控制送风机转速来改变送风量，从而使室内温度与设定值保持一致。

(3) 通过控制新风阀门的开度来调节新风量，使室内二氧化碳浓度与设定值保持一致；同时，通过控制回风阀门的开度来调节回风量，以保持混风量一定。

(4) 通过控制除湿机的启停来控制空调房间的相对湿度，使空调房间内的相对湿度保持在设定范围内。

8.1.5 控制要求

为了达到上述控制目标，需要满足以下要求：

(1) 良好的控制精度和稳定性。

(2) 较强的适应性。由于负荷条件变化可能性比较大，因此要求控制系统应该能够适应各种负荷变化的情况。

(3) 较强的抗干扰能力。

8.2 变风量空调系统室内温度模糊控制系统的设计

8.2.1 室温模糊控制器的结构设计

变风量空调系统室内温度模糊控制系统框图如图 8-2 所示。变风量空调系统的室内温度模糊控制器采用双输入单输出结构的二维模糊控制器,模糊控制器的输入变量为室内温度的设定值与通过传感器检测得到的室内实际温度 y 之间的偏差 e 及其偏差变化率 $\dot{e}$。输出变量为控制变频风机转速的控制电压信号 u。

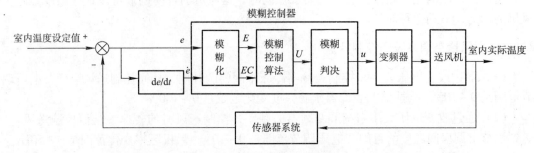

图 8-2　变风量空调系统室内温度模糊控制系统框图

8.2.2　精确量的模糊化

1. 论域的选择与语言变量值的确定

设偏差 e 所取的模糊子集的论域 X 为 $\{-n,-n+1,\cdots,0,\cdots,n-1,n\}$,偏差变化率 ec 所取的模糊子集的论域为 $Y=\{-m,-m+1,\cdots,0,\cdots,m-1,m\}$,控制量 u 所取的模糊子集的论域为 $Z=\{-l,-l+1,\cdots,l-1,l\}$。关于论域的选择,为了使模糊集较好地覆盖论域,一般选偏差的论域 $n\geq6$,选偏差变化率的论域 $m\geq6$,选控制量的论域 $l\geq7$。

(1) 输入量 1:温度偏差 e,单位 ℃

离散论域:$X=\{-6,-5,-4,-3,-2,-1,0,+1,+2,+3,+4,+5,+6\}$;

基本论域为 $[-3,+3]$,量化因子 $K_e=2$;

偏差语言变量:NB、NM、NS、ZO、PS、PM、PB;

计算公式:$e(t)=r(t)-y(t)$,$r(t)$ 为室内温度设定值,$y(t)$ 为室内温度测量值。

(2) 输入量 2:温度偏差变化率 ec

离散论域:$Y=\{-6,-5,-4,-3,-2,-1,0,+1,+2,+3,+4,+5,+6\}$;

基本论域:$[-0.5,+0.5]$,量化因子 $K_{ec}=12$;

偏差变化率语言变量:NB、NM、NS、ZO、PS、PM、PB;

计算公式:$ec(kT)=e(kT)-e[(k-1)T]$

(3) 输出量:控制变频风机转速的控制电压信号 u,单位 V

离散论域:$Z=\{0,+1,+2,+3,+4,+5,+6\}$;

基本论域:$[0,10]$;比例因子 $K_u=10/6=1.67$;

输出语言变量:0、PS、PM、PB。

2. 语言变量论域上的模糊子集的确定

语言变量论域上的模糊子集由隶属函数来描述。把在 $[-6,+6]$ 之间变化的输入变量分为七个等级,例如 EC 输入变量分为如下七个等级:

"正大" PB——选取在 +6 附近;

"正中" PM——选取在 +4 附近;

"正小" PS——选取在 +2 附近;

8.2 变风量空调系统室内温度模糊控制系统的设计

"零" ZO——选取在 0 附近;
"负小" NS——选取在 -2 附近;
"负中" NM——选取在 -4 附近;
"负大" NB——选取在 -6 附近;

每个等级对应一个模糊子集,输入语言变量和输出语言变量的模糊子集的隶属函数选择三角形隶属函数。三角形隶属函数的表达式为:

$$\mu(x) = \begin{cases} 0, & x \leq a_1 \\ \dfrac{x - a_1}{a_2 - a_1}, & a_1 < x \leq a_2 \\ \dfrac{a_3 - x}{a_3 - a_2}, & a_2 < x \leq a_3 \\ 0, & x > a_3 \end{cases}$$

如图 8-3 所示。

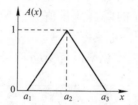

图 8-3 三角形隶属函数

(1) 偏差语言变量 E 的模糊子集的确定

根据语言变量论域上的模糊子集的确定原则,选取偏差语言变量 E 的语言变量值为 {NB, NM, NS, 0, PS, PM, PB},其语言变量论域元素为 -6,-5,-4,-3,-2,-1,0,+1,+2,+3,+4,+5,+6,选择三角形隶属函数作为偏差语言变量 E 的隶属函数,如图 8-4 所示。

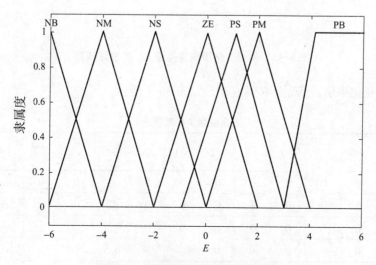

图 8-4 偏差语言变量 E 的隶属函数

得到偏差语言变量 E 赋值表,如表 8-1 所示。

语言变量 E 赋值表　　　　表 8-1

E 语言值	-6	-5	-4	-3	-2	-1	0	+1	+2	+3	+4	+5	+6
PB	0	0	0	0	0	0	0	0	0	0	1.0	1.0	1.0
PM	0	0	0	0	0	0	0	0.5	1.0	0.5	0	0	0
PS	0	0	0	0	0	0	0.5	1.0	0.5	0	0	0	0
0	0	0	0	0	0	0.5	1.0	0.5	0	0	0	0	0
NS	0	0	0	0.5	1.0	0.5	0	0	0	0	0	0	0
NM	0	0.5	1.0	0.5	0	0	0	0	0	0	0	0	0
NB	1.0	0.5	0	0	0	0	0	0	0	0	0	0	0

(2) 偏差变化率语言变量 EC 的模糊子集的确定

选取偏差变化率语言变量 EC 的语言变量值为 {NB, NM, NS, 0, PS, PM, PB},其语言变量论域元素为 -6,-5,-4,-3,-2,-1,0,+1,+2,+3,+4,+5,+6,选择三角形隶属函数作为偏差变化率语言变量 EC 的隶属函数,如图 8-5 所示。

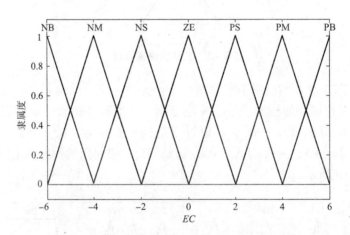

图 8-5　偏差变化率语言变量 EC 的隶属函数

得到偏差变化率语言变量 EC 赋值表,如表 8-2 所示。

语言变量 EC 赋值表　　　　表 8-2

EC 语言值	-6	-5	-4	-3	-2	-1	0	+1	+2	+3	+4	+5	+6
PB	0	0	0	0	0	0	0	0	0	0	0	0.5	1.0
PM	0	0	0	0	0	0	0	0	0	0.5	1.0	0.5	0
PS	0	0	0	0	0	0	0	0.5	1.0	0.5	0	0	0
0	0	0	0	0	0	0.5	1.0	0.5	0	0	0	0	0

续表

EC 语言值	-6	-5	-4	-3	-2	-1	0	+1	+2	+3	+4	+5	+6
NS	0	0	0	0.5	1.0	0.5	0	0	0	0	0	0	0
NM	0	0.5	1.0	0.5	0	0	0	0	0	0	0	0	0
NB	1.0	0.5	0	0	0	0	0	0	0	0	0	0	0

（3）输出量语言变量 U 的模糊子集的确定

由于该实验系统只能单向送冷风，由 0~10V 的电压控制风机转速从而改变送风量。因此，选取输出量语言变量 U 的语言变量为 0，PS，PM，PB，其语言变量论域元素为 0，+1，+2，+3，+4，+5，+6，选择三角形隶属函数作为输出量语言变量 U 的隶属函数，如图 8-6 所示。

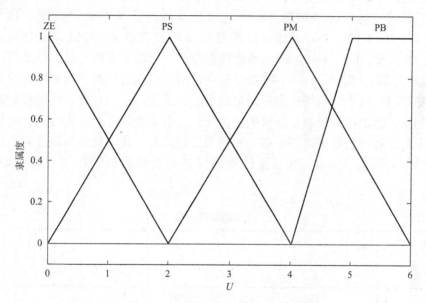

图 8-6 输出量语言变量 U 的隶属函数

得到输出量语言变量 U 赋值表，如表 8-3 所示。

语言变量 U 赋值表　　　　　表 8-3

U 语言值	0	+1	+2	+3	+4	+5	+6
PB	0	0	0	0	0	1.0	1.0
PM	0	0	0	0.5	1.0	0.5	0
PS	0	0.5	1	0.5	0	0	0
0	1.0	0.5	0	0	0	0	0

3. 精确量的模糊化

在室温模糊控制器中，采用量化因子法作为精确量的模糊化方法。将偏差和偏差变化率分别乘以量化因子 K_e 和 K_{ec}，得到量化等级 y，然后查看语言变量 E 和 EC 的隶属函数，找出元素 y 上最大隶属度对应的语言值所决定的模糊集合，该模糊集合也就是偏差和偏差变化率的模糊集合，代表了确定的精确量 e 与 ec 的模糊化。

8.2.3 模糊控制规则设计

双输入单输出室温模糊控制器的控制规则采用以下模糊条件语句，即

$$\text{if } E \text{ and } EC \text{ then } U$$

式中　　E——输入系统偏差变量 e 模糊化的模糊集合；

EC——输入系统偏差变化 ec 模糊化的模糊集合；

U——输出变量 u 的模糊集合。

该式反映了非线性比例加微分（PD）的控制规律。

反映手动控制策略的完整控制规则要由若干条结构相同，但语言值不同的模糊条件语句构成，形成模糊控制规则集。本书选取偏差语言变量 E 的语言变量值为 {NB，NM，NS，ZO，PS，PM，PB}，选取偏差变化率语言变量 EC 的语言变量值为 {NB，NM，NS，ZO，PS，PM，PB}。每一条规则都决定一个模糊关系，室温模糊控制器一共有 49 个模糊关系，与之相对应的 49 条模糊条件语句构成了控制室内温度的模糊控制规则集。模糊控制规则表是模糊控制规则集的另一种表达形式，它所表达的控制规则与模糊条件语句组表达的控制规则是等价的。由于该实验系统仅能单向送冷风，空调室内处于欠温状态时，将风机频率降到零点，室内温度过高时，让风机满负荷运转。因此，当 E = PB、PM、PS 时，U = 0。本书设计室温模糊控制器的模糊控制规则表如表 8-4 所示。

模糊控制规则表　　　　　　　　　　表 8-4

EC \ U \ E	NB	NM	NS	0	PS	PM	PB
NB	PB	PB	PB	PB	0	0	0
NM	PB	PB	PB	PB	0	0	0
NS	PB	PB	PB	PM	0	0	0
0	PB	PB	PM	PM	0	0	0
PS	PB	PM	PM	PS	0	0	0
PM	PM	PM	PS	PS	0	0	0
PB	PM	PS	PS	0	0	0	0

8.2.4 反映控制规则的模糊关系的计算

模糊控制规则表中的每一条规则都决定一个模糊关系，一共有 $7 \times 7 = 49$ 个模糊关系，其中，$\tilde{R}_1$，$\tilde{R}_2$，$\cdots$，$\tilde{R}_{49}$ 分别为：

8.2 变风量空调系统室内温度模糊控制系统的设计

$$\tilde{R}_1 = (PB)_E \times (PB)_{EC} \times (0)_U$$
$$\tilde{R}_2 = (PB)_E \times (PM)_{EC} \times (0)_U$$
$$\vdots$$
$$\tilde{R}_{49} = (NB)_E \times (NB)_{EC} \times (PB)_U$$

通过 49 个模糊关系 $\tilde{R}_i$（$i=1,2,\cdots,49$）的"并"运算，可以获取表征变风量空调室温模糊控制系统控制规则的总的模糊关系 $\tilde{R}$，即：

$$\tilde{R} = \tilde{R}_1 \vee \tilde{R}_2 \vee \cdots \vee \tilde{R}_{49} = \bigvee_{i=1}^{49} \tilde{R}_i$$

式中，模糊关系 $\tilde{R}_i$（$i=1,2,\cdots,49$）和 $\tilde{R}$ 的运算均可离线进行。

8.2.5 模糊控制查询表的建立

在变风量空调室温模糊控制系统中，根据前面对模糊关系 $\tilde{R}$ 的推理计算后，考虑 E 和 EC 中的所有元素（E 为 13 个，EC 为 13 个）在其所对应的论域上的独立点集合 E_i 和 EC_j，便可求得输出语言变量 U 的模糊子集 U_{ij}（$i,j=1,2,\cdots,13$），即：

$$U_{ij} = (E_i \times EC_j) \circ \tilde{R}(i,j=1,2,\cdots,13)$$

最后可以得到其输出语言论域上的模糊集合：

$$U = (E \times EC) \circ \tilde{R} = \bigvee_{i=1}^{49} (E \times EC) \circ \tilde{R}$$

经过推理合成，最终得到输出语言变量 U 的模糊子集 U_{ij}（$i,j=1,2,\cdots,13$）为 49 个矩阵，矩阵中的元素分别对应于输出语言变量 U 的论域元素为 $\{0,\cdots,+6\}$ 中的隶属度。

采用加权平均法对输出量 U 的模糊集合进行判决，最后得到模糊控制器的输出精确控制量，并以偏差 E 的论域元素为行，偏差变化率 EC 的论域元素为列，两种元素相应的交点为输出量 u 制成模糊控制查询表。变风量空调室温模糊控制查询表如表 8-5 所示。在查询表中得到的清晰量还需要经过尺度变换，乘以比例因子后才能得到最终对变风量空调室温进行控制的精确控制量。

变风量空调室温模糊控制查询表　　　　　　表 8-5

EC\E	-6	-5	-4	-3	-2	-1	0	1	2	3	4	5	6
-6	5.24	5.13	5.24	5.13	5.24	5.13	5.24	0	0	0	0	0	0
-5	5.13	5.13	5.13	5.13	5.13	5.13	4.28	0	0	0	0	0	0
-4	5.24	5.13	5.24	5.13	5.24	5.13	4.58	0	0	0	0	0	0
-3	5.13	5.13	5.13	5.13	5.13	4.25	4.25	0	0	0	0	0	0
-2	5.24	5.13	5.24	5.13	5.24	4.25	4.00	0	0	0	0	0	0
-1	5.13	5.13	5.13	4.25	4.25	4.25	4.00	0	0	0	0	0	0
0	5.24	5.13	5.24	4.25	4.00	4.00	4.00	0	0	0	0	0	0
1	5.13	4.25	4.25	4.25	4.00	3.00	3.00	0	0	0	0	0	0
2	5.24	4.25	4.00	4.00	4.00	3.00	2.00	0	0	0	0	0	0

续表

U \ E EC	-6	-5	-4	-3	-2	-1	0	1	2	3	4	5	6
3	4.25	4.25	4.00	3.00	3.00	3.00	2.00	0	0	0	0	0	0
4	4.00	4.00	4.00	3.00	2.00	2.00	2.00	0	0	0	0	0	0
5	4.00	3.00	3.00	3.00	2.00	1.75	1.75	0	0	0	0	0	0
6	4.00	3.00	2.00	2.00	1.75	0.65	0	0	0	0	0	0	0

在变风量空调室温模糊控制系统的设计中，模糊控制查询表是通过编程离线得到的。将模糊控制查询表存放在计算机的存储器中，并编制一个查找模糊控制查询表的子程序。在对空调房间温度（回风温度）进行实时控制时，只要在每一个控制周期中将实时偏差 e 和偏差变化 ec 分别乘以量化因子 K_e 和 K_{ec}，得到以相应论域元素表征的查找查询表所需的 E_i 和 EC_j 后，通过查找查询表相应的行和列即可输出所需的控制量变化 u，再乘以比例因子 k_u 和调整因子 α，便是加到被控过程的实际控制量变化值。

8.3 变风量空调系统送风温度模糊控制系统的设计

变风量空调系统送风温度模糊控制系统框图如图 8-7 所示。在该实验系统中，向表冷器中通入 7℃ 的冷水，通过调节表冷器冷水阀门的开度来调节表冷器中冷水的流量，从而达到控制送风温度的目的。表冷器冷水阀门的开度是通过 0~10V 的直流电压来控制的，0~10V 的直流电压线性对应表冷器冷水阀门的开度范围为 0~100%。变风量空调系统送风温度模糊控制系统的设计步骤和方法与室内温度模糊控制系统的设计步骤和方法是完全相同的，最后离线得到的送风温度模糊控制系统的查询表也与室内温度模糊控制系统的查询表相同，这里不再重复表述。

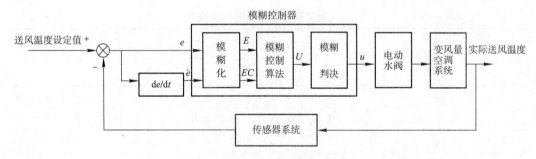

图 8-7 变风量空调系统送风温度模糊控制系统框图

8.4 模糊控制在变风量空调系统中的应用

在变风量空调系统中，回风口安装有温度、湿度传感器和空气品质传感器（可以检测 CO_2 浓度），表冷器后安装有温度、湿度传感器。将回风口的温度、湿度和 CO_2 浓度作为空调房间的温度、湿度和 CO_2 浓度，将表冷器后的温度作为送风温度。

8.4 模糊控制在变风量空调系统中的应用

将上述设计的室内温度模糊控制系统、送风温度模糊控制系统应用于变风量空调系统中同时进行实验。室内温度设定目标值为26℃，送风温度设定目标值为19℃，新风阀门开度设定为20%，回风阀门开度设定为80%，控制周期为1min/次。应用室内温度模糊控制系统、送风温度模糊控制系统对变风量空调系统的回风温度（室内温度）、送风温度进行实时在线模糊控制，实验结果如图8-8和图8-9所示。

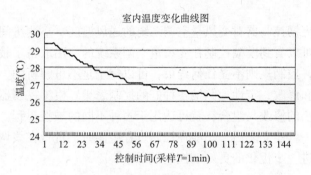

图8-8 室内温度变化曲线图

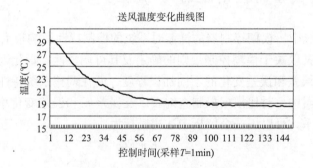

图8-9 送风温度变化曲线图

由图8-8和图8-9可见，在100min左右，室内温度接近于26℃，在140min左右，室内温度稳定在26℃附近，稳态误差小于5%；在60min左右，送风温度接近于19℃，并于70min后稳定在19℃附近，稳态误差小于5%。控制结果表明：运用模糊控制能够将室内温度、送风温度控制在设定值附近，稳态误差较小，控制效果较好。

本 章 小 结

对于难以建立精确数学模型的被控对象，经典控制理论和现代控制理论显得无能为力，而模糊控制适用于控制那些具有高度非线性、交叉耦合严重、环境因素干扰强烈、难以获得精确数学模型的被控对象或过程。本章首先介绍了具有典型的非线性特点、温湿度耦合、环境因素干扰强烈、难以获得精确数学模型的变风量空调系统的特点和控制要求。针对变风量空调系统的特点和控制要求，分别设计了室内温度模糊控制系统、送风温度模糊控制系统，并将其应用于变风量空调系统中，对变风量空调系统的回风温度（室内温度）、送风温度进行了模糊控制。控制结果表明，运用模糊控制能够将室内温度、送风温度控制在设定目标值附近，稳态误差较小，稳态精度较高，控制效果较好。

第9章 自调整模糊控制技术在变风量系统中的应用

第8章设计了模糊控制器对变风量空调系统的送风温度、空调房间温度分别进行了控制，通过实验结果可以看到模糊控制在变风量空调系统的应用取得了较好的控制效果。模糊控制器结构简单，控制规则不受任何约束，可以完全是不可解析的，便于同有实践经验的操作者一起讨论和修改，定性地归纳各种好的控制思想。模糊控制器的控制规则有很大的通用性，通过较小的修改与组合，就可适用于多种不同的被控过程。但是必须看到，模糊控制器的查询表一旦建立之后，不能在控制过程中实时地进行在线调整和修改，从而限制了被控对象具有进一步优化的更好的控制效果。

9.1 带有调整因子的控制规则

在模糊控制系统中，模糊控制器的性能对系统的控制特性影响很大，而模糊控制器的性能在很大程度上又取决于模糊控制规则的确定及其可调整性。量化因子 K_e 和 K_{ec} 的大小意味着对输入变量误差和误差变化的不同加权程度，而在调整系统特性时 K_e 和 K_{ec} 又相互制约。在模糊控制器中，对比模糊控制查询表以及误差 E 和误差变化率 EC 的赋值表可以看出它们之间的关系，可以用一个解析表达式概括为：

$$u = -\frac{E+EC}{2}$$

显然，采用解析表达式描述的控制规则简单方便，更加易于计算机实现。误差、误差变化及控制量的论域可以根据需要进行适当的选取。

分析上式描述的控制规则可以看出，控制作用取决于误差及误差变化，且二者处于同等加权程度。为了适应不同被控对象的要求，在上式的基础上引进一个调整因子 α，则可得到一种带有调整因子的控制规则：

$$u = -[\alpha E + (1-\alpha)EC]$$

式中，α 为调整因子，又称加权因子。

由上式可知，通过调整 α 的大小，可以改变对误差及误差变化的不同加权程度。当被控对象采用带有调整因子的模糊控制器时，在适当确定误差和误差变化的论域的基础上，通过调整加权因子 α 的大小可以获得较好的控制效果。

9.2 模糊控制规则的自调整与自寻优

带有一个调整因子 α 的模糊控制器，虽然可以改变 α 的大小来调整控制规则，但是 α 一旦选定，在整个控制过程中就不再改变，即在控制规则中，对误差和误差变化的加权固定不变。但是，模糊控制系统在不同的状态下，对控制规则中误差和误差变化的加权程度一般说来应该有不同的要求。

对双输入、单输出模糊控制系统而言，当误差较大时，控制系统的主要任务是消除误差，这时对误差在控制规则中的加权应该大些；相反，当误差较小时，此时系统已接近稳态，控制系统的主要任务是使系统尽快稳定，为此必须减小超调，这样就要求在控制规则中误差变化起的作用大些，即对误差变化加权大些。这些要求仅仅依靠一个加权因子 α 难以满足，于是考虑在不同的误差等级引入带有多个调整因子的控制规则。

1. 带有两个调整因子的控制规则

根据上述思想，考虑两个调整因子 α_1 及 α_2，当误差较小时，控制规则由 α_1 来调整；当误差较大时，控制规则由 α_2 来调整。如果选取误差、误差变化和控制量的论域均为 $\{-3,-2,-1,0,1,2,3\}$，则控制规则可表示为：

$$u = \begin{cases} -[\alpha_1 E + (1-\alpha_1)EC] & E = \pm 1, 0 \\ -[\alpha_2 E + (1-\alpha_2)EC] & E = \pm 2, \pm 3 \end{cases}$$

式中，$\alpha_1, \alpha_2 \in (0, 1)$。

2. 带有多个调整因子的控制规则

如果对于每一个误差等级都各自引入一个调整因子，就构成了带有多个调整因子的控制规则。这样有利于满足控制系统在不同被控状态下对调整因子的不同要求。如果选取误差、误差变化和控制量的论域均为 $\{-3,-2,-1,0,1,2,3\}$，则带有多个调整因子的控制规则可表示为：

$$u = \begin{cases} -[\alpha_0 E + (1-\alpha_0)EC] & E = 0 \\ -[\alpha_1 E + (1-\alpha_1)EC] & E = \pm 1 \\ -[\alpha_2 E + (1-\alpha_2)EC] & E = \pm 2 \\ -[\alpha_3 E + (1-\alpha_3)EC] & E = \pm 3 \end{cases}$$

式中，加权系数 $\alpha_0, \alpha_1, \alpha_2, \alpha_3 \in (0, 1)$。

3. 模糊控制规则的自寻优

随着加权因子数目的增加，给加权因子的最佳选择带来困难。为了能对多个加权因子进行寻优，可以采用 ITAE 积分性能指标：

$$J(ITAE) = \int_0^\infty t\,|\,e(t)\,|\,\mathrm{d}t = \min$$

上式表示的 ITAE 积分性能指标能够综合评价控制系统的动态和静态性能。为了便于计算机实现，需将上式变为离散形式，即：

$$\Delta J(ITAE) = J(t+\Delta T) - J(t) = \int_0^{t+\Delta T} \tau\,|\,E\,|\,\mathrm{d}\tau - \int_0^t \tau\,|\,E\,|\,\mathrm{d}\tau$$

$$= \int_t^{t+\Delta T} \tau\,|\,E\,|\,\mathrm{d}\tau \approx t\,|\,E\,|\,\Delta T$$

根据上式表示的性能指标，将其作为目标函数，寻优过程则根据目标函数逐步减小的原则，不断地校正加权因子的取值，从而可以获得一组优选的加权因子，最终获得令人满意的控制效果。

9.3　在全论域范围内带有自调整因子的模糊控制器

带有多个调整因子的控制规则比较灵活、方便，但是对多个调整因子寻优要花费较大的计算工作量，因此难以实时实现。尤其是随着误差、误差变化及控制量的论域的量化等级的增加，调整因子数也相应增加，使得寻优过程变得更加复杂。因此，有必要设计一种在全论域范围内带有自调整因子的模糊控制器。

设误差、误差变化及控制量的论域选取为 $\{-N, -N+1, -N+2, \cdots, -2, -1, 0, 1, 2, \cdots, N-1, N\}$，则在全论域范围内带有自调整因子的模糊控制规则可以表示为：

$$\begin{cases} u = -[\alpha E + (1-\alpha)EC] \\ \alpha = \dfrac{1}{N}(\alpha_s - \alpha_0)|E| + \alpha_0 \end{cases}$$

式中，$0 \leq \alpha_0 \leq \alpha_s \leq 1$，$\alpha \in [\alpha_0, \alpha_s]$。

可以看出，上述模糊控制规则的特点是调整因子 α 在 α_0 至 α_s 之间随着误差绝对值 $|E|$ 的大小呈线性变化。由于 N 为量化等级，所以 α 有 N 个可能的取值。上式所描述的量化控制规则体现了按误差的大小自动调整误差对控制作用的权重，并且这种自动调整是在整个论域内进行的，这种自调整过程符合人在控制决策过程中的思维特点，已经具有优化的特点，且非常易于通过计算机实时实现其控制算法。

9.4 变风量空调系统自调整模糊控制系统的设计

9.4.1 室内空气品质

随着社会的发展，人们越来越多的活动是在居室内进行的。据统计，现代人的时间90%左右是在室内度过的，室内空气质量直接影响人们的健康。当前室内空气质量已经成为国内外高度关注的问题之一。CO_2 是室内空气中的主要污染物。CO_2 是人体生理必需物质，属于呼吸中枢的兴奋剂，因此，室内 CO_2 浓度被用作通风状况的参数，其本身一般并不对人体产生毒害作用。当 CO_2 浓度超过一定范围时，就会对人体有毒害作用。高浓度 CO_2（>15000ppm）会引发中枢神经系统中毒，使呼吸中枢先兴奋、后抑制，最后导致麻痹和窒息，机体缺氧而导致肺、肾等脏器充血、水肿。由于室内 CO_2 一般不会达到很高的毒性浓度（如 >15000ppm），所以 CO_2 在一般情况下不被认为是有毒物质。实际上，室内 CO_2 浓度常用来表征室内新鲜空气的多少或通风强弱的程度，其同时也反映了室内可能存在的其他有毒有害污染物的聚焦浓度水平。因为各类不同房屋的通风条件、单位面积差异很大，直接与之相关的室内 CO_2 浓度会显示出相当大的差异。

作为一项评价性标准，室内空气质量评价标准建议值为公众提供了一个评判室内空气质量好坏的尺度。一个高要求的、优良的室内环境，必须保证所有人长期居住或停留后感到愉快、舒适，能保护易感人群和普通人群健康。一个可广泛接受的良好的室内环境，必须保证所有人长期居住或停留时健康不受危害，能保护易感人群健康，包括老人和儿童。一个较低要求的可接受的室内环境，必须能保护普通人群健康。表9-1为国外 CO_2 室内空气质量标准。表9-2为国内 CO_2 室内空气质量标准。

9.4 变风量空调系统自调整模糊控制系统的设计

国外 CO_2 室内空气质量标准　　　　　　　　　　　　　　　　　　表9-1

国家	加拿大	美国	瑞典	芬兰	日本	新加坡
标准值（ppm）	1000	1000	1000	11000 21200 31500	1000	1000
标准来源	NHMRC	ASHREA		F iS IAQ 1995	健康与福利部	Singapore 1996

国内 CO_2 室内空气质量标准　　　　　　　　　　　　　　　　　　表9-2

颁布部门	标准名称	标准代号	标准值（ppm）
卫生部	室内二氧化碳卫生标准	GB/T 17094-1997	≤1000
	旅店业卫生标准	GB 9663-1996	700 1000 1000
	文化娱乐场所卫生标准	GB 9664-1996	≤1500
	公共浴室卫生标准	GB 9665-1996	更衣室：≤1500 浴室：≤1000
	理发店、美容店卫生标准	GB 9666-1996	≤1000
	游泳场所卫生标准	GB 9667-1996	≤1500
	体育馆卫生标准	GB 9668-1996	≤1500
	图书馆、博物馆、美术馆、展览馆卫生标准	GB 9669-1996	图/博/美：≤1000 展览馆：≤1500
	商场（店）、书店卫生标准	GB 9670-1996	≤1500
	医院候诊室卫生标准	GB 9671-1996	≤1000
	公共交通等候室卫生标准	GB 9672-1996	≤1500
	公共交通工具卫生标准	GB 9673-1996	≤1500
	饭馆（餐厅）卫生标准	GB 16153-1996	≤1500

9.4.2 新风自调整模糊控制器的设计

变风量空调系统新风自调整模糊控制系统框图如图9-1所示。

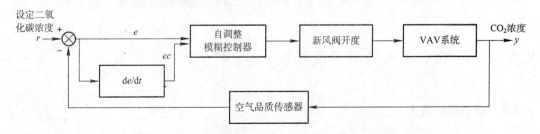

图9-1　变风量空调系统新风自调整模糊控制系统框图

第9章 自调整模糊控制技术在变风量系统中的应用

为了保证室内空气质量,本书设计的变风量空调系统新风自调整模糊控制系统,通过调节新风阀门的开度来调节新风量,使室内 CO_2 浓度保持在设定值附近。新风阀门和回风阀门的开度都是通过 0~10V 的直流电压来控制的,0~10V 的直流电压线性对应新风阀门和回风阀门的开度范围为 0~100%。为了在改变新风量的同时,回风量也同时变化,通过 0~10V 的直流电压来控制新风阀门的开度,同时通过 0~10V 的直流电压来控制回风阀门的开度,从而使得室内 CO_2 浓度保持在设定值附近,满足人们对室内空气质量的要求,使人们在室内感到舒适和愉快。新风阀门开度和回风阀门开度设计为联锁控制,当新风阀门开度增大时,相应地减小回风阀门开度。通过安置在变风量空调系统回风口处的空气品质传感器来检测回风口的 CO_2 浓度作为空调房间的 CO_2 浓度。为了保证室内最小新风量的要求,当空调房间的 CO_2 浓度在设定值附近或低于设定值时,依然给新风阀门设定一个10%的最小开度。

9.4.3 变风量空调系统室内温度、送风温度自调整模糊控制器的设计

本章为变风量空调实验系统分别设计了送风温度自调整模糊控制器、室内温度(回风温度)自调整模糊控制器,其控制系统框图分别如图9-2和图9-3所示。

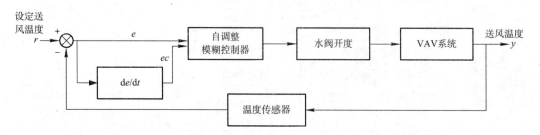

图9-2 变风量空调系统送风温度自调整模糊控制系统框图

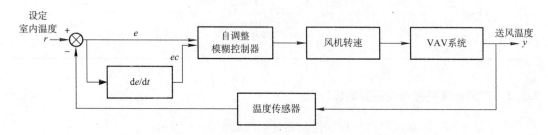

图9-3 变风量空调系统室内温度自调整模糊控制系统框图

9.5 变风量空调系统的湿度控制

9.5.1 空调除湿技术

相对湿度是空调系统的重要参数之一,研究结果表明,与人体热舒适相应的相对湿度应保持在45%~65%。我国大多数地区夏季闷热,因此降低湿度是改善室内热环境最有效

的措施之一。常用的空气除湿技术主要有冷却除湿、吸附除湿和吸收除湿。

1. 冷却除湿技术

冷却除湿就是采用制冷机作冷源，以直接蒸发式冷却器作冷却设备，把空气冷却到露点温度以下，析出大于饱和含湿量的水汽，降低空气的绝对含湿量，再利用部分或全部冷凝热加热冷却后的空气，从而降低空气的相对湿度，达到除湿的目的。

在冷却式除湿设备中最具代表性的是冷冻除湿机，一般由制冷压缩机、蒸发器、冷凝器、膨胀阀以及风机、风阀等部件组成。

冷冻除湿机具有初期投资费用较低、房间相对湿度下降快、运行费用低、不要求热源、也可不需要冷却水、操作方便、使用灵活等优点，得到了广泛的应用。

但是，冷却除湿也有缺点：先把空气冷却到露点温度，然后再热，引起了再热损失；为了提供较低的冷媒温度，制冷机不得不降低蒸发温度，因而制冷机的效率也随之降低；由于冷凝水的存在，盘管的表面形成了滋生各种霉菌的温床，恶化了室内空气品质，引发病态建筑综合症。出现这些问题的根本原因是空气的降温和除湿同时进行，由于降温和除湿过程的本质不同，容易出现很多矛盾和问题。这类除湿设备不宜在环境温度过高或过低的场合使用，维护保养也比较麻烦。随着人们对生活环境要求的提高，冷却式除湿的负面影响已经逐渐引起人们的重视，它的应用也就受到限制。

2. 液体吸收除湿技术

液体吸收除湿的基本原理是利用除湿剂浓溶液表面的水蒸气分压低于湿空气中的水蒸气分压，在压力梯度的作用下将湿空气的水蒸气吸收到浓溶液中，直至双方的水蒸气分压力达到平衡，吸收过程结束。吸湿后的稀溶液经电能、太阳能、地热和工业余热等低品位能源加热升温，送入再生器，由于除湿溶液表面的水蒸气分压高于空气的水蒸气分压，这时水蒸气开始由液相向气相传递，这样就实现了除湿溶液的再生。

典型的液体吸收式除湿装置主要包括除湿器、再生器、蒸发冷却器、热交换器、泵等设备。

与传统的冷却除湿相比，液体除湿除湿能力大，除湿效果好，能吸收空气中的部分病菌、化学污染物等有害物质，有助于提高室内空气品质；只要求 50~80℃ 的低温热源（太阳能、工业余热、废热等）即可实现溶液的再生，而目前的溴化锂吸收式制冷机的最低发生温度也在 100℃ 以上；由于液体除湿空调可以对热负荷和湿负荷进行独立控制，系统的设计和结构可以非常灵活，既可以单独使用起到除湿的作用，又可以与传统的空调系统配合使用，并能有效降低后者的能耗。但是，液体吸收式除湿设备体积较大，有气体和废热的排除，并需要定期保养。另外，在液体吸收式除湿设备中，液体溶液会腐蚀金属，并且如果溶液的流速不合适将产生飞沫。因此，目前液体吸收式除湿技术主要应用在工业生产中，有待进一步开发在非工业领域的应用。

3. 固体吸附除湿技术

固体吸附除湿与液体吸收除湿的原理基本相同，都是利用干燥剂吸附空气中的水蒸气，不同的是吸附式除湿利用的是固体干燥剂，并且干燥剂在吸附水蒸气的过程中会放出大量的热，为了保持较大的吸附能力，必须在吸附过程中对干燥剂进行降温，需增加能耗。固体吸附除湿设备中最典型的是转轮除湿机，主要部件有干燥转轮、再生加热器、除湿用送风机和再生风机等。

在转轮吸附式除湿设备中,湿空气和再生空气都是通过风机来送风,加上转轮自身的旋转,整台设备的噪声较大,需要定期维护。转轮除湿机的能耗较高,转轮必须经高温气流对其吸附剂再生,输出干空气温升较大。这些主要是由固体除湿剂的性能所决定的。除湿转轮大多采用合成沸石、硅胶和氯化锂为吸附剂,由物性分析可知,这些吸附性强的物质其脱附所需要的温度也高,再生过程耗热量大。其中,合成沸石需要在较高温度下脱附(200℃以上);硅胶在吸附时放出大量的热量,影响其吸附量;氯化锂吸附一定量的水后容易溢出,造成设备腐蚀。虽然可以利用工业废热、太阳能、燃气等热源将干燥剂再生,但是整套设备的耗能较高。一般机型按其额定除湿量计算,每 1kg/h 耗电为 1.25 ~ 1.8kW,而冷冻除湿设备每 1kg/h 耗电仅为 0.5 ~ 0.9kW。目前转轮吸附式除湿与液体吸收式除湿一样主要应用于工业生产中。

9.5.2 变风量空调系统的湿度控制

夏季室内的相对湿度很大,会使人们感觉不舒适。因此,在对空调房间的温度进行控制的同时,应考虑对房间湿度进行湿度控制,通过除湿机将空调房间的相对湿度控制在 45% ~ 65% 的范围内,以满足室内人员对湿度的要求。本书中变风量空调系统所安装的除湿机是通过开关控制来达到控制室内湿度的目的的。如果室内相对湿度超过上限设定值,则开启除湿机进行除湿;如果室内相对湿度在下限设定值以下,则关闭除湿机。

9.6 全论域范围内带有自调整因子的模糊控制器在变风量空调系统中的应用

本书选取误差、误差变化及控制量的论域为 {-6, -5, -4, -3, -2, -1, 0, 1, 2, 3, 4, 5, 6},取 $\alpha_0 = 0.625$,$\alpha_s = 0.875$,运用在全论域范围内带有自调整因子的模糊控制器对变风量空调系统进行实时在线控制,同时运用除湿机对空调房间的相对湿度进行控制。新风阀门开度与回风阀门开度为联锁控制,当新风阀门开度增大时,相应地减小回风阀门开度,以保证总的混风量不变。设定空调房间温度目标值为 26℃,变风量空调系统送风温度目标值为 21℃,空调房间 CO_2 浓度目标值为 800ppm,设定新风阀门开度初始值为 20%,回风阀门开度初始值为 80%,设定室内相对湿度范围 45% ~ 65%。控制结果如图 9-4 ~ 图 9-7 所示。

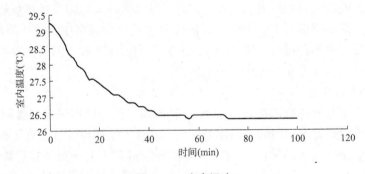

图 9-4 室内温度

9.6 全论域范围内带有自调整因子的模糊控制器在变风量空调系统中的应用

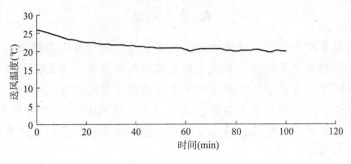

图 9-5 送风温度

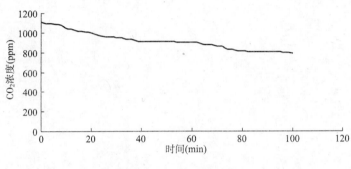

图 9-6 二氧化碳浓度

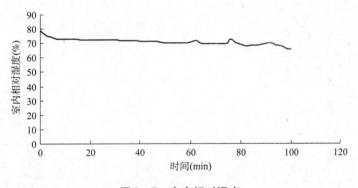

图 9-7 室内相对湿度

由图 9-4~图 9-7 可见，在 45min 左右，室内温度就达到了 26.5℃，并于 72min 以后稳定在 26℃左右，系统响应速度快，稳态误差小于 2%，稳态精度小于 0.5℃；在 46min 左右，送风温度就接近于 21℃，并于此之后稳定在 20℃左右，系统响应速度较快，稳态误差小于 5%，稳态精度小于 1℃；室内 CO_2 浓度于 80min 时接近于 800ppm，并于此之后稳定在 800ppm 左右，稳态误差小于 5%，稳态精度小于 20ppm。在除湿机的控制作用下，室内相对湿度最终达到了 65.7%，满足了室内人员对于相对湿度的要求。通过运用全论域范围内带有自调整因子的模糊控制器对变风量空调系统进行实时在线控制，最终将室内温度、送风温度、室内 CO_2 浓度控制在各自的设定目标值附近，系统响应速度快，稳态误差小，稳态精度高，控制效果良好，最终满足了室内人员对于热舒适性的要求。

第9章 自调整模糊控制技术在变风量系统中的应用

本 章 小 结

由于模糊控制器的查询表一旦建立之后,不能在控制过程中实时地进行在线调整和修改,从而限制了被控对象具有进一步优化的更好的控制效果。本章介绍了带有调整因子的模糊控制器,设计了一种在全论域范围内带有自调整因子的模糊控制器,并将其应用于变风量空调实验系统中,分别对室内温度、送风温度、室内 CO_2 浓度进行了实时在线控制。控制结果表明,系统响应速度快,稳态误差小,稳态精度高,控制效果良好。

第10章 模糊 PID 控制在变风量空调系统中的应用研究

10.1 模糊 PID 控制器控制原理

PID（Proportional Integral Derivative）控制即比例、积分和微分控制，根据比例、积分和微分系统计算出合适的输出控制参数，利用修改控制变量误差的方法实现闭环控制，是控制过程最通用的控制方法。

传统的 PID 控制具有原理简单、使用方便、稳定性和鲁棒性较好等特点，是过程控制中应用最广泛的一种控制方法，其调节过程的品质取决于 PID 控制器各个参数的调整。但是，传统的 PID 控制由于其 PID 参数难以在线调整，对于强非线性、时变和机理复杂的过程存在控制困难的问题。模糊控制器虽然能对复杂的、难以建立精确数学模型的被控对象或过程进行有效的控制，但是由于其不具有积分环节，因而很难消除稳态误差，尤其是在变量分级不够多的情况下，常常在平衡点附近产生小幅振荡。为了改善模糊控制器的稳态性能，提出了模糊控制与 PID 控制相结合的技术，运用模糊数学的基本理论和方法，把规则的条件、操作用模糊集表示，并把这些模糊控制规则以及有关信息作为知识存入计算机知识库中，然后计算机根据系统的实际响应情况，运用模糊推理，即可实现对 PID 参数的实时在线调整。

将模糊控制与 PID 控制相结合，既具有模糊控制灵活而且适应性强的优点，又具有 PID 控制器精度高的特点。这种自适应模糊-PID 复合型控制器，对复杂控制系统具有良好的控制效果。模糊 PID 控制器控制框图如图 10-1 所示。

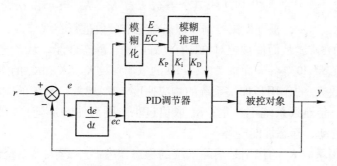

图 10-1 模糊 PID 控制器框图

自适应模糊 PID 控制器设计的核心是总结工程技术人员的实际操作经验，建立合适的模糊控制表，得到调整 PID 三个参数的调整值的模糊控制表。在线运行时，计算机根据控制系统的实际响应情况，运用模糊推理，通过查表和计算，即可自动实现对 PID 参数的最佳调整,完成对 PID 参数的在线修正,其工作流程图如图 10-2 所示。

自适应模糊 PID 控制器以误差 e 和误差变化 ec 作为输入,利用模糊控制规则在线对 PID 参数进行修改,以满足不同时刻的误差 e 和误差变化 ec 对 PID 参数自整定的要求。

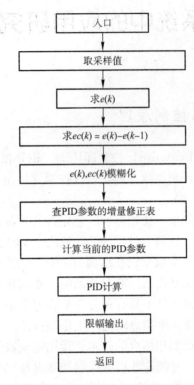

图 10-2 模糊 PID 控制器流程图

10.2 模糊 PID 参数模糊调整规则

PID 参数模糊自整定是找出 PID 的三个参数 K_p、K_i、K_D 与 e 和 ec 之间的模糊关系,在运行中不断检测 e 和 ec,根据模糊控制原理来对三个参数进行在线修改,以满足不同 e 和 ec 时对控制参数的要求,从而使被控对象具有良好的动、静态性能。从系统的稳定性、响应速度、超调量和稳态精度等各方面来考虑,PID 的三个参数 K_p、K_i、K_D 的作用如下:

(1) 比例系数 K_p 的作用是加快系统的响应速度。K_p 越大,系统的响应速度越快,但易产生超调,甚至会导致系统不稳定;K_p 取值过小,则会使响应速度缓慢,从而延长调节时间,使系统的动、静态性能变坏。

(2) 积分作用系数 K_i 的作用是消除系统的稳态误差。K_i 越大,系统的稳态误差消除越快,但 K_i 过大,在响应过程的初期会产生积分饱和现象,从而引起响应过程的较大超调;若 K_i 过小,将使系统的稳态误差难以消除,从而影响系统的调节精度。

(3) 微分作用系数 K_D 的作用是改善系统的动态特性,其作用主要是在响应过程中抑制偏差向任何方向变化,对偏差变化进行提前预报。但 K_D 过大,会使响应过程提前制动,从而延长调节时间,而且会降低系统的抗干扰性能。

10.2 模糊PID参数模糊调整规则

PID参数的整定必须考虑在不同时刻三个参数的作用及相互之间的关系。由传统经验可知，在控制过程中对参数K_p、K_i、K_D的自整定要求如下：

（1）当偏差$|e|$较大时，为了加快系统的响应速度，应取较大的K_p；为了避免由于开始时偏差的瞬间变大可能出现的微分饱和而使控制作用超出许可范围，应取较小的K_D；为了防止系统响应出现较大的超调，产生积分饱和，应对积分作用加以限制，通常取$K_i=0$，去掉积分作用。

（2）当偏差$|e|$和偏差变化$|ec|$处于中等大小时，为了使系统响应具有较小的超调，应取较小的K_p、适当的K_i和K_D，以保证系统的响应速度，其中K_D的取值对系统的响应速度影响最大。

（3）当偏差$|e|$较小时，为使系统具有良好的稳态性能，应增加K_p和K_i的取值，同时为了避免系统在设定值附近出现振荡，并考虑系统的抗干扰性能，K_D的取值相当重要。一般地，当偏差变化$|ec|$较小时，K_D的取值应较大些；当偏差变化$|ec|$较大时，K_D的取值应较小些。

（4）偏差变化$|ec|$的大小表明偏差的变化率，偏差变化$|ec|$较大，K_p的取值越小，K_i取值越大。

下面根据一般系统响应曲线，进一步分析在不同的偏差$|e|$和偏差变化$|ec|$时，对于参数K_p、K_i、K_D的自整定要求。在系统动态过程中，PID控制作用应跟随系统状态变化而变化。设维持系统输出与设定值相等的控制量$u(t)$为U_0，从图10-3中可以看出，$y(t)$在bc段的超调量是由于ab段$u(t)$大于U_0，这是过程存在惯性（或滞后）造成的，cd段回调是由于bc段$u(t)$小于U_0。同样，de段的下调是因为cd段$u(t)$小和惯性的原因，ef回升是因为de段$u(t)$的升高。再对各段各参数要求如下：

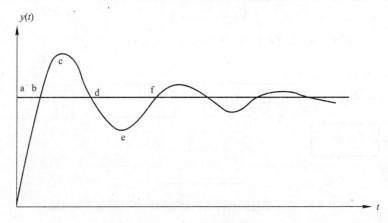

图10-3 一般系统响应曲线

ab段（$e>0$，$ec<0$）：系统呈现向稳定变化的趋势，所以在开始时取较大的比例系数以加快响应速度，取较小的积分系数和微分系数，当接近b点时为了防止超调，应减小比例系数和积分系数，而微分作用要适当增加，抑制超调。

bc段（$e<0$，$ec<0$）：系统输出值已经超出稳态值，继续向偏差大的方向变化。在此阶段，控制作用应尽量减小超调。在系统整个阶段都应取较大的微分系数，而比例系数和积分系数取较小值。

cd 段（$e<0$，$ec>0$）：系统输出趋向稳态值的速度越快越好，即应尽量消除偏差使系统进入稳态，在 c 点时应取较大的比例系数，当快接近 d 点时，为了减小超调，应加大微分系数，适当减少积分作用，以避免超调及随之而来的振荡，有利于控制。

de 段（$e>0$，$ec<0$）：系统出现下超调，偏差向增大的方向变化，此时在 d 点应取较大的微分系数，当接近 e 点时适当减小微分系数，增加积分系数和比例系数。

10.3 变风量空调系统模糊自整定 PID 控制器的设计

模糊 PID 参数自整定的设计思想是先找出 PID 三个参数与偏差 e 和偏差变化率 ec 之间的模糊关系，在控制过程中通过不断检测偏差 e 和偏差变化率 ec，再根据模糊控制原理对参数 K_P、K_I 和 K_D 进行在线校正，以满足不同偏差 e 和偏差变化率 ec 对控制器参数的不同要求，而使被控对象具有良好的动、静态性能。模糊 PID 控制器以偏差 e 和偏差变化率 ec 作为输入，利用模糊理论在线对 PID 参数进行校正，可以满足不同时刻偏差和偏差变化率对 PID 参数自整定的要求。本章为变风量空调系统设计了三个模糊自整定 PID 控制器，分别为送风温度模糊自整定 PID 控制器、室内温度（回风温度）模糊自整定 PID 控制器、新风模糊自整定 PID 控制器，其控制系统框图分别如图 10-4~图 10-6 所示。

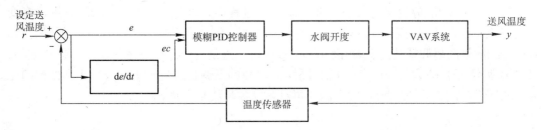

图 10-4　变风量空调系统送风温度模糊 PID 控制系统框图

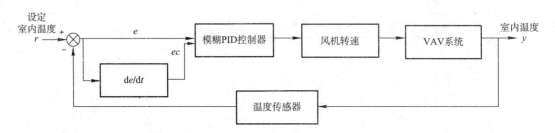

图 10-5　变风量空调系统室内温度模糊 PID 控制系统框图

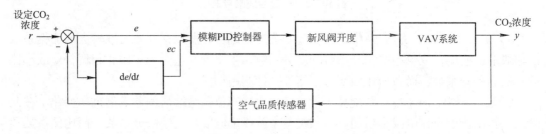

图 10-6　变风量空调系统新风模糊 PID 控制系统框图

10.3 变风量空调系统模糊自整定 PID 控制器的设计

10.3.1 模糊语言变量的选取和论域的划分

本章分别为送风温度控制系统、室内温度（回风温度）控制系统及新风控制系统各自设计了一个双输入、三输出的模糊 PID 控制器。模糊 PID 控制器输入变量为系统设定值 r 与实际输出值 y（通过传感器检测得到）之间的偏差 $e = r - y$ 及其偏差变化率 $ec = e_i - e_{i-1}$，经模糊化后输入语言变量 e 变为 E，偏差变化率 ec 变为 EC；输出量为 PID 参数 K_p、K_i 和 K_D。

送风温度模糊自整定 PID 控制器中模糊语言变量的选取和论域的划分：

(1) 输入量 1：送风温度偏差 e，单位℃

离散论域：$\{-3, -2, -1, 0, 1, 2, 3\}$；

基本论域：$[-5, +5]$，量化因子 $K_e = 0.6$；

偏差语言变量：PB、PM、PS、ZO、NS、NM、NB；

计算公式：$e(t) = y(t) - r(t)$，$r(t)$ 为送风温度设定值，$y(t)$ 为送风温度测量值。

(2) 输入量 2：偏差变化率 ec，单位℃

离散论域：$\{-0.3, -0.2, -0.1, 0, 0.1, 0.2, 0.3\}$；

基本论域：$[-0.5, +0.5]$，量化因子 $K_{ec} = 0.6$；

偏差变化率语言变量：PB、PM、PS、ZO、NS、NM、NB；

计算公式：$ec(kT) = e(kT) - e[(k-1)T]$。

(3) 输出量：PID 三个参数的修正因子：ΔK_p、ΔK_i、ΔK_D

ΔK_p 的离散论域：$\{-0.3, -0.2, -0.1, 0, 0.1, 0.2, 0.3\}$；

ΔK_i 的离散论域：$\{-0.06, -0.04, -0.02, 0, 0.02, 0.04, 0.06\}$；

ΔK_D 的离散论域：$\{-3, -2, -1, 0, 1, 2, 3\}$；

ΔK_p、ΔK_i、ΔK_D 的语言变量：PB、PM、PS、ZO、NS、NM、NB。

室内温度模糊自整定 PID 控制器中模糊语言变量的选取和论域的划分：

(1) 输入量 1：室内温度偏差 e，单位℃

离散论域：$\{-3, -2, -1, 0, 1, 2, 3\}$；

基本论域：$[-5, +5]$，量化因子 $K_e = 0.6$；

偏差语言变量：PB、PM、PS、ZO、NS、NM、NB；

计算公式：$e(t) = y(t) - r(t)$，$r(t)$ 为室内温度设定值，$y(t)$ 为室内温度测量值。

(2) 输入量 2：偏差变化率 ec

离散论域：$\{-0.3, -0.2, -0.1, 0, 0.1, 0.2, 0.3\}$；

基本论域：$[-0.5, +0.5]$，量化因子 $K_{ec} = 0.6$；

偏差变化率语言变量：PB、PM、PS、ZO、NS、NM、NB；

计算公式：$ec(kT) = e(kT) - e[(k-1)T]$。

(3) 输出量：PID 三个参数的修正因子：ΔK_p、ΔK_i、ΔK_D

ΔK_p 的离散论域：$\{-0.3, -0.2, -0.1, 0, 0.1, 0.2, 0.3\}$；

ΔK_i 的离散论域：$\{-0.06, -0.04, -0.02, 0, 0.02, 0.04, 0.06\}$；

ΔK_D 的离散论域：$\{-3, -2, -1, 0, 1, 2, 3\}$；

ΔK_p、ΔK_i、ΔK_D 的语言变量：PB、PM、PS、ZO、NS、NM、NB。

新风模糊自整定 PID 控制器中模糊语言变量的选取和论域的划分：

(1) 输入量 1：CO_2 浓度偏差 e，单位 ppm

离散论域：$\{-3, -2, -1, 0, 1, 2, 3\}$；

基本论域：$[-300, +300]$，量化因子 $K_e = 0.01$；

偏差语言变量：PB、PM、PS、ZO、NS、NM、NB；

计算公式：$e(t) = y(t) - r(t)$，$r(t)$ 为系统设定值，$y(t)$ 为测量值。

(2) 输入量 2：偏差变化率 ec

离散论域：$\{-0.3, -0.2, -0.1, 0, 0.1, 0.2, 0.3\}$；

基本论域：$[-30, +30]$，量化因子 $K_{ec} = 0.01$；

偏差变化率语言变量：PB、PM、PS、ZO、NS、NM、NB；

计算公式：$ec(kT) = e(kT) - e[(k-1)T]$。

(3) 输出量：PID 三个参数的修正因子：ΔK_p、ΔK_i、ΔK_D；

ΔK_p 的离散论域：$\{-0.3, -0.2, -0.1, 0, 0.1, 0.2, 0.3\}$；

ΔK_i 的离散论域：$\{-0.06, -0.04, -0.02, 0, 0.02, 0.04, 0.06\}$；

ΔK_D 的离散论域：$\{-3, -2, -1, 0, 1, 2, 3\}$；

ΔK_p、ΔK_i、ΔK_D 的语言变量：PB、PM、PS、ZO、NS、NM、NB。

10.3.2　确定各语言论域上的隶属度函数

选取三角形函数作为偏差 E 和偏差变化率 EC 的隶属函数。偏差及偏差变化率的隶属函数如图 10-7 所示。

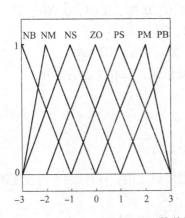 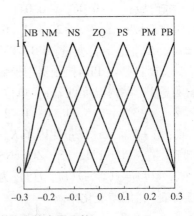

图 10-7　偏差及偏差变化率的隶属函数

选取三角形函数作为 PID 三个参数的隶属函数，如图 10-8 所示。

10.3.3　制定模糊控制规则

模糊控制设计的核心是总结工程技术人员的技术知识和实际操作经验，建立合适的模糊控制规则表。根据以上控制规则并结合专家经验设计送风温度控制回路、室内温度控制回路及新风控制回路的 PID 参数的模糊控制规则表，如表 10-1～表 10-3 所示。

10.3 变风量空调系统模糊自整定 PID 控制器的设计

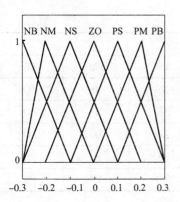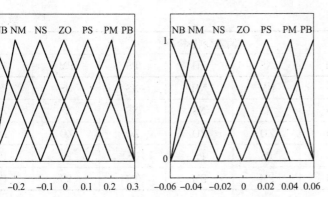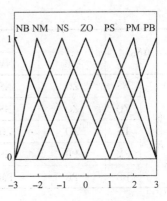

图 10-8 PID 三个参数的隶属函数

ΔK_P 的模糊控制规则表　　　　表 10-1

ΔK_P		偏差变化率 EC						
		NB	NM	NS	ZO	PS	PM	PB
偏差 E	NB	PB	PB	PM	PM	PS	ZO	ZO
	NM	PB	PB	PM	PS	PS	ZO	NS
	NS	PM	PM	PM	PS	ZO	NS	NS
	ZO	PM	PM	PS	ZO	NS	NM	NM
	PS	PS	PS	ZO	NS	NS	NM	NM
	PM	PS	ZO	NS	NM	NM	NM	NB
	PB	ZO	ZO	NM	NM	NM	NB	NB

ΔK_i 的模糊控制规则表　　　　表 10-2

ΔK_i		偏差变化率 EC						
		NB	NM	NS	ZO	PS	PM	PB
偏差 E	NB	NB	NB	NM	NM	NS	ZO	ZO
	NM	NB	NB	NM	NS	NS	ZO	ZO
	NS	NB	NM	NS	NS	ZO	PS	PS
	ZO	NM	NM	NS	ZO	PS	PM	PM
	PS	NM	NS	ZO	PS	PS	PM	PB
	PM	ZO	ZO	PS	PS	PM	PB	PB
	PB	ZO	ZO	PS	PM	PM	PB	PB

ΔK_D 的模糊控制规则表　　　　表 10-3

ΔK_D		偏差变化率 EC						
		NB	NM	NS	ZO	PS	PM	PB
偏差 E	NB	PS	NS	NB	NB	NB	NM	PS
	NM	PS	NS	NB	NM	NM	NS	ZO

续表

ΔK_D		偏差变化率 EC						
		NB	NM	NS	ZO	PS	PM	PB
偏差 E	NS	ZO	NS	NM	NM	NS	NS	ZO
	ZO	ZO	NS	NS	NS	NS	NS	ZO
	PS	ZO	ZO	ZO	ZO	ZO	ZO	ZO
	PM	PB	NS	PS	PS	PS	PS	PB
	PB	PB	PM	PM	PM	PS	PS	PB

10.3.4 模糊推理及去模糊化

根据前面的模糊控制规则，经过推理可以得到系统的响应。采用加权平均法进行反模糊化，将模糊推理结果转化为精确值。首先求出输出变量的隶属度，如对应 ΔK_p 的第一条模糊控制规则的隶属度为：

$$\mu(\Delta K_p) = \mu_{NB}(E) \wedge \mu_{NB}(EC) = \min\{\mu_{NB}(E), \mu_{NB}(EC)\}$$

依此类推可以求得输出量 ΔK_p 在不同偏差和偏差变化下的所有模糊规则调整的隶属度。在某一采样时刻，根据偏差和偏差变化的测量值可以求得此时 ΔK_p 的值为：

$$\Delta K_p = \frac{\sum_{j=1}^{49} \mu_{pj}(\Delta K_p) \cdot \Delta K_{pj}}{\sum_{j=1}^{49} \mu_{pj}(\Delta K_p)}$$

式中，$\mu_{pj}(\Delta K_p)$ $(j=1, 2, \cdots, 49)$ 是由当前偏差和偏差变化的测量值经量化后的偏差和偏差变化对应的隶属度求得的对应于表 10-1 中各种组合的 ΔK_p 的隶属度。同理，对于输出量 ΔK_i、ΔK_D 的模糊推理和去模糊过程与 ΔK_p 相同。根据上述推导就可以计算出在不同的偏差和偏差变化时 PID 参数的调整量的输出值，但这些值还不能用于修正 PID 参数，它还要乘以一个比例因子。PID 参数的整定算式为：

$$K_p = K_{p0} + \Delta K_p$$
$$K_i = K_{i0} + \Delta K_i$$
$$K_D = K_{D0} + \Delta K_D$$

式中　K_{p0}，K_{i0}，K_{D0}——K_p，K_i，K_D 的初始值；

ΔK_p、ΔK_i、ΔK_D——模糊控制器的输出，即 PID 参数的校正量。

最后，采用增量式的 PID 控制算法计算控制系统当前控制增量 ΔU_i，将 ΔU_i 附加在前一时刻的控制量 Δu_{i-1} 上，即可得到当前时刻的输出控制量 U_i。上述模糊 PID 控制器的设计均采用 C 语言实现，并且在 EVC ++ 4.0 平台上编译通过。

10.4　模糊自整定 PID 控制在变风量空调系统中的应用

本章将上述设计的模糊自整定 PID 控制器应用于变风量空调系统中，于北京夏季进行了实验，分别应用模糊自整定 PID 控制器对空调房间温度（视为回风温度）、送风温度、

10.4 模糊自整定 PID 控制在变风量空调系统中的应用

新风量、回风量进行了实时在线控制,同时应用除湿机对空调房间的相对湿度进行了控制。其中,新风量、回风量的控制为联锁控制,即若加大新风阀门开度,则相应减小回风阀门开度,从而保证混风量不变。控制对象是一个制冷工况变风量空调系统,空调区域为一约 $40m^2$ 的南向房间,房间有多个窗户朝阳,采光良好。该空调系统在回风口处安装了温度、湿度传感器及空气品质传感器,在表冷器后安装了温度、湿度传感器,可以实时采集室内温度(回风温度)、送风温度及 CO_2 浓度。设定室内温度的目标值为 25℃,送风温度的目标值为 19℃,CO_2 浓度的目标值为 800ppm,新风阀门初始开度为 20%,回风阀门初始开度为 80%,设定室内相对湿度控制范围为 45%～65%。控制目标是将室内温度、送风温度、CO_2 浓度稳定在设定值附近,同时将室内相对湿度控制在 45%～65% 的范围内。控制结果如图 10-9～图 10-12 所示。

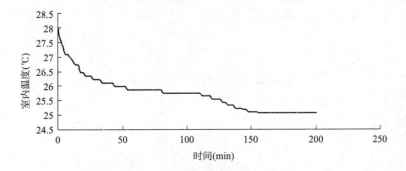

图 10-9 室内温度模糊 PID 控制曲线

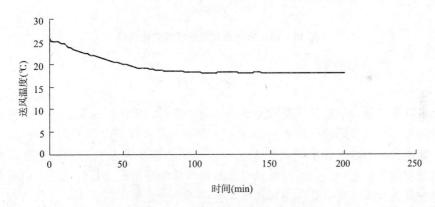

图 10-10 送风温度模糊 PID 控制曲线

由图 10-9～图 10-12 可见,在 150min 左右,室内温度接近于 25℃,并于 150min 后稳定在 25℃ 附近,稳态误差小于 2%;在 60min 左右,送风温度接近于 19℃,并于 100min 后稳定在 18℃ 附近,稳态误差为 5%;在 100min 左右,室内 CO_2 浓度接近 800ppm,并于 100min 后基本稳定在 800ppm 附近;室内相对湿度从初始值 73% 逐渐变化,最终降到 62% 左右,从而满足了控制系统对于室内相对湿度为 45%～65% 的控制要求。控制结果表明:运用模糊 PID 控制能够将室内温度、室内 CO_2 浓度、送风温度控制在设定值附近,稳态误差较小,同时运用除湿机对室内相对湿度进行控制,最终实现了室内人员对于热舒适性的要求,控制效果良好。

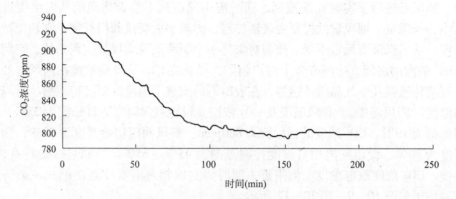

图 10-11　CO_2 浓度模糊 PID 控制曲线

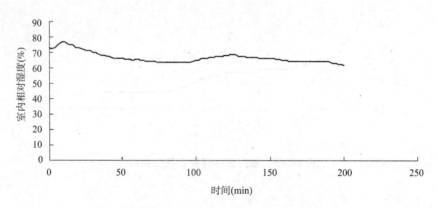

图 10-12　室内相对湿度控制变化曲线

本 章 小 结

对于难以建立精确的数学模型的非线性系统的控制，传统的控制理论和控制方法具有很大的局限性。作为智能控制的重要分支，由于模糊控制理论适用于解决具有不确定性、时变性、建模困难的非线性系统的控制问题，因而在非线性系统的控制中应用越来越广泛。变风量空调系统是一个典型的难以建立精确的数学模型的非线性系统，将模糊控制理论应用于变风量空调系统中是一种解决变风量空调系统控制问题的比较好的方法。由于常规 PID 控制器不具有在线整定参数的功能，因此不能满足在不同工况下系统对参数的自整定要求，从而影响其控制效果的进一步提高。模糊 PID 控制器能够实现 PID 参数的实时在线整定，克服了常规 PID 控制器的不足。本章设计了模糊 PID 控制器，并将模糊 PID 控制应用于变风量空调系统中，对送风温度、空调房间温度（回风温度）、室内 CO_2 浓度进行了实时在线控制，控制结果表明模糊 PID 控制可以较好地控制送风温度、空调房间温度以及 CO_2 浓度，使其保持在设定值附近，稳态误差较小，稳态精度较高，体现了模糊 PID 控制器对于变风量空调系统具有较好的控制作用，模糊 PID 控制器的设计是有效的、合理的，具有较高的控制精度，控制效果良好。

第11章 神经网络模糊预测控制在变风量空调系统中的应用

作为一类优化控制算法，预测控制与通常的离散最优控制算法不同，不是采用一个不变的全局优化目标，而是采用滚动式的有限时域优化策略。这意味着优化过程不是一次离线进行的，而是反复在线进行的。这种有限优化目标的方法，在理想情况下只能得到全局的次优解，但其滚动实施，却能顾及由于模型失配、时变、干扰等引起的不确定性，及时进行弥补，始终把新的优化建立在实际的基础上，使控制保持实际上的最优。这种启发式的滚动优化策略，兼顾了对未来充分长时间内的理想优化和实际存在的不确定性的影响，是最优控制对于对象和环境不确定性的妥协，在复杂的工业环境中，要比建立在理想条件下的最优控制更加实际与有效。

预测控制的三个特征，即预测模型、滚动优化和反馈校正，正是一般控制论中模型、控制、反馈概念的具体体现。由于模型结构的多样性，可以根据对象的特点和控制的要求，以最简易的方式集结信息，建立预测模型。滚动优化策略的采用，可以把实际系统中的不确定因素考虑在优化过程中，形成动态的优化控制，并可处理约束和多种形式的优化目标。因此，预测控制考虑了不确定及其他复杂性的影响，是对传统最优控制的修正，因而更加贴近复杂系统控制的实际要求，这是预测控制在复杂系统领域受到重视的根本原因。

预测控制的滚动优化和反馈校正始终建立在实际控制过程的基础上，能够有效地克服控制系统中模型不精确、非线性、时变等不确定性的影响。因此，本章采用多步预测性能指标来训练自调整模糊控制器，对于每一个采样时刻，性能指标只在涉及从该时刻起的未来有限时段内进行优化，到了下一采样时刻，优化时段同时向前推移，这样便可以保证最优点的获得，也能减轻搜索最优点过程中的计算量，使控制策略反应更及时。本章首先利用神经网络建立对象的预测模型，然后将自调整模糊控制器与神经网络预测模型相结合，利用神经网络模糊预测控制策略对制冷工况下变风量空调系统进行了预测控制。在变风量空调控制中，综合选取室内温度与设定值偏差以及表征能耗的变频风机控制量和水阀开度控制量作为优化性能指标。在控制过程中，注意对被控系统中的时变参数进行实时预测。控制结果表明，本章提出的神经网络模糊预测控制策略对变风量空调这种时变 MIMO 非线性系统可以取得良好的控制效果。

11.1 基于神经网络的变风量空调系统预测模型的建立

由于建立变风量空调系统的预测模型需要的相关变量很多，各变量之间的关系相互耦合，错综复杂，而且变风量空调系统具有很强的非线性和时变性，采用传统的机理建模方法不容易实现。基于神经网络的建模方法避开了传统意义上具有确定数学关系的模型，它

第11章 神经网络模糊预测控制在变风量空调系统中的应用

利用神经网络所具有的自学习能力和良好的逼近非线性映射的能力，在非线性系统建模中有明显的优势，目前已得到广泛应用。本章针对制冷工况下的变风量空调系统，采用前馈神经网络建立变风量空调系统的送风温度、回风温度（视为室内温度）、回风湿度（视为室内湿度）的预测模型。在对神经网络预测模型参数进行辨识时，应注意到神经网络的泛化问题。为了提高神经网络的泛化能力，采用贝叶斯正则化方法来对神经网络预测模型进行辨识。

11.1.1 正则化方法

在实际工程中，对于实际系统而言，输入变量有两类，一类为可观测的变量，如人为给系统提供的输入，另一类为不可观测也不可控制的变量，如干扰和噪声信号，其也对系统的输出有影响。设 $x=[x_1, x_2, \cdots, x_m]$ 为可观测的变量，则系统输出 d 与输入之间的关系可写为：

$$d = f(x) + \varepsilon \tag{11-1}$$

其中，ε 代表不可观测输入对输出的影响，ε 是服从某种分布的随机变量，一般情况下可认为 ε 的均值为零。由于样本数有限，可以按下式求 f 的估计：

$$J_D(F) = \frac{1}{2} \sum_{k=1}^{K} \sum_{n=1}^{N} (d_{nk} - y_{nk})^2 \tag{11-2}$$

式中 $J_D(F)$——网络 F 的常规误差项；

N——样本数；

K——神经网络输出量个数；

d_{nk}——期望输出；

y_{nk}——网络实际输出。

上式的解不唯一，即使上述目标函数达最小的函数有无限多个，因此由有限数据点恢复其背后隐含的规律（函数）问题往往是不适定的（ill-posed），解决这类问题可用正则化理论，即加入一个约束项使问题的解稳定，从而得到有用的解，此时需要有样本以外的知识。一般来说，$F(x)$ 具有内插能力的条件是 $F(x)$ 是平滑的，而当网络的权值较小时，网络的输出则较为平滑。如果连接到隐层神经元的权值过大，会使输出函数不够光滑，甚至接近于不连续；如果连接到输出单元的权值过大，而输出单元的激活函数没有被限制在数据范围内，则会使输出超出数据范围。因此，约束项应代表平滑性约束，目的是为了减小网络的权值。这样，目标函数应为：

$$J(F) = \beta \cdot \frac{1}{2} \sum_{k=1}^{K} \sum_{n=1}^{N} (d_{nk} - y_{nk})^2 + \alpha \cdot \frac{1}{2} \|PF\|^2 = \beta J_D(F) + \alpha J_W(F) \tag{11-3}$$

其中，$J_W(F)$ 为正则化方法中网络复杂性惩罚项，P 代表平滑性约束算子，α、β 控制着其他参数（权值）的分布形式，被称为超参数。超参数的大小决定着神经网络的训练目标，若 $\alpha \ll \beta$，则训练算法的目的在于尽量减小样本数据的训练误差；若 $\alpha \gg \beta$，则训练算法的目的在于使网络产生更为平滑的响应。在实际工程中，两种目的需要折衷考虑，极小化目标函数是为了在减少网络训练误差的同时，又降低网络结构的复杂性。

上述方法不仅限制了神经网络权值的个数，还限制了权值的大小，因为过大的权值会影响网络的泛化能力，如果连接到隐层神经元的权值过大，则会使输出函数不够光滑，甚至接近于不连续；如果连接到输出单元的权值过大，而输出单元的激活函数没有被限制在数据范围内，则会使输出超出数据范围。对于正则化方法而言，难点在于超参数的确定。

11.1.2 基于贝叶斯方法的神经网络预测模型辨识

1. 贝叶斯推理

与误差最小化方法不同，贝叶斯方法着眼于权值在整个权空间中的概率分布。在网络结构已确定的情况下，在没有样本数据时，若知道权值的先验分布 $p(w)$，其中 $w = (w_1, w_2, \cdots, w_W)$，$W$ 为权值的总个数，有了样本数据集 $D = \{x^{(N)}, d^{(N)}\}$ 后的分布是后验分布 $p(w|D)$，根据贝叶斯规则，有：

$$p(w|D) = \frac{p(D|w)p(w)}{p(D)} \tag{11-4}$$

其中，$p(D|w)$ 为似然函数，分母 $p(D)$ 是一个归一化因子，即：

$$p(D) = \int p(D|w)p(w)\mathrm{d}w \tag{11-5}$$

在没有数据时，由于对权的分布只有很少的知识，因此先验分布是一个很宽的分布，一旦有了数据，就可转化为后验分布，后验分布较为紧凑，即只有在很小范围中的权值才可能与网络的映射一致。为得到后验分布，必须知道先验分布 $p(w)$ 和似然函数 $p(D|w)$。

2. 先验分布

在没有权值的先验知识时，先假定 $p(w)$ 服从指数分布（包括许多常见的分布）：

$$p(w) = \frac{1}{z_W(\alpha)}\exp(-\alpha J_W) \tag{11-6}$$

其中，$z_W(\alpha)$ 是一个归一化因子，以保证 $\int p(w)\mathrm{d}w = 1$，所以有：

$$z_W(\alpha) = \int \exp(-\alpha J_W)\mathrm{d}w \tag{11-7}$$

这里假设 $p(w)$ 服从高斯分布，这也是常见分布，则有：

$$p(w) = \frac{1}{z_W(\alpha)}\exp\left(-\frac{\alpha}{2}\|w\|^2\right) \tag{11-8}$$

它对应的 J_W 为：

$$J_W = \frac{1}{2}\|w\|^2 = \frac{1}{2}\sum_{i=1}^{W}w_i^2 \tag{11-9}$$

将式 (11-9) 代入式 (11-7)，可得 $z_W(\alpha)$ 为：

$$z_W(\alpha) = \left(\frac{2\pi}{\alpha}\right)^{W/2} \tag{11-10}$$

3. 似然函数

假定期望输出 d 是由某种含零均值高斯噪声的平滑函数产生的，则给定输入量 x 后观察到输出 d 的概率为：

$$p(d|x,w) \propto \exp\left(-\frac{\beta}{2}[y(x,w)-d]^2\right) \tag{11-11}$$

若各样本数据是独立选择的，则：

$$p(D|w) = \prod_{n=1}^{N} p(d^{(n)} | x^{(n)}, w) = \frac{1}{z_D(\beta)} \exp\left(-\frac{\beta}{2} \sum_{n=1}^{N} [y(x^{(n)}, w) - d^{(n)}]^2\right) \tag{11-12}$$

式中上标 n 是样本序号，N 是样本数，$z_D(\beta)$ 为归一化因子：

$$z_D(\beta) = \int \exp(-\beta J_D) dD \tag{11-13}$$

因此式（11-2）给出的误差平方和表达式 $J_D(F)$ 对应于期望输出混有高斯噪声的假设，将式（11-2）代入式（11-13），则可得 $z_D(\beta)$ 的值为[42]：

$$z_D(\beta) = \left(\frac{2\pi}{\beta}\right)^{N/2} \tag{11-14}$$

4. 优化求解

将式（11-8）和式（11-12）代入式（11-4），可得：

$$p(w|D) = \frac{1}{Z_M(\alpha,\beta)} \exp(-\beta J_D - \alpha J_W) = \frac{1}{Z_M(\alpha,\beta)} \exp[-M(w)] \tag{11-15}$$

其中

$$Z_M(\alpha,\beta) = \int \exp(-\beta J_D - \alpha J_W) dw \tag{11-16}$$

由于 $Z_M(\alpha, \beta)$ 与 w 无关，因此最小化 $M(w)$ 可以求得后验分布的最大值，此时所对应的权值即为所求。

当样本数据量较多时，后验分布趋于高斯分布，为此可利用泰勒展开对问题作进一步的简化，以求出 $Z_M(\alpha, \beta)$。

设 $M(w)$ 取最小值时所对应的权值为 w_{MP}，将 $M(w)$ 在 w_{MP} 附近按泰勒级数展开，并忽略高次项，有：

$$M(w) = M(w_{MP}) + \nabla M(w_{MP})(w - w_{MP}) + \frac{1}{2}(w - w_{MP})^T \nabla\nabla M(w_{MP})(w - w_{MP}) \tag{11-17}$$

因为 $\nabla M(w_{MP})$ 在 w_{MP} 处为 0，所以有：

$$M(w) = M(w_{MP}) + \frac{1}{2}(w - w_{MP})^T \nabla\nabla M(w_{MP})(w - w_{MP}) \tag{11-18}$$

其中 $M(w_{MP})$ 的 Hessian 阵 $\nabla\nabla M(w_{MP})$ 为：

$$\nabla\nabla M(w_{MP}) = \beta \nabla\nabla J_D(w_{MP}) + \alpha \nabla\nabla J_W(w_{MP}) = \beta \nabla\nabla J_D(w_{MP}) + \alpha I \tag{11-19}$$

则后验概率为：

$$p(w|D, \alpha, \beta, H) = \frac{1}{Z_M^*(\alpha,\beta)} \exp\left[-M(w_{MP}) - \frac{1}{2}(w - w_{MP})^T \nabla\nabla M(w_{MP})(w - w_{MP})\right] \tag{11-20}$$

其中，$Z_M^*(\alpha, \beta)$ 为 $Z_M(\alpha, \beta)$ 的近似值，其值为：

$$Z_M^*(\alpha,\beta) = \int_{-\infty}^{+\infty} \exp\left[-M(w_{MP}) - \frac{1}{2}(w - w_{MP})^T \nabla\nabla M(w_{MP})(w - w_{MP})\right] dw$$

$$= (2\pi)^{W/2} \{\det[\nabla\nabla M(w_{MP})]\}^{-1/2} \exp[-M(w_{MP})] \tag{11-21}$$

5. 超参数的确定

此处仍然采用贝叶斯规则求取超参数 α 和 β，还是需要求后验分布：

$$p(\alpha,\beta|D) = \frac{p(D|\alpha,\beta)p(\alpha,\beta)}{p(D)} \tag{11-22}$$

假设先验分布 $p(\alpha,\beta|H)$ 满足一种很宽（在 α、β 的很大范围内几乎不变）的分布函数。因为式（11-22）中的归一化因子 $p(D)$ 与 α、β 无关，因此求取最大后验分布的问题就转化为求解最大似然函数 $p(D|\alpha,\beta)$ [又被称为显著度（evidence）]。

注意到此处的似然函数 $p(D|\alpha,\beta)$ 就是式（11-4）中的归一化因子，并且利用先验分布与 β 无关，似然函数与 α 无关这一事实，则有：

$$p(D|\alpha,\beta) = \int p(D|w,\alpha,\beta)p(w|\alpha,\beta)\mathrm{d}w = \int p(D|w,\beta)p(w|\alpha)\mathrm{d}w \tag{11-23}$$

将似然函数 $p(D|w)$ 写为指数形式为：

$$p(D|w) = \frac{1}{Z_D(\beta)}\exp(-\beta J_D) \tag{11-24}$$

把式（11-6）中的 $p(w)$ 和式（11-24）中的 $p(D|w)$ 的表达式代入式（11-22），有：

$$p(D|\alpha,\beta) = \frac{1}{Z_D(\beta)}\frac{1}{Z_D(\alpha)}\int \exp(-M(w))\mathrm{d}w = \frac{Z_M(\alpha,\beta)}{Z_D(\beta)Z_W(\alpha)} \tag{11-25}$$

再将式（11-10）、式（11-14）和式（11-21）代入式（11-25），并取对数，可得：

$$\ln p(D|\alpha,\beta) = -\alpha J_W(w_{MP}) - \beta J_D(w_{MP}) - \frac{1}{2}\ln\{\det[\nabla\nabla M(w_{MP})]\}$$

$$+ \frac{W}{2}\ln\alpha + \frac{N}{2}\ln\beta - \frac{N}{2}\ln(2\pi) \tag{11-26}$$

将式（11-26）分别对 α 和 β 求偏导，即可求出最大显著度处的 α_{MP} 和 β_{MP}。

假设 $\beta\nabla\nabla J_D(w_{MP})$ 的特征值是 $\{\lambda_i\}$ $(i=1,2,\cdots,W)$，则 $\nabla\nabla M(w_{MP})$ 的特征值为 $\{\lambda_i+\alpha\}$，又由于 J_D 是权值的二次型，可得：

$$\frac{\mathrm{d}}{\mathrm{d}\alpha}\ln\det[\nabla\nabla M(w_{MP})] = \frac{\mathrm{d}}{\mathrm{d}\alpha}\ln\left[\prod_{i=1}^{W}(\lambda_i+\alpha)\right] = \sum_{i=1}^{W}\frac{1}{\lambda_i+\alpha} = \mathrm{tr}[\nabla\nabla M(w_{MP})]^{-1} \tag{11-27}$$

又因为 λ_i 与 β 成比例，所以有：

$$\frac{\mathrm{d}\lambda_i}{\mathrm{d}\beta} = \frac{\lambda_i}{\beta} \tag{11-28}$$

则有：

$$\frac{\mathrm{d}}{\mathrm{d}\beta}\ln\det[\nabla\nabla M(w_{MP})] = \frac{\mathrm{d}}{\mathrm{d}\beta}\ln\left[\prod_{i=1}^{W}(\lambda_i+\alpha)\right] = \frac{\mathrm{d}}{\mathrm{d}\beta}\sum_{i=1}^{W}[\ln(\lambda_i+\alpha)]$$

$$= \sum_{i=1}^{W}\frac{1}{\lambda_i+\alpha}\cdot\frac{\mathrm{d}\lambda_i}{\mathrm{d}\beta} = \frac{1}{\beta}\sum_{i=1}^{W}\frac{\lambda_i}{\lambda_i+\alpha} \tag{11-29}$$

先将式（11-26）对 α 求偏导，并令其等于 0，可得：

$$2\alpha J_W(w_{MP}) = W - \sum_{i=1}^{W} \frac{\alpha}{\lambda_i + \alpha} = \sum_{i=1}^{W} \frac{\lambda_i + \alpha}{\lambda_i + \alpha} - \sum_{i=1}^{W} \frac{\alpha}{\lambda_i + \alpha} = \sum_{i=1}^{W} \frac{\lambda_i}{\lambda_i + \alpha} = \gamma \tag{11-30}$$

再将式（11-26）对 β 求偏导，并令其等于 0，可得：

$$2\beta J_D(w_{MP}) = N - \sum_{i=1}^{W} \frac{\lambda_i}{\lambda_i + \alpha} = N - \gamma \tag{11-31}$$

所以有：

$$\alpha_{MP} = \frac{\gamma}{2J_W(w_{MP})}, \quad \beta_{MP} = \frac{N - \gamma}{2J_D(w_{MP})} \tag{11-32}$$

由式（11-32）可以看出，γ 表示网络中有多少参数在减少性能指标函数方面起到了效果，它的取值范围为 $0 \sim W$。

6. Hessian 阵的近似计算

在进行优化求解时需要计算 $M(w)$ 在其最小点 w_{MP} 处的 Hessian 阵，由式（11-19）可知，需要计算 $\nabla\nabla J_D(w_{MP})$，计算量较大，为了提高计算速度，可对 Hessian 阵作进一步简化。

令：
$$\varepsilon_{nk} = (d_{nk} - y_{nk}) \tag{11-33}$$

则有：
$$\frac{\partial J_D}{\partial W} = \left\{ \sum_{k=1}^{K} \sum_{n=1}^{N} \left(\varepsilon_{nk} \frac{\partial \varepsilon_{nk}}{\partial w_i} \right) \right\} \tag{11-34}$$

则可得到 $\nabla\nabla J_D(w_{MP})$ 的元素为：

$$(\nabla\nabla J_D(w_{MP}))_{ij} = \sum_{k=1}^{K} \sum_{n=1}^{N} \left[\frac{\partial \varepsilon_{nk}}{\partial w_i} \cdot \frac{\partial \varepsilon_{nk}}{\partial w_j} + \varepsilon_{nk} \cdot \frac{\partial^2 \varepsilon_{nk}}{\partial w_i \cdot \partial w_j} \right] \tag{11-35}$$

由于 ε_{nk} 很小，因此此处忽略式（11-35）中第 2 项的影响，则 Hessian 阵 $\nabla\nabla J_D(w_{MP})$ 可近似表示为：

$$(\nabla\nabla J_D(w_{MP}))_{ij} \approx \sum_{k=1}^{K} \sum_{n=1}^{N} \left[\frac{\partial \varepsilon_{nk}}{\partial w_i} \cdot \frac{\partial \varepsilon_{nk}}{\partial w_j} \right] \tag{11-36}$$

7. 贝叶斯方法的适用场合

需要注意的是，贝叶斯方法是建立在一系列假设的基础上的，通过上述推导过程可以得出在以下假设成立的情况下，贝叶斯方法是适用的：

（1）训练目标数据中，真实数据包含有噪声。
（2）噪声信号呈高斯分布，且对所有样本具有相同的方差。
（3）输入、输出数据之间隐含的映射关系不会随时间而变化。
（4）所学习的函数是输入变量的连续函数。
（5）样本数据中的输入变量已经尽可能地包含了所有可能的输入。

如果上述假设有一条不满足，则需要建立新的概率模型，以满足更合适或更一般的假设。

11.1.3 神经网络模型结构的确定

本章采用三层 BP 前馈神经网络作为变风量空调系统的预测模型，即神经网络预测模型由输入层、隐层和输出层组成。

11.1 基于神经网络的变风量空调系统预测模型的建立

空调房间约 $40m^2$，由于影响空调房间室内温、湿度的主要因素与室外太阳辐射强度、室外温湿度、冷水阀门控制信号和风机的变频器控制信号以及室内负荷大小有关，为充分考虑以上因素的影响，将 k 时刻的室外太阳辐射强度、室外温度、室外相对湿度、室内温度、室内相对湿度、送风温度、送风相对湿度、冷水阀门控制电压、风机的变频器控制电压以及除湿机开启状态作为神经网络预测模型的输入，将 $k+1$ 时刻的送风温度、室内温度和室内相对湿度作为模型的输出。因此，输入层的节点数为10，输出层节点数为3。确定隐层神经元激发函数为双曲正切函数，输出层神经元激发函数为线性函数。预测模型的网络结构如图 11-1 所示。

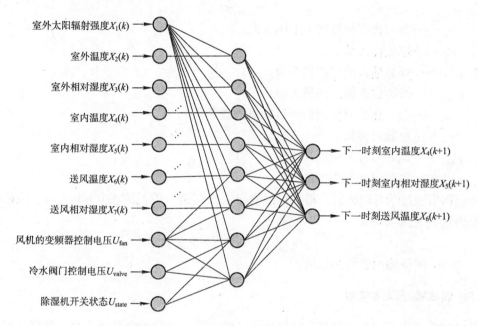

图 11-1 神经网络预测模型的网络结构

11.1.4 训练样本数据采集及数据的预处理

1. 训练样本数据采集

进行模型辨识前，首先按以下步骤采集数据：

（1）采样过程中根据室内相对湿度实际测量值的大小启动或关闭除湿设备，室内相对湿度若大于65%，则开启；若小于50%，则关闭。

（2）将送风机控制电压调整到 0~4V 范围内，同时将表冷器水阀控制电压调整到 0~10V 范围内，在不同的送风机控制电压和表冷器水阀控制电压同时作用下，采集神经网络模型输入输出样本数据，采样周期为 2.5min。

（3）将送风机控制电压调整到 4~10V 范围内，同时将表冷器水阀控制电压调整到 0~10V 范围内，在不同的送风机控制电压和表冷器水阀控制电压同时作用下采集神经网络模型输入输出样本数据，采样周期为 2.5min。

在北京7、8月份按照以上步骤分别采集了小控制量（0~4V）时温度上升段和大控制量（4~10V）时温度下降段的样本数据，共采集了神经网络模型输入输出样本数据

3000组左右。

2. 数据的预处理

数据的预处理是利用神经网络进行建模和预测过程中重要的一步。在神经网络学习阶段，需要对输入数据和对应的已知输出值进行归一化处理，即把数据处理成 0~1 之间的数值。

$$x_i = \frac{x_{di} - x_{dmin}}{x_{dmax} - x_{dmin}} \quad (11-37)$$

$$y_{tl} = \frac{y_{dl} - y_{dmin}}{y_{dmax} - y_{dmin}} \quad (11-38)$$

式中　　x_i——归一化后神经网络的输入值；

　　　　x_{di}——原始输入值；

　　　　x_{dmin}——原始输入值中的最小值；

　　　　x_{dmax}——原始输入值中的最大值；

　　　　y_{tl}——归一化后神经网络的目标值（教师值）；

　　　　y_{dl}——原始目标值；

　　　　y_{dmin}——原始目标值中的最小值；

　　　　y_{dmax}——原始目标值中的最大值。

神经网络经过学习训练后，得到网络输出 o_1，其值一般范围在 0~1 之间，因此需要将输出值 o_1 还原为实际值。

$$y_{pl} = y_{dmin} + o_1(y_{dmax} - y_{dmin}) \quad (11-39)$$

式中　　y_{pl}——网络输出值的还原值。

11.1.5　训练神经网络模型

神经网络选用三层前向网络，经过反复试验，隐层神经元个数选 8 个，隐层神经元激发函数为双曲正切函数，输出层神经元激发函数为线性函数，网络初始权值选择 [-0.5, +0.5] 之间的随机数，并在训练前将数据进行了归一化处理，使输入、输出样本数据限制在 [0, 1] 范围内。

网络训练步骤如下：

(1) 初始化超参数 α，β 和权（阈）值，此处取 $\alpha=0$，$\beta=1$。

(2) 采用 Levenberg-Marquardt 算法训练神经网络，以使目标函数 $M(w) = \beta J_D + \alpha J_W$ 最小。

(3) 用式 (11-36) 和式 (11-19) 计算 $\nabla\nabla M(w_{MP})$，然后根据 $\gamma = W - \alpha \cdot \text{tr}[\nabla M(w_{MP})]^{-1}$，计算有效参数数量 γ。

(4) 根据 $\alpha = \frac{\gamma}{2J_W(w)}$，$\beta = \frac{N-\gamma}{2J_D(w)}$ 计算超参数 α，β 的新估计值。

重复执行 (2)、(3)、(4) 步，直至收敛。

11.1.6　模型辨识结果

首先随机选取训练样本集之外的 100 组样本作为测试样本，用训练好的神经网络对测试样本进行仿真。图 11-2 给出了测试样本室内温度仿真输出与实际输出的比较曲线图，图 11-3 给出了测试样本送风温度仿真输出与实际输出的比较曲线图，图 11-4 给出了测试样本室内相对湿度仿真输出与实际输出的比较曲线图。图中横坐标是 100 组测试样本数据的下标，纵坐标显示的是归一化后的输出值（其中实线连接的是实际输出曲线，"+"表示的是神经网络模型的仿真输出值），分别代表 $k+1$ 时刻的空调房间温度、送风温度、室内相对湿度。

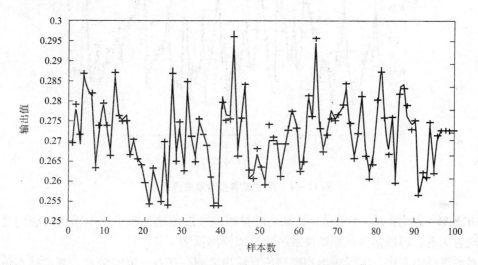

图 11-2 测试样本室内温度输出曲线图

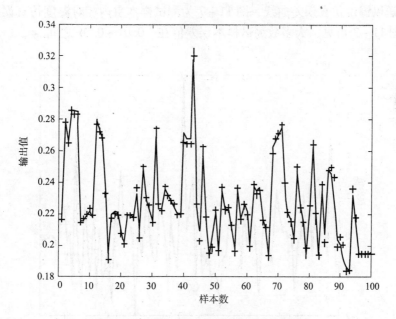

图 11-3 测试样本送风温度输出曲线图

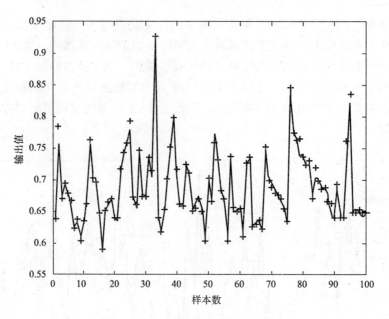

图 11-4 测试样本相对湿度曲线图

由图 11-2～图 11-4 可见，训练后的神经网络近似地反映了样本输入与输出之间的内在映射关系，可以作为该非线性系统的近似预测模型。

对测试样本来讲，实际输出和模型仿真输出之间存在着一定的偏差，测试样本仿真误差曲线如图 11-5～图 11-7 所示。图 11-5 为测试样本室内温度仿真误差曲线，图 11-6 为测试样本送风温度仿真误差曲线，图 11-7 为测试样本室内相对湿度仿真误差曲线。由图 11-5～图 11-7 可见，大多数测试样本误差值在 -0.01～0.01 之间。

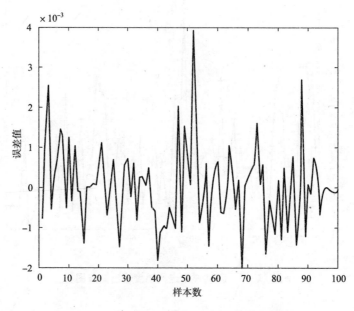

图 11-5 测试样本室内温度仿真误差曲线

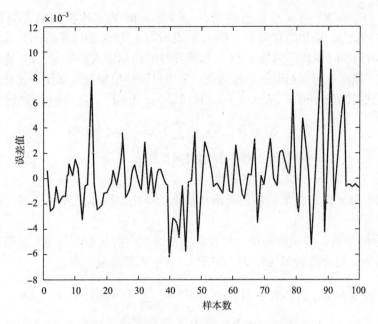

图 11-6 测试样本送风温度仿真误差曲线

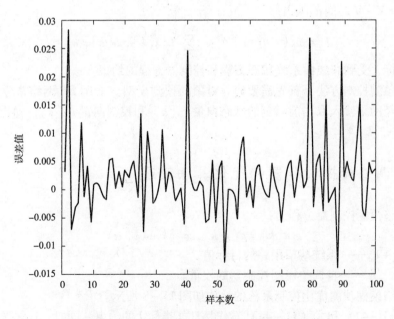

图 11-7 测试样本室内相对湿度仿真误差曲线

11.2 神经网络模糊预测控制方法描述

考虑多输入、多输出时变非线性系统：

$$x[k+1] = f(x[k], u[k], k)$$
$$x[0] = x_0 \sim P(x_0) \tag{11-40}$$

其中，$x[k] \in \mathbf{R}^n$ 为 n 维状态向量，$u[k] \in \mathbf{R}^r$ 为 r 维控制输入向量，$k=0, 1, 2\cdots$ 表示当前时刻，x_0 是初始状态值，$P(x_0)$ 表示与 x_0 相关的概率分布。未来时刻状态向量 $x[k+1]$ 由当前时刻状态向量 $x[k]$ 和当前时刻控制输入向量 $u[k]$ 通过非线性函数 $f(\cdot)$ 来确定，该函数可以是时间的显函数。采用自调整模糊控制器作为优化控制器，控制目的是找出最优控制量序列 $u[k]$ ($k=0, 1, 2, \cdots, N-1$)，使得如下性能指标达到最小：

$$J_N = \phi(x[N], N) + \sum_{k=0}^{N-1} L(x[k], u[k], k) \tag{11-41}$$

式中　　N——系统的整个控制时间范围；

　　　　$\phi(x[N], N)$——末值性能指标。

对于预测控制来说，由于采用的是滚动优化的算法，因此需要在预测时域内进行优化求解。

设 M 为预测步数，即预测时域，假设该预测时域内的初始时刻为 t_1，则在预测时域范围内的性能指标 J 要分两种情况讨论。对于 $k < N-M$ 时间范围内：

$$J = \phi_{t_1+M}(x[t_1+M], t_1+M) + \sum_{k=t_1}^{t_1+M-1} L(x[k], u[k], k) \tag{11-42}$$

其中，$\phi_{t_1+M}(x[t_1+M], t_1+M)$ 是为满足系统稳定性而设置的预测时域内的末值性能指标。

对于 $k \geq N-M$ 时间范围内：

$$J = \phi_N(x[N], N) + \sum_{k=N-M}^{N-1} L(x[k], u[k], k) \tag{11-43}$$

性能指标 J 受到非线性系统状态方程和控制器方程的约束。

要实现预测控制方法，首先需要建立对象的预测模型。采用 BP 网络来学习对象的动态特性，神经网络输入取当前时刻的状态向量 $x[k]$ 和控制向量 $u[k]$，输出为下一时刻的状态向量 $x[k+1]$。

11.3　自调整模糊控制器的优化算法描述

设自调整模糊控制器方程为：

$$u[k] = g(x[k], x^*[k+1], \alpha) \tag{11-44}$$

式中　　$x^*[k+1]$——系统期望跟踪的目标值；

　　　　α——自调整模糊控制器的权重。

神经网络模糊预测优化控制系统的结构如图 11-8 所示。

将式（11-40）和式（11-44）看作是性能指标 J 的约束。同时，还需要考虑到每次滚动优化状态初始值应和上次滚动优化状态终值相等，即 $x[t_1] = x'[t_1'+M]$，其中 $x[t_1]$ 为本次滚动优化状态初始值，$x'[t_1'+M]$ 为上次滚动优化状态终值。当 $t_1 = 0$ 时，有 $x[0] = x_0 \sim P(x_0)$。利用 Lagrange 乘子法可写出 $k < N-M$ 内的增广泛函：

$$\begin{aligned}J_a = &\lambda^T[t_1](x'[t_1'+M] - x[t_1]) + \phi_{t_1+M}(x[t_1+M], t_1+M) + \sum_{k=t_1}^{t_1+M-1} \{L(k) + \\&\lambda^T[k+1](f(k) - x[k+1]) + q^T[k](g(x^*[k+1]), x[k], \alpha) - u[k]\}\end{aligned}$$
$$\tag{11-45}$$

11.3 自调整模糊控制器的优化算法描述

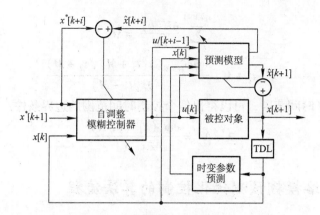

图 11-8 神经网络模糊预测优化控制系统结构图

式中 λ 和 q ——待定的 Lagrange 乘子向量。

定义 $g(k, \alpha) = g(x^*[k+1], \dot{x}[k], \alpha)$，构造 Hamiltonian 函数

$$H(k) = H(x, x^*, u, \lambda, q, k, \alpha) = L(k) + \lambda^T[k+1]f(k) + q^T[k]g(k, \alpha) \tag{11-46}$$

对于 $k < N - M$ 时间范围，增广性能指标可以写为：

$$\begin{aligned} J_\alpha &= \lambda^T[t_1](x'[t'_1 + M]) + \phi_{t_1+M}(x[t_1 + M], t_1 + M) \\ &\quad - \lambda^T[t_1 + M]x[t_1 + M] + \sum_{k=t_1}^{t_1+M-1}\{H(k) - \lambda^T[k]x[k] - q^T[k]u[k]\} \end{aligned} \tag{11-47}$$

对于 $k \geq N - M$ 时间范围，增广性能指标可写为：

$$\begin{aligned} J_\alpha &= \lambda^T[t_1](x'[t'_1 + M]) + \phi_N(x[N], N) - \lambda^T[N]x[N] \\ &\quad + \sum_{k=N-M}^{N-1}\{H(k) - \lambda^T[k]x[k] - q^T[k]u[k]\} \end{aligned} \tag{11-48}$$

对于 $k < N - M$ 时间范围，考虑由状态向量、控制向量和模糊控制器权重相对于最优控制和优化状态的变分所引起的性能指标变分：

$$\delta J_a = \left\{\frac{\partial \phi_{t_1+M}(x[t_1+M], t_1+M)}{\partial x[t_1+M]} - \lambda^T[t_1+M]\right\}\delta x[t_1+M] + \lambda^T[t'_1+M]\delta x[t'_1+M]$$

$$+ \sum_{k=t_1}^{t_1+M-1}\left\{\left(\frac{\partial H(k)}{\partial x[k]} - \lambda^T[k]\right)\delta x[k] + \left(\frac{\partial H(k)}{\partial u[k]} - q^T[k]\right)\delta u[k] + \frac{\partial H(k)}{\partial \alpha}\delta\alpha\right\} \tag{11-49}$$

使 J_a 为极小的必要条件是：对于任意的变分 $\delta x[k]$，$\delta u[k]$ 和 $\delta\alpha$，δJ_a 等于零。因为 $x[t'_1 + M]$ 已确定，因此 $\delta x[t'_1 + M] = 0$。

可写出系统动态方程的伴随方程：

$$\lambda^T[k] = \frac{\partial H(k)}{\partial x[k]} = \frac{\partial L(k)}{\partial x[k]} + \lambda^T[K+1]\frac{\partial f(k)}{\partial x[k]} + q^T[k]\frac{\partial g(k,\alpha)}{\partial x[k]}$$

$$q^T[k] = \frac{\partial H(k)}{\partial u[k]} = \frac{\partial L(k)}{\partial u[k]} + \lambda^T[k+1]\frac{\partial f(k)}{\partial u[k]} \tag{11-50}$$

上式中：$k = t_1, t_1+1, \cdots, t_1+M-1$。

优化条件：
$$\sum_{k=t_1}^{t_1+M-1} \frac{\partial H(k)}{\partial \alpha} = 0 \tag{11-51}$$

边界条件：
$$\lambda^T[t_1+M] = \frac{\partial \phi_{t_1+M}(x[t_1+M], t_1+M)}{\partial x[t_1+M]} \tag{11-52}$$

对于 $k \geq N-M$ 时间范围，可以得出整个控制时间范围的边界条件：
$$\lambda^T[N] = \frac{\partial \phi_N(x[N], N)}{\partial x[N]} \tag{11-53}$$

11.4 神经网络模糊预测优化控制的算法流程

通过上述推导，神经网络模糊预测控制器算法如图 11-9 所示。

11.5 神经网络模糊预测控制在变风量空调系统中的仿真研究

利用本章提出的神经网络模糊预测控制算法对变风量（VAV）空调系统进行控制，控制目的是在能耗最小的情况下使室内温度和湿度符合舒适性要求，以达到满足舒适性要求和节能的目的。

1. 优化性能指标

空调房间温度控制的目的是使输出温度与设定值的偏差最小，同时控制变量最小，以节省能耗。系统的优化性能指标综合考虑了这两方面因素，如式（11-54）所示。

$$J = \sum_{k=t_1}^{t_1+M-1} L(x[k], u[k], k)$$
$$= \frac{1}{2} \sum_{k=t_1}^{t_1+M-1} \{\gamma_1 u_1^2[k] + \gamma_2 u_2^2[k] + \gamma_3 (T[k] - T\_set[k])^2\} \tag{11-54}$$

性能指标 J 受到非线性系统状态方程和控制器方程的约束。

其中，γ_1，γ_2，γ_3 分别为送风机控制电压 $u_1[k]$、表冷器水阀开度控制电压 $u_2[k]$ 和室内温度实际输出值与设定值之间的偏差 $(T[k] - T\_set[k])$ 的权重。

2. 自调整模糊控制器的设计

采用两个自调整模糊控制器分别对室内温度和送风温度进行控制，采用前述神经网络模糊预测控制算法对模糊控制器的权重进行优化。由于变风量空调系统是一个时滞非线性系统，预测步数 N 取 6 步，采样时间间隔取 5min。设定室内温度目标值为 26℃，送风温度目标值为 21℃。

3. 控制结果

采用上述控制方案对单区域制冷减湿变风量空调系统进行仿真研究，控制结果如图 11-10～图 11-12 所示，图中横轴为采样次数。

由图 11-10 可知，在 20min 左右，室内温度由最初的 30℃下降为接近于 26℃，温度下降速度快，并稳定在 26℃附近，稳态误差小于 1%；由图 11-11 可知，在 20min 左右，送风温度由最初的 24℃接近于 20.7℃，温度下降速度快，并稳定在 20.7℃附近，稳态误

11.5 神经网络模糊预测控制在变风量空调系统中的仿真研究

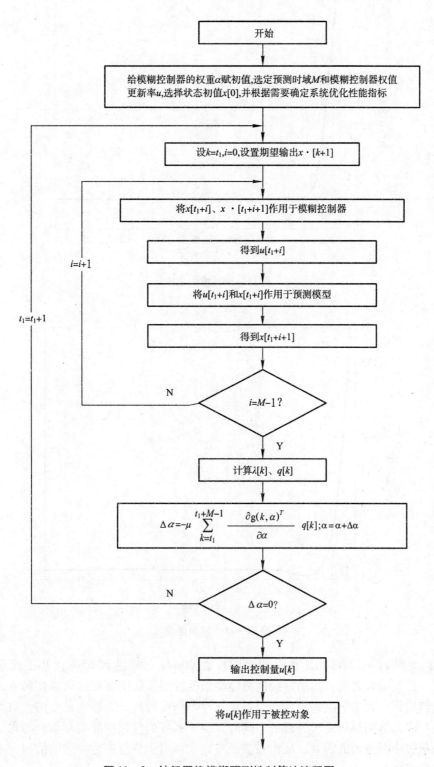

图 11-9 神经网络模糊预测控制算法流程图

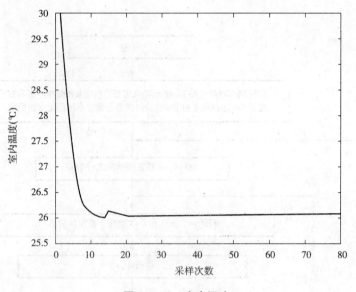

图 11-10　室内温度

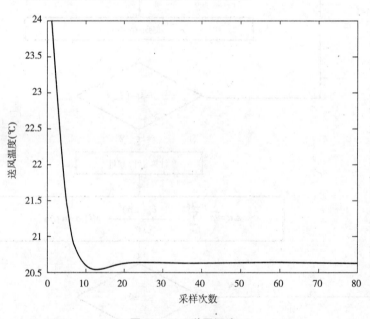

图 11-11　送风温度

差为 2%；由图 11-12 可知，室内相对湿度在 20min 后即达到 65%，并于此后稳定在 65% 附近。控制结果表明：运用神经网络模糊预测控制算法能够将送风温度和室内温度控制在设定值附近，调节时间短，稳态误差小，控制精度较高，能够满足室内人员对于温度和湿度的要求，达到热舒适性的目的。同时，由于系统的优化性能指标综合考虑了温度偏差和控制量极小两方面的因素，从而在满足室内人员对于热舒适性要求的同时，也达到了节省能耗的目的。

11.5 神经网络模糊预测控制在变风量空调系统中的仿真研究

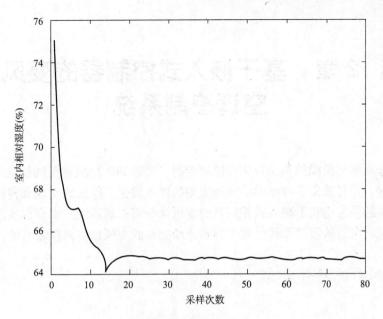

图 11-12 室内相对湿度

本 章 小 结

本章运用 BP 神经网络建立了空调房间的预测模型，采用贝叶斯正则化方法对模型进行了辨识，辨识结果表明所辨识出的对象模型能够较好地表现出对象的动态行为，具有较好的泛化能力。

本章建立了一种适用于时变非线性 MIMO 系统的神经网络模糊预测控制算法。采用自调整模糊控制器作为优化控制器。同时，利用多步预测能够克服各种不确定性和复杂变化的影响，使控制系统能够在复杂非线性控制中获得良好的控制效果。采用本章提出的控制算法，对变风量空调系统进行控制能够达到既满足舒适性要求又节能的目的。控制结果表明，神经网络模糊预测控制方法在对空调房间温度进行有效控制的同时，又能根据性能指标的要求降低能耗，从而在满足室内人员对于热舒适性要求的同时，也达到了节省能耗的目的。

第12章 基于嵌入式控制器的变风量空调控制系统

前几章分别运用模糊控制、自调整模糊控制、模糊 PID 控制对变风量空调系统进行了实时在线控制,并且采集了神经网络预测模型的样本数据。控制的实现和神经网络预测模型的样本数据的采集均基于嵌入式控制器的变风量空调控制系统。本章以实际的变风量空调系统为研究对象,从硬件和软件两个方面介绍完整的变风量空调控制系统。

12.1 控制系统硬件介绍

12.1.1 变风量空调控制系统的功能及控制范围

1. 变风量空调系统的功能

变风量空调控制系统具备以下几部分功能:
(1) 具备对空调房间进行降温除湿的能力,并且降温和除湿可以进行独立控制;
(2) 控制算法所需要的各路传感器信号能够进行有效采集与变送;
(3) 能将控制信号输出到执行器,并保证其有效执行;
(4) 控制器具备良好的联网能力和与上位机等设备通信功能,能实现先进控制算法和实时消息处理;
(5) 采集的数据不仅能被控制器直接分析与处理,还实现了在上位机的显示与管理,包括数据报表查询和历史数据变化曲线绘制等。

2. 变风量空调系统的控制范围

控制对象是一个制冷工况下的变风量空调系统,空调区域为一个约 $40m^2$ 的南向房间,房间有多个窗户朝阳,采光良好。该空调系统在回风口处安装了温度、湿度传感器及空气品质传感器,在表冷器后安装了温度、湿度传感器,可以实时采集室内温度(回风温度)、室内湿度(回风湿度)、送风温度、送风湿度及室内 CO_2 浓度;在室外安装了温度、湿度传感器以及太阳辐射强度传感器,可以实时采集室外温度、室外湿度及室外太阳辐射强度。

12.1.2 控制系统硬件组成

变风量空调控制系统的硬件组成如图 12-1 所示。图 12-1 中给出了控制器的访问和调试方式、控制器与 I/O 设备之间的连接关系、I/O 设备所连接的各路传感器和执行机构、变风量空调的制冷除湿设备和空气处理过程的示意图。

嵌入式系统是软件和硬件的综合体,是一种以应用为中心、以计算机技术为基础的专用"计算机"系统。该控制系统总体共分三层,由下往上依次是:现场设备层、控制层、监控管理层。

12.1 控制系统硬件介绍

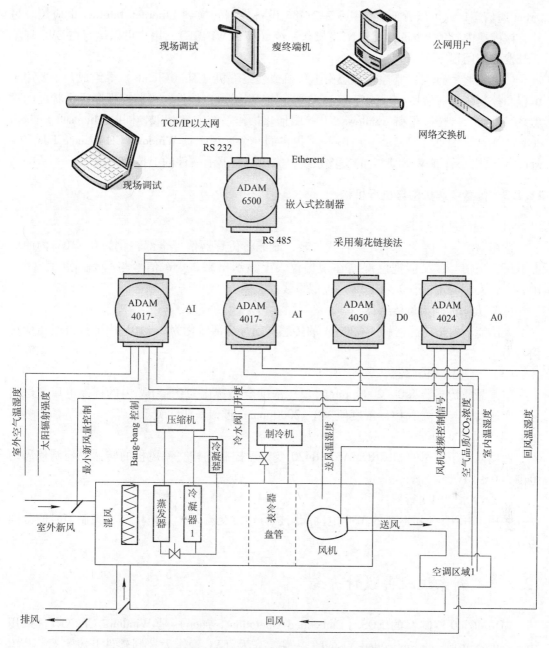

图 12-1 变风量空调控制系统组成图

(1) 现场设备层：现场设备层主要由两个 I/O 模块单元组成。ADAM4017+可并行采集 8 路 16 位 A/D 模拟量输入信号，ADAM4024 可支持 2 路 16 位模拟量输出，输入输出值均可采用 0~10V 标准电压信号；I/O 模块通过 RS 485 总线与上一级控制器相连；模块之间采用菊花链接法。

(2) 现场控制层：包括控制器、I/O 设备、传感变送机构和执行机构。现场控制层选用嵌入式控制器 ADAM6500。该模块的处理器采用的是 32 位的 ARM4 内核，运算速度快，功能强大；它提供了 3 个 RS 232 串行通信端口、2 个 RS 485 通信端口和 1 个 Ethernet/In-

ternet 通信端口，可以方便地将 RS 232/485 设备数据转换到 Ethernet/Internet 上应用。另外，该模块内置了 Windows CE. NET 操作系统（简称 WINCE），用户可以运行在 EVC 环境下开发的应用程序。

（3）监控管理层：监控管理层由上位机或瘦终端机（Thin Clients）等组成，主要用于编程和控制管理。借助 uScope. exe（CE Remote Window）软件，可监控程序运行状况和管理系统资源，操作过程和 Windows XP 等图形化操作系统非常相似。同时 Microsoft Embedded VC ++（简称：EVC ++）Tools 下提供的一个远程工具 Windows CE Remote File Viewer，可以用来管理 WINCE 上的文件系统，完成控制器上文件的上传和下载。

12.1.3 传感变送机构与执行机构

（1）温湿度传感器

选用温湿度一体化的单元组合式仪表，既能将传感器信号全部转化为 0 ~ 10V 内的标准电压变送信号，又能把温湿度在现场仪表上显示出来。变送信号与实测温度值（0 ~ 100℃）、实测湿度值（0 ~ 100%）近似呈线性关系。

（2）太阳能辐射量传感器

太阳能辐射量传感器将 4 ~ 20mA 的传感器信号全部转化为 2 ~ 10V 内的标准电压变送信号。

（3）空气品质传感器

空气品质传感器将 0 ~ 2000ppm 的 CO_2 浓度全部转化为 0 ~ 10V 内的标准电压变送信号，变送信号与实测的 CO_2 浓度值（0 ~ 2000ppm）近似呈线性关系。

（4）风机变频器

选用西门子公司的 MICROMASTER420 变频器控制三相交流风机的转速，控制信号的范围为 0 ~ 10V。

（5）冷水阀门执行器

采用 TREND 公司生产的 V50 电动阀门执行器，交流 24V 供电电源，控制信号的范围为 0 ~ 10V。

12.2 控制系统软件设计介绍

ADAM6500 控制器的 EOS（Embedded Operation System）是 Windows CE. NET，采用 Microsoft 公司推出的 Embedded Visual C ++（简称 EVC）作为控制软件开发平台。EVC 的编程环境与 Visual C ++ 基本类似，可以利用 Windows 操作系统提供的 API（Application Programming Interface）函数或 MFC（Microsoft Foundation Class）类库方便地开发应用程序。控制系统软件具备以下功能：监控与数据采集（Supervisory Control And Data Acquisition，SCDA）、人机交互（Human Machine Interface，HMI）和智能控制算法实现等。

12.2.1 Windows CE 操作系统和 EVC 开发环境

1. Windows CE 操作系统

Microsoft Windows CE 是微软公司特意为信息设备、移动应用、消费类电子产品、嵌入

12.2 控制系统软件设计介绍

式应用等非 PC 领域专门设计的一种压缩的、高效的、可升级的操作系统，在外观和使用的感觉上十分接近桌面 Windows 系统。Windows CE 是一个 32 位嵌入式操作系统，其多线性、多任务、全优先的操作系统环境是专门针对资源有限而设计的。这种模块化设计使嵌入式系统开发者和应用开发者能够定做各种产品，例如家用电器、专门的工业控制器和嵌入式通信设备。Windows CE 支持各种硬件外围设备、其他设备及网络系统，包括键盘、鼠标设备、触板、串行端口、以太网连接器、调制解调器、通用串行总线（USB）设备、音频设备、并行端口、打印设备及存储设备等。

2. EVC 开发环境

Microsoft 在推出 Windows CE 的同时，推出了运行于 PC 上的与 Visual C++ 类似的 Microsoft Embedded Visual C++（EVC）语言以及 Microsoft Embedded Visual C++4.0 集成开发环境，这使得程序员可以在友好的环境下开发基于 Windows CE 的应用程序，并能访问详细的平台软件开发工具文档。用 Embedded Visual C++4.0 进行应用程序开发，程序可运行于特定的平台，而不需要编写额外的代码，针对特定平台的代码转换工作将由系统自动完成。图 12-2 为 Embedded Visual C++ 集成开发环境。

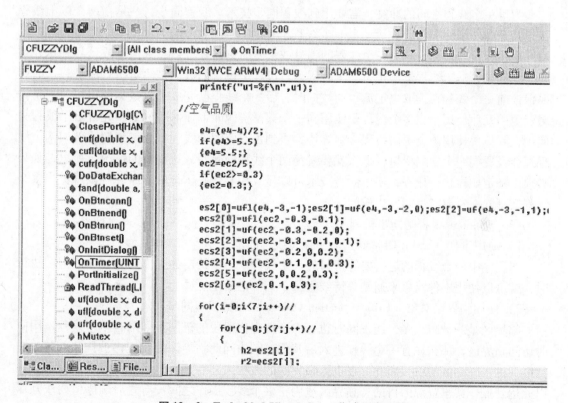

图 12-2 Embedded Visual C++ 集成开发环境

12.2.2 Windows 多线程同步技术

线程是操作系统分配处理器时间的基本单元，一个进程中可以有多个线程同时执行。Windows CE 是一个多任务操作系统，它将每个任务的进程都划分成多个线程，每个线程代表一个独立的可执行单元,轮流占用CPU的运行时间和资源,操作系统不断地将线程挂起、唤醒、再挂起、再唤醒,如此循环,直到最终完成。

1. 多线程同步技术

（1）多线程程序设计的优点和缺点

1）优点：提高了并行性和运行效率,减少等待时间,加快响应时间,减少现实开销。①快速线程切换。在同一进程中的多线程共享同一地址空间,因而能使线程快速切换。②减少（系统）管理开销。③通信易于实现。为了实现协作,线程间需要交换数据。对于自动共享同一地址空间的各线程来说,所有全局数据均可自由访问。同时,线程通信的效率也很高。④并发程度提高。许多多任务操作系统基本上不存在线程数目的限制。⑤节省内存空间。多线程合用进程地址空间。

2）缺点：设计应用程序时要考虑资源要求和潜在冲突。①跟踪大量的线程将占用大量的处理器时间。②使用许多线程,控制代码执行非常复杂。③销毁线程需要了解可能发生的问题并对那些问题进行处理。

（2）线程同步

为避免多线程之间的冲突,需要用到线程同步技术。线程同步,一是指两个以上线程基于某个条件来协调它们的活动。一个线程的执行依赖于另一个协作线程的消息或信号,当一个线程没有得到来自另一个线程的消息或信号时则需等待,直到消息或信号到达才被唤醒。例如,一个线程依赖于另一个线程运行过程中设置的数据来决定执行流程。这时就要保证前一个线程在读取决定流程的数据时,后一个线程已完成了对数据的设置。二是指对资源的互斥使用。当多个线程要使用同一个共享资源时,任何时刻最多允许一个线程去使用,其他要使用该资源的线程必须等待,直到占有资源的线程释放该资源。例如两个线程都会设置同一个全局变量,那么就要避免两个线程同时写入该变量的情况。所以,如果必须以特定顺序执行任务,使用同步技术可以显式控制代码运行的顺序,可以避免当多个线程共享同一资源时可能发生的问题。

（3）Windows线程间同步机制

1）使用事件（Event Objects）对象保持线程同步

当程序中一个线程的运行要等待另外一个线程中一项特定的操作的完成才能继续执行时,就可以使用事件对象来通知等待线程某个条件已满足。

2）使用临界区对象（Critical Section Objects）保持线程同步

临界区是一种防止多个线程同时执行一个特定代码段的机制。如果有多个线程试图同时访问临界区,那么在有一个线程进入后其他试图访问此临界区的线程将被挂起,并一直持续到进入临界区的线程离开。在进入临界区的线程离开后,其他线程可以继续抢占,并以此达到操作共享资源的目的。临界区适用于多个线程操作之间没有先后顺序但要求互斥的同步。

3）使用信号灯（Semaphore Objects）对象保持线程同步

信号灯是允许一个或多个进程中的多个线程访问一个资源的同步对象。它允许多个线程在同一时刻访问同一资源,但要限制在同一时刻访问此资源的最多线程数目。

4）使用互斥体（Mutex）对象保持线程同步

互斥体通常用于协调多个线程或进程的活动,通过"锁定"和"取消锁定"资源,控制对共享资源的访问。一个互斥体一旦被一个线程锁定了,其他试图对其加锁的线程就会被阻塞。当对互斥体加锁的线程解除了锁定(释放了互斥体),则被阻塞的线程中的一个(如果有多个)就会得到互斥体(即锁定互斥体),并得以使用相应的资源。锁定互斥体的线程一定也是对其解锁的线程。互斥体与临界区相似,主要区别在于互斥体可以在多个进程中的线程之间进行协调,而临界区只能在一个进程中的多个线程之间进行协调。

2. 子线程的实现

本书用到三个子线程:读线程、写线程和算法线程。因为 WINCE 下不支持重叠 I/O 操作(OVERLAPPED I/O)模式,所以用单独的线程去读写串口,通过多线程来模拟重叠操作。而用算法线程,主要是不希望算法在计算过程中被中断。这三个线程有严格的执行顺序,并且会访问同一资源,为此,这里可用事件(Event Objects)对象或互斥体(Mutex)对象来保持线程同步。

12.2.3 数据存储技术应用

1. SQL Server CE 数据库

Microsoft SQL Server 2000 Windows CE Edition(SQL Server CE)version 2.0 是一个小型的数据库产品,旨在帮助企业迅速开发出能够将数据管理能力延伸到移动设备上的应用。SQL Server CE 是一个功能强大的工具,它支持用户熟悉的结构化查询语言(SQL),提供了与 SQL Server 一致的开发模型和 API,使得移动应用的开发过程更为简单。

SQL Server CE 的引擎提供了关系型数据库的基本功能,例如它拥有一个经过优化的查询处理器,并且支持事务和混合数据类型,同时只需占用很少的内存和系统资源。远程数据访问和合并复制确保 SQL Server 数据库中的数据不仅可以可靠地提交给用户,而且能够离线修改并在以后的时间与服务器进行同步,这使得 SQL Server CE 成为移动和无线环境的理想选择。

SQL Server CE 2.0 与 Microsoft. NET Compact Framework 的集成通过 Microsoft Visual Studio. NET 得以实现,从而简化了针对智能设备的数据库应用的开发过程。

SQL Server CE 通过提供以下能力扩展了数据管理的范围:

(1)便于快速开发的数据库平台。

(2)小巧但强悍的关系型数据库。它拥有一个经过优化的查询处理器,系统性能得到了增强。它支持各种数据类型,以确保灵活性。

(3)灵活的数据访问。无论设备是一直连接到 SQL Server 计算机还是间歇性地连接,SQL Server CE 都可以实现用户对数据直接、高效的访问。

2. SQL Server CE 远程数据访问

远程数据访问,即 Remote Data Access(简称为 RDA)。通过使用这项技术,并利用各种网络环境,用户可以将 Pocket PC 连接到远程的 SQL Server 2000 数据库。

(1)SQL Server CE 的安装和连接配置。应用 SQL Server CE 2.0 作为系统的数据存储工具,需要在 PC 端和 ADAM6500 端均安装相应的软件。在 ADAM6500 端(Client 端)需要的文件有:

1)SQL Server CE 文件。包括 Ssce20. dll(必须被注册),Ssceca20. dll(用于复制和远程数据访问,必须被注册),Ssceerror20en. dll(可选,用于在开发期间提供错误信息),

第 12 章　基于嵌入式控制器的变风量空调控制系统

Isqlw20. exe（可选，SQL Server CE 数据库查询分析工具），dllregister. exe（可选，用于在 CE 设备上注册 SQL Server CE）。

2）ADOCE 和 OLE DB 文件。包括 Msdaeren. dll、Adoce31. dll、Adoceoledb31. dll 和 Adoxce31. dll 文件。最后运行 dllregister. exe，便完成了 SQL Server CE 2. 0 的注册安装。

在 PC 端（Server 端）需要的软件环境可以是 Windows XP + IIS + SQL Server 2000 + SQL Server 2000 SP3 + SQL Server CE 2. 0 + SQL Server CE 2 SP3。确定已安装以上软件后，进行 SQL Server FOR CE 的连接配置：

①为 Sscesa. dll 文件设定虚拟目录别名以及实际所指向的目录。

②为 SQL Server 设置以网络路径形式给出的快照目录和 NTFS 读写权限。

（2）在服务器上建立一个 dbtest 数据库，并在数据库中新建 SW 和 STUDENT 表。预先在表中存取一些数据，以便在例子中执行 PULL 操作时将服务器中 STRDENT 表的数据下载到模拟器的数据库中。

（3）在 ADAM6500 上通过 isqlw20 工具建立一个数据文件 myDB. sdf，该数据文件默认放在 My Documents 目录下，如图 12 - 3 所示。

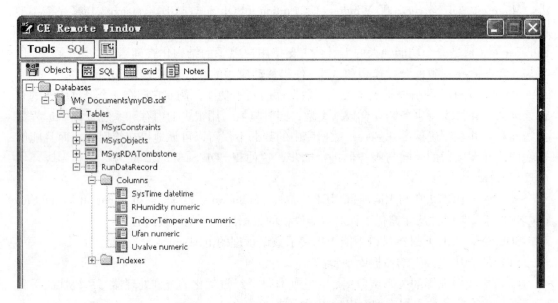

图 12 - 3　在 ADAM6500 上建立的数据库

（4）调用 SQL Server CE 提供的"拉数据"、"推数据"和"远程 T - SQL 操作"三种方法，实现远程数据访问。

拉数据就是 Windows CE 从 SQL Server 服务器获取数据的过程，这里也可以从服务器中下载数据。用户不必关心中间的处理过程，只需要调用 ISSCERDA 接口的 pull 方法即可。在执行 Pull 方法之前，需要通过 ISSCERDA 接口设置 Internet URL、Internet Login、Internet Password 和 Local Connection String 属性。

推数据则是将 CE 本地库中的数据上传到服务器中。需要强调一点，只有那些通过 Pull 方法下载并且 TrackOption 参数被设置成 TRACKINGON 或 TRACKINGON_INDEXES 的表才能通过 Push 方法上传。

Submit 方法可以执行远程 SQL 语句，也就是可以将 SQL 语句上传到服务器上直接执行。执行情况可以通过 SUCCEEDED 宏或 FAILED 宏来判断。

12.2.4 软件模块图

如图 12-4 所示，变风量空调控制系统软件设计主要分三个部分：控制器串口读写、控制算法和数据库访问。该部分主要是为了在嵌入式控制器真正实现控制时，能记录各路传感器信号值和控制量大小，以便于计算机进行数据分析。该部分编程主要有两个部分：嵌入式控制器中 Windows CE.net 下的 ADO（ActiveX Data Object）访问数据库 SQL Server CE，进行数据插入（INSERT）来保存数据；开发机中的 RDA（Remote Data Access）远程数据访问技术，实现 SQL Server CE 中数据库初始化和 SQL Server 2000 中数据异步数据更新。

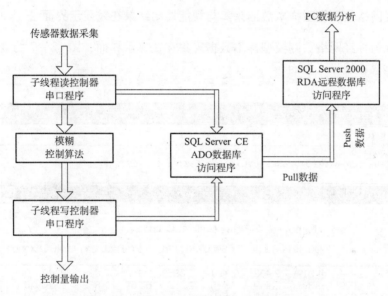

图 12-4 变风量空调控制系统软件架构图

1. 控制器串口读写编程

控制器串口读写程序流程如图 12-5 所示，需要注意的是，对于串口读写，超时操作是至关重要的，可以根据实际情况考虑采用何种超时操作。本控制系统对串口读取数据和写入数据都采用超时，并采用了单独的线程负责读取和写入，以保证不会阻塞主线程。

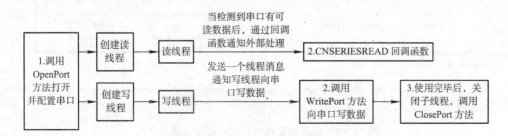

图 12-5 控制器串口读写程序流程

第12章 基于嵌入式控制器的变风量空调控制系统

2. 控制算法编程

本章只需按照智能控制算法（如模糊控制算法）编制成 C 程序语言，然后在 EVC 环境下运行，即可实现对变风量空调系统的实时在线控制。控制算法已在前面各章作了详细论述，这里不再重复。

12.2.5 文件存储

使用 SQL Server CE 有利于商业化，形成用户熟悉的界面，实现和上位机中数据库的快速接合，方便用户日期查询分析。文件存储方式使用简单、操作方便，不要求控制系统软件用户具备数据库方面的知识，只需使用远程工具 Windows CE Remote File Viewer 下载历史数据，然后将数据处理和分析的工作在功能强大、使用方便的上位机中完成。

12.2.6 神经网络预测模型样本数据采集与智能控制结果在线显示界面

图 12-6 为神经网络预测模型样本数据采集在线显示界面，图 12-7 为变风量空调系统模糊控制结果在线显示界面。

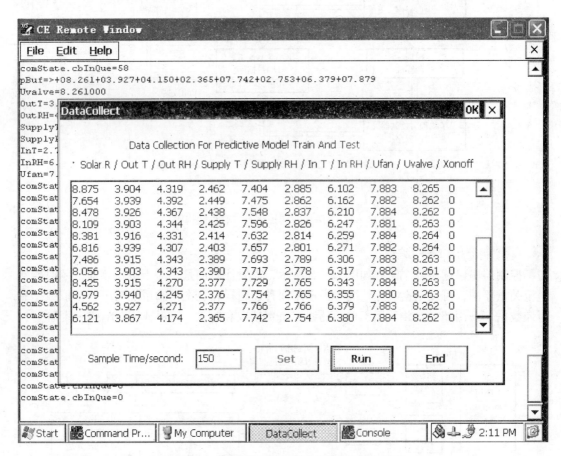

图 12-6　预测模型样本数据采集在线显示界面

12.2 控制系统软件设计介绍

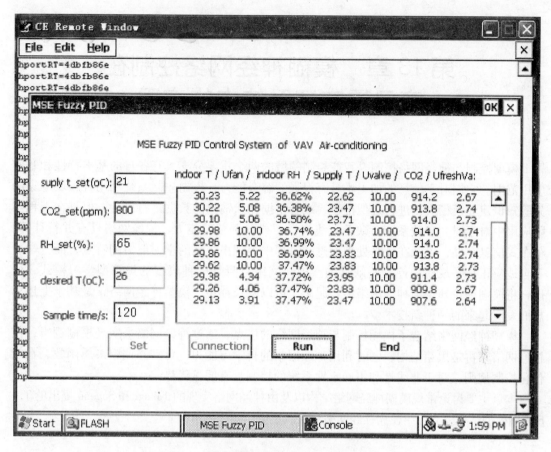

图 12-7 变风量空调模糊控制结果在线显示界面

本 章 小 结

本章介绍了变风量空调控制系统，分别介绍了控制系统的硬件组成和软件设计。在控制系统的硬件组成方面，介绍了现场设备层、控制层、监控管理层以及传感变送机构与执行机构；在控制系统的软件设计方面，介绍了 Windows CE 操作系统和 SQL Server CE 数据库在控制系统中的应用等内容。

第13章 模糊神经网络控制在变风量空调系统中的应用

模糊控制和神经网络控制是智能控制领域的两个重要分支，有各自的基本特性和基本应用范围。它们对于信息的加工均具有很强的容错能力。模糊控制系统利用各领域专家的先验知识建立模糊规则进行近似推理，或者根据输入输出的数据进行设计。但是在工程实际应用中对于时变参数系统，缺乏在线自学习或自调整的能力。神经网络具有并行计算、分布式信息存储，以及在计算处理信息的过程中表现出很强的学习能力的特点，而自学习和自适应正是常规模糊控制所缺乏的。神经网络自身是一种典型的黑箱型学习模式，所以，将模糊理论知识与神经网络结合起来，可以取长补短，模糊神经网络正是基于上述思想而发展起来的一种新技术。

模糊神经网络结合了模糊控制与神经网络的优点，通过神经网络来实现模糊逻辑，使神经网络不再是黑箱结构，同时利用神经网络的自学习能力，可动态调整隶属函数、在线优化控制规则，对于非线性和不确定性系统的控制具有明显优势。

本章主要讨论常规模糊神经网络结构以及由神经网络实现的 Takagi 和 Sugeno 提出的 T-S 模糊模型结构，并介绍模糊神经网络对变风量空调的控制示例。

13.1 模糊神经网络

13.1.1 常规模糊神经网络

1. 常规模糊系统的模糊模型

在前面的章节中已经介绍了常规模糊系统的结构组成，对于多输入多输出的模糊系统，可以分解为多个多输入单输出的模糊系统来处理。因此，不失一般性，下面只讨论 MISO 模糊系统，如图 13-1 所示。

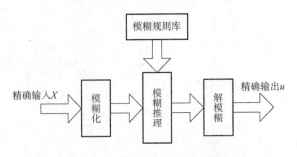

图 13-1 常规模糊系统的模糊模型

该模糊系统对于精确的输入经过模糊化处理，按照模糊规则进行模糊推理，最后将输出经解模糊处理后以精确量的形式输出。

设输入向量为：
$$X = (x_1, x_2, \cdots, x_n)^T$$

其中，每个分量 x_i 均为模糊语言变量，例如对于一个作为模糊控制器的模糊模型来说，x_1 代表系统的偏差，x_2 代表偏差变化。设 x_i 的语言变量值为 $L(x_i)$，则有：
$$L(x_i) = \{A_i^1, A_i^2, \cdots, A_i^{m_i}\}, i = 1, 2, \cdots, n$$

其中 A_i^j ($j = 1, 2, \cdots, m_i$) 是变量 x_i 的第 j 个语言变量值，是定义在论域上的模糊集合，为负大（NB）、负中（NM）、负小（NS）、零（ZE）、正小（PS）、正中（PM）、正大（PB），等取值。

设输入 x_i 采用隶属度函数进行模糊化后的值为 $\mu_{A_i^j}(x_i)$，其中 $i = 1, 2, \cdots, n$，$j = 1, 2, \cdots, m_i$。设单输出量 y 对应的语言变量值为 $L(y)$，则有：
$$L(y) = \{B^1, B^2, \cdots, B^j\}$$

其中，j 为所取输出语言变量值的个数。

设描述输入输出关系的模糊规则为：
$$R_i: \text{IF } x_1 \text{ is } A_1^i, x_2 \text{ is } A_2^i, \cdots, x_n \text{ is } A_n^i \text{ THEN } y \text{ is } B^i$$

其中，$i = 1, 2, \cdots, m$。m 表示模糊规则的总数，$m \leq m_1 m_2 \cdots m_n$。

若输入量采用单点模糊集合的模糊化方法，则对于给定的输入 X，采用取小运算关系可以求得相应每条规则的强度为：
$$\omega_i = \mu_{A_1^i}(x_1) \wedge \mu_{A_2^i}(x_2) \wedge \cdots \wedge \mu_{A_n^i}(x_n)$$

或者采用积运算关系可以得到每条规则的强度为：
$$\omega_i = \mu_{A_1^i}(x_1) \mu_{A_2^i}(x_2) \cdots \mu_{A_n^i}(x_n)$$

通过模糊推理，每条模糊规则的推理结果为：
$$\alpha_i = \omega_i \wedge \mu_B^i(y)$$

或者为：
$$\alpha_i = \omega_i \mu_B^i(y)$$

从而对于 m 条控制规则的推理结果为：
$$\alpha = \bigvee_{i=1}^{m} \alpha_i \wedge \mu_B^i(y)$$

若采用重心法进行去模糊处理，则可得清晰化输出为：
$$y = \frac{\sum_{j=1}^{m} \alpha_j B^j}{\sum_{j=1}^{m} \alpha_j} = \sum_{j=1}^{m} B^j \bar{\alpha}_j$$

其中
$$\bar{\alpha}_j = \frac{\alpha_j}{\sum_{j=1}^{m} \alpha_j}$$
$$\alpha_i = \mu_{A_1^i}(x_1) \mu_{A_2^i}(x_2) \cdots \mu_{A_n^i}(x_n)$$

2. 常规模糊神经网络的结构

常规模糊神经网络的标准结构为五层，依次为输入层、模糊化处理层、模糊推理层、归一化处理层和清晰化（解模糊）输出层。给出为多输入单输出的常规模糊神经网络结构，如图 13-2 所示。

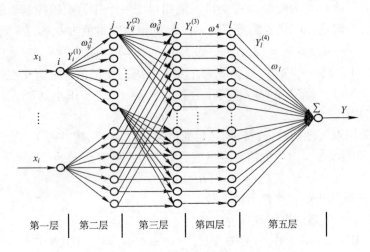

图 13-2 常规多输入单输出模糊神经网络的结构图

图中第一层为输入层。该层的各结点分别代表了输入向量的各分量，起到将输入值 $\chi = [x_1, x_2, \cdots, x_n]$ 传送到下一层的作用。该层结点的个数为 $N_1 = n$。

$$y_i^{(1)} = x_i, \quad i = 1, 2, \cdots, n$$

第二层为模糊化层。它的作用是通过选择合适的隶属度函数求出各输入分量的隶属度。例如，根据实际情况输入向量 x_i ($i = 1, 2, \cdots, n$) 可选择语言论域为 {NB, NM, NS, Z, PS, PM, PB}，则对应的模糊分割数即为 $m_i = 7$，可以采用可微的高斯函数（或三角函数等）作为隶属函数对其进行隶属度的求取，设为 $y_{ij}^{(2)}$，其中 $i = 1, 2, \cdots, n$, $j = 1, 2, \cdots, m_i$。n 为输入分量的个数，m_i 为第 i 个分量的模糊分割数。该层的结点总数为 $N_2 = \sum_{i=1}^{n} m_i$。

$$y_{ij}^{(2)} = \exp\left(-\frac{(y_i^{(1)} - a_{ij})^2}{b_{ij}^2}\right) \quad i = 1, 2, \cdots, n, j = 1, 2, \cdots, m_i$$

式中 a_{ij}, b_{ij}——分别表示隶属函数的中心和宽度是待定参数。

第三层为规则层。该层的每个结点对应于模糊推理的每条规则。它的作用是用来匹配模糊规则的前件，计算出每条规则的适应度，即：

$$y_k^{(3)} = y_{1,i_1}^{(2)} \wedge y_{2,i_2}^{(2)} \wedge \cdots y_{n,i_n}^{(2)}$$

其中，$i_1 \in \{1, 2, \cdots, m_1\}$, $i_2 \in \{1, 2, \cdots, m_2\} \cdots i_n \in \{1, 2, \cdots, m_n\}$, $k = 1, 2, \cdots, m$, $m = \prod_{i=1}^{n} m_i$。该层的结点总数为 $N_3 = m$。

第四层为规范化处理层。该层的作用就是规范化计算，即归一化计算。

$$y_l^{(4)} = \frac{y_l^{(3)}}{\sum_{k=1}^{m} y_k^{(3)}}, l = 1, 2, \cdots, m$$

该层具有与第三层相同的结点数 $N_4 = N_3 = m$。

第五层为输出层。该层的作用是解模糊处理。可以采用模糊控制中所介绍的中心法等进行解模糊计算。

$$y = \sum w_l y_l \quad l = 1, 2, \cdots, m$$

其中，w_l 相当于第 l 个输出的连接权值，相当于 y_l 的语言值隶属函数的中心值。

3. 常规模糊神经网络控制器的学习算法

既然模糊神经网络的基本结构就是由神经网络来实现模糊逻辑，并且常规的模糊神经网络从本质上说是一种五层的前馈型神经网络，那么前馈型神经网络的学习算法也就应该是可以应用到模糊神经网络的学习算法。

目前，对于前馈神经网络的学习问题已经得到了较充分的研究和探讨，并在最基本的广泛应用与研究的 BP 算法的基础上，国内外的学者也提出了各种改进算法。另外，遗传算法等全局搜索算法也可以应用于常规模糊神经网络的学习。下面采用加入动量项的改进 BP 算法作为调整参数的学习算法以供读者参考。

设图 13-3 为模糊神经网络控制系统的结构框图。图中 $y_d(k)$ 为系统 k 时刻的期望输出，$y(k)$ 为系统 k 时刻的实际输出。

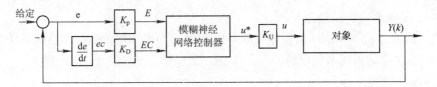

图 13-3 模糊神经网络控制系统结构框图

为简单起见，设控制对象模型对应的时域表达式设为 $g(t)$，对应离散时间设为 $g(k)$。确定模糊神经网络控制器的误差指标函数为：

$$E = \frac{1}{2}[y_d(k) - y(k)]^2 = \frac{1}{2}[y_d(k) - g(k)u(k)]^2$$

式中　$y_d(k)$——系统 k 时刻的期望输出；

　　　$y(k)$——系统 k 时刻的实际输出；

　　　$u(k)$——控制器计算输出。

模糊神经网络需要学习的参数，主要是最后一层的连接权 w_l，以及模糊化过程中隶属度函数的中心值 a_{ij} 以及宽度 b_{ij}。采用加入动量项的改进 BP 算法来学习训练网络权值。

输出层：

$$\delta_l^{(5)} = -\frac{\partial E}{\partial Y} = e(k)$$

$$\Delta w_l = -\frac{\partial E}{\partial w_l} = -\frac{\partial E}{\partial Y}\frac{\partial Y}{\partial u}\frac{\partial u}{\partial w_l} = \delta_l^{(5)} \cdot g(k) \cdot Y_l^{(4)} \quad (l = 1, 2, \cdots, m)$$

规则层：

$$\delta_l^{(4)} = -\frac{\partial E}{\partial Y_l^{(4)}} = \delta_l^{(5)} \cdot g(k) \cdot w_l \quad (l=1, 2, \cdots, m)$$

$$\delta_l^{(3)} = -\frac{\partial E}{\partial Y_l^{(3)}} = \delta_l^{(4)} \cdot g(k) \cdot \frac{1}{\sum_{l=1}^{49} Y_l^{(3)}} \quad (l=1, 2, \cdots, m)$$

$$\delta_{ij}^{(2)} = \sum_l (\delta_l^{(3)} Y_l^{(3)}) \quad (l=1, 2, \cdots, m; \ i=1, 2, \cdots, n; \ j=1, 2, \cdots, m_i)$$

$$\Delta a_{ij} = -\frac{\partial E}{\partial a_{ij}} = \delta_{ij}^{(2)} \cdot \frac{2(X_i - a_{ij})}{b_{ij}^2} \quad (i=1, 2, \cdots, n; \ j=1, 2, \cdots, m_i)$$

$$\Delta b_{ij} = -\frac{\partial E}{\partial b_{ij}} = \delta_{ij}^{(2)} \cdot \frac{2(X_i - a_{ij})^2}{b_{ij}^3} \quad (i=1, 2, \cdots, n; \ j=1, 2, \cdots, m_i)$$

$$a_{ij}(N+1) = a_{ij}(N) + \eta \cdot \Delta a_{ij} + \alpha [a_{ij}(N) - a_{ij}(N-1)]$$
$$b_{ij}(N+1) = b_{ij}(N) + \eta \Delta b_{ij} + \alpha [b_{ij}(N) - b_{ij}(N-1)]$$
$$w_l(N+1) = w_l(N) + \eta \Delta w_l + \alpha [w_l(N) - w_l(N-1)]$$

式中　η——学习率；
　　　α——动量因子；
　　　N——迭代次数。

13.1.2　T-S模糊神经网络

1. T-S模糊系统的模糊模型

不失一般性，由于MIMO的模糊系统可以分解为多个MISO模糊的模糊系统，因此仍以MISO作为讨论的模糊系统模型。

设输入向量为：

$$X = (x_1, x_2, \cdots, x_n)^T$$

其中，每个分量x_i均为模糊语言变量，设x_i的语言变量值为$L(x_i)$，则有：

$$L(x_i) = \{A_i^1, A_i^2, \cdots, A_i^{m_i}\}, \ i=1, 2, \cdots, n$$

其中A_i^j（$j=1, 2, \cdots, m_i$）是变量x_i的第j个语言变量值，是定义在论域U_i上的模糊集合。输入x_i采用隶属度函数进行模糊化后的值为$\mu_{A_i}(x_i)$，其中$i=1, 2, \cdots, n, \ j=1, 2, \cdots, m_i$。

Takagi和Sugeno提出的模糊规则后件是输入变量的线性组合，即：

$$R_i: \text{IF } x_1 \text{ is } A_1^i, x_2 \text{ is } A_2^i, \cdots, x_n \text{ is } A_n^i \text{ THEN}$$
$$y_i = p_{i0} + p_{i1}x_1 + p_{i2}x_2 + \cdots + p_{in}x_n$$

式中，$i=1, 2, \cdots, m$。m表示模糊规则的总数，$m \leq m_1 m_2 \cdots m_n$。$p_{ij}$（$j=1, 2, \cdots, n$）为后件网络的连接权。

若输入量采用单点模糊集合的模糊化方法，则对于给定的输入x，采用取小运算关系可以求得相应每条规则的强度（或称适应度）为：

$$\alpha_i = \mu_{A_1}^i(x_1) \wedge \mu_{A_2}^i(x_2) \wedge \cdots \wedge \mu_{A_n}^i(x_n)$$

或者采用积运算关系可以得到每条规则的强度为：

$$\alpha_i = \mu_{A_1}^i(x_1) \mu_{A_2}^i(x_2) \cdots \mu_{A_n}^i(x_n)$$

模糊系统的输出量为每条规则的输出量的加权平均,即:

$$y = \frac{\sum_{j=1}^{m} \alpha_j y_j}{\sum_{j=1}^{m} \alpha_j} = \sum_{j=1}^{m} y_j \bar{\alpha}_j$$

其中

$$\bar{\alpha}_j = \frac{\alpha_j}{\sum_{j=1}^{m} \alpha_j}$$

式中　m——模糊规则的数量;
　　　y_j——第 j 条规则的输出;
　　　α_j——对应输入向量的第 j 条规则的适应度。

2. T-S 模糊神经网络的结构

根据上面给出的 T-S 模糊模型,可以利用神经网络实现,从而得到如图 13-4 所示

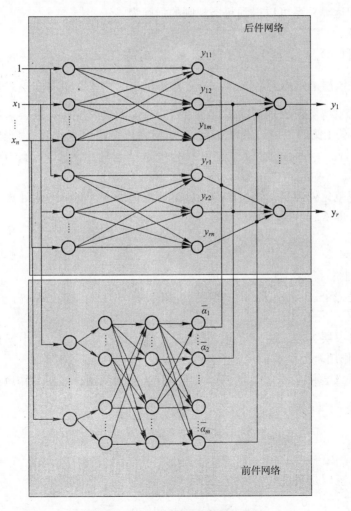

图 13-4　T-S 模糊神经网络结构

的 T-S 模糊神经网络结构。由图可见，该网络由两大部分组成，即前件网络和后件网络。前件网络用来匹配模糊规则的前件，后件网络用来产生模糊规则的后件。

（1）前件网络

前件网络可以采用类似于常规模糊神经网络的结构，由四层组成。它的每个结点直接与输入向量的各个分量 x_i 连接，起到将输入值 $\chi = [x_1, x_2, \cdots, x_n]$ 传送到下一层的作用。该层结点的个数为 $N_1 = n$。

第二层每个结点代表一个语言变量值。它的作用是计算个输入分量属于各语言变量值模糊集合的隶属度函数 $\mu_{A_i^j}(x_i)$，令

$$\mu_i^j = \mu_{A_i^j}(x_i)$$

其中 $i = 1, 2, \cdots, n$，$j = 1, 2, \cdots, m_i$。该层的结点总数为 $N_2 = \sum_{i=1}^{n} m_i$。

第三层为模糊规则层。该层的每个结点对应于模糊推理的每条规则。它的作用是用来匹配模糊规则的前件，计算出每条规则的适应度，即：

$$\alpha_i = \mu_1^i \wedge \mu_2^i \wedge \cdots \wedge \mu_n^i$$

或者采用积运算关系可以得到每条规则的强度为：

$$\alpha_i = \mu_{A_1}^i \mu_{A_2}^i \cdots \mu_{A_n}^i$$

其中，$i_1 \in \{1, 2, \cdots, m_1\}$，$i_2 \in \{1, 2, \cdots, m_2\} \ldots i_n \in \{1, 2, \cdots, m_n\}$，$k = 1, 2, \cdots, m$，$m = \prod_{i=1}^{n} m_i$。该层的结点总数为 $N_3 = m$。对于给定的输入，只有在输入点附近的语言变量值才有较大的隶属度值，远离输入点的语言变量值的隶属度或者很小（例如高斯隶属度函数），或者为零（例如三角形隶属度函数）。当隶属度函数很小时（例如小于 0.05）可近似取为零。因此，上面的适应度值中只有少量结点输出为非零值，而大多数的输出为零。

第四层为规范化处理层。该层的作用就是规范化计算，即归一化计算。该层的结点数同第三层相同，即 $N_4 = N_3 = m$。

$$\overline{\alpha_i} = \alpha_i / \sum_{i=1}^{m} \alpha_i, \quad i = 1, 2, \cdots, m$$

（2）后件网络

后件网络是一个三层网络，由 r 个结构相同的子网络组成，每个子网络产生一个输出量。

子网络的第一层为输入层，它将输入变量传递到第二层。输入层中第 0 个结点的输入值 $x_0 = 1$，它的作用是提供模糊规则后件中的常数项。

子网络的第二层共有 m 个结点，每个结点代表一条规则，该层的作用是计算每一条规则的后件，即：

$$y_i^j = p_{i0}^j + p_{i1}^j x_1 + p_{i2}^j x_2 + \cdots + p_{in}^j x_n = \sum_{k=0}^{n} p_{ik}^j x_k$$

其中，$i = 1, 2, \cdots, m$，$j = 1, 2, \cdots, r$。

子网络的第三层是系统的输出层，即：

$$y_j = \sum_{i=1}^{m} y_i^j \overline{\alpha_i} \quad j = 1, 2, \cdots, r$$

可见，输出 y_j 是个规则后件的加权和，加权系数为各模糊规则经归一化处理后的适应度，即前件网络的输出用作后件网络第三层的连接权值。

3. T-S 模糊神经网络的学习算法

如同常规模糊神经网络的学习算法一样，既然 T-S 模糊神经网络是由神经网络来实现模糊的逻辑，那么适用于神经网络学习的诸多学习算法也就应该是可以应用到 T-S 模糊神经网络的学习算法。

假设 T-S 模糊模型的前件模糊划分是预先确定的，那么需要学习的参数主要是后件的各连接权 p_{ik}^{j}（其中，$i=1,2,\cdots,m$，$j=1,2,\cdots,r$，$k=0,1,\cdots,n$）以及前件网络中第二层隶属度函数中未定的参数。为简化起见，可以将参数 p_{ik}^{j} 固定，这时每条规则的后件在简化结构中变成了最后一层的连接权。这样的简化结构与常规模型的模糊神经网络具有完全相同的结构，这时就可以套用前面已推导的算法。

13.2 模糊神经网络控制在变风量空调系统中的应用

变风量空调系统是一种节能效果显著的空调系统。它是通过送入各房间的风量来适应负荷变化的系统，当室内空调负荷改变或室内空气参数设定值变化时，空调系统自动调节进入房间内的风量，将被调节区域的温度参数调整到设定值。送风量的自动调节可很好地降低风机的能耗，从而降低整个空调系统的运行能耗。据有关文献报道，变风量系统与定风量系统相比，大约可以节能 30%–70%。

模糊神经网络结合了模糊控制与神经网络的优点，通过神经网络来实现模糊逻辑，使神经网络不再是黑箱结构，同时利用神经网络的自学习能力，可动态调整隶属函数、在线优化控制规则，对于非线性和不确定性系统的控制具有明显优势，更适合于变风量空调系统的控制。

1. 控制系统描述

采用模糊神经网络通过控制送风量来调节房间内的温度，以满足房间舒适性要求。控制系统的结构图如图 13-5 所示。

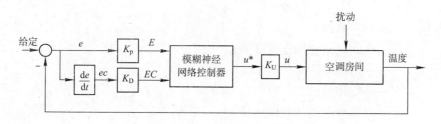

图 13-5 控制系统结构图

空调系统的能量平衡方程式为：

$$w = \frac{q}{1.01(t_f - t_s)}$$

式中　w——送风量；
　　　q——负荷；

t_f —— 房间温度；

t_s —— 送风温度。

从上式可知：当负荷 q 或室内设定温度 t_f 发生改变时，如果保证送风量 w 不变，必须调节送风温度 t_s；当保证送风温度 t_s 不变，而调节送风量 w，都能保持空调系统的能量平衡。后一种情况就是 VAV 空调系统遵循的能量平衡规律。由于上式中的负荷难以确定，该式不适合用于本章的仿真模型。

根据能量守恒定律，单位时间内进入房间的能量减去流出房间的能量应等于房间内储存能量的变化率，有如下对应关系：

$$C_0 \frac{dt_f}{dt} = (w \cdot \rho \cdot C \cdot t_s + q_f) - (w_b \cdot \rho \cdot C \cdot t_b + q_c)$$

式中　C_0 —— 空调房间的热容量；

　　　C —— 空气定压比热；

　　　w —— 送风量；

　　　w_b —— 回风量；

　　　ρ —— 空气密度；

　　　t_f —— 空调房间的温度；

　　　t_s —— 送风温度；

　　　t_b —— 回风温度；

　　　q_f —— 房间内散热量；

　　　q_c —— 由墙体等向外散发出的总热量。

由于是变风量空调系统，所以在上式中送风温度 t_s 不变，而送风量 w 是需要控制的变量。通常回风温度可近似为房间内温度，即有：$t_b \approx t_f$。认为回风量与送风量具有固定的比值 K（$0 < K < 1$），则回风量可表示为：$w_b = K \cdot w$ 对上式进行整理，可得到送风量与回风温度的数学关系：

$$C_0 \frac{dt_b}{dt} = K_0 \cdot T_s \cdot w - K \cdot K_0 \cdot t_b \cdot w + q_f - \gamma \cdot F \cdot (t_b - t_w)$$

式中　$K_0 = \rho \cdot C$ —— 常数；

　　　T_s —— 固定不变的送风温度；

　　　γ —— 房间墙体的传热系数；

　　　F —— 墙体的面积；

　　　t_w —— 室外空气的温度。

将上述方程写为增量形式，可得下式：

$$\frac{C_0}{K_0 \cdot w_0 + \gamma F} \cdot \frac{d\Delta t_b}{dt} + \Delta t_b = \frac{K_0 \cdot \Delta w \cdot (T_s - t_{b0}/K)}{K_0 \cdot w_0 + \gamma F} + \frac{\Delta q_f + \Delta t_w \cdot \gamma F}{K \cdot w_0 + \gamma F}$$

看作房间调结通道与干扰通道两部分，简化为：

$$T \cdot \frac{d\Delta t_b}{dt} + \Delta t_b = K_w \cdot \Delta w + K_q \cdot \Delta q$$

式中　T —— 房间的热惯性时间常数；

K_w——房间调结通道的比例系数；
K_q——房间扰动通道的比例系数；
Δq——室内外受干扰热量的变化量；
Δw——变化的送风量；
Δt_b——变化的房间温度。

经拉氏变换得到房间调节通道与干扰通道的传函分别为：

$$G_1(s) = \frac{K_w}{Ts+1}, \quad G_2(s) = \frac{K_q}{Ts+1}$$

因为实际系统中传感器具有时间延迟，所以，为使模型根接近于真实情况，仿真时应考虑到系统的延时，即在传递函数中加入纯滞后环节Ⅰ。

2. 控制器设计

采用基于常规模型的模糊神经网络控制器结构，如图13-6所示。

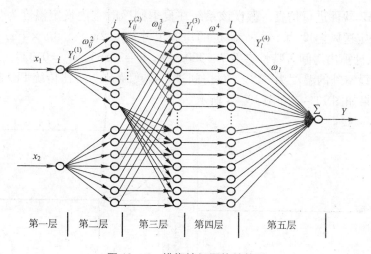

图13-6 模糊神经网络结构图

图中的模糊神经网络结构中，ω_{ij}^2，ω_{ij}^3及ω^4均取1，确定模糊神经网络控制器各层情况如下：

第一层为输入层，采用温度的误差E以及误差变化率EC作为输入，该层的结点数为2。

$$x_1 = E; \quad x_2 = EC; \quad y_i^{(1)} = x_i \quad i = 1, 2$$

第二层为模糊化层，选取误差及误差变化语言论域为 {负大, 负中, 负小, 零, 正小, 正中, 正大}，用符号表示为 {NB, NM, NS, Z, PS, PM, PB}。采用高斯函数作为隶属函数：

$$y_{ij}^{(2)} = \exp\left(-\frac{(y_i^{(1)} - a_{ij})^2}{b_{ij}^2}\right)$$

$i = 1, 2, j = 1, 2, \cdots, 7, a_{ij}, b_{ij}$分别表示隶属函数的中心和宽度是待定参数。

第三层为规则层，对应于模糊推理，计算得到每条规则的适应度。该层对应的结点数为$7^2 = 49$。

$$y_k^{(3)} = y_{1,i}^{(2)} \wedge y_{2,j}^{(2)}$$
$$i = 1, 2, \cdots, 7 \quad j = 1, 2, \cdots, 7 \quad k = 1, 2, \cdots, 49$$

第四层进行规范化处理：

$$y_l^{(4)} = \frac{y_k^{(3)}}{\sum_{k=1}^{49} y_k^{(3)}}, l = 1, 2, \cdots, 49$$

最后一层采用中心法进行解模糊。

$$y = \sum w_l y_l^{(4)}, l = 1, 2, \cdots, 49$$

在以上表达式中参数 a_{ij}，b_{ij}，w_l 通过学习，不断地得到优化。

由于 BP 算法学习速度慢，而且易于落入局部极小，所以可采用加入动量项的改进 BP 算法来作为学习算法训练网络权值。

3. 仿真实验

用 MATLAB 软件进行仿真。假设该系统在夏季制冷时室内设定温度为 25℃，相对湿度为 50%，固定送风温度为 14℃。假定的房间尺寸为 9.2m×5.8m×4m，$K_0 = \rho \cdot C$ 取 1.212，则可以计算出房间各特性参数 $T = 300$s，$K_w = -3.563$，$K_q = 0.329$，取延迟时间常数为 $\tau = 60$s。设室外的温度为 32℃，对房间进行温度调节。对比传统 PID 控制与模糊神经网络控制效果如图 13-7 和图 13-8 所示。

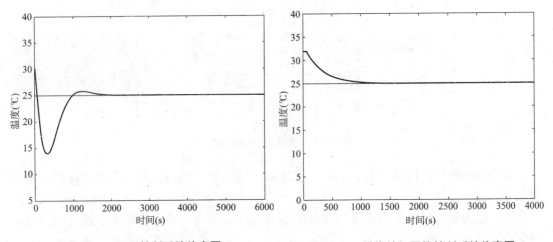

图 13-7　PID 控制系统仿真图　　　图 13-8　模糊神经网络控制系统仿真图

对比上面的两个图可以看到，在固定参数条件下，传统 PID 与模糊神经网络控制都能使系统的稳态性能满足要求，但是模糊神经网络控制使系统响应的动态性能得到明显改善。

由于空调系统的不确定性，当房间模型失配时，设房间的热惯性时间常数变为 $T = 1000$s，其他参数不变，在这种情况下，传统 PID 控制与模糊神经网络控制系统的响应曲线如图 13-9 和图 13-10 所示。

对比以上两图可见，当房间模型发生改变时，传统 PID 控制由于自适应能力差，使系统的动态性能变得很差，而模糊神经网络由于具有强的鲁棒性，自适应能力强。

13.2 模糊神经网络控制在变风量空调系统中的应用

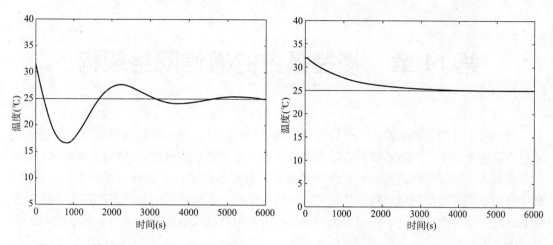

图 13-9 模型失配 PID 控制系统仿真图　　图 13-10 模型失配模糊神经网络控制系统仿真图

本 章 小 结

本章主要讨论了常规模糊神经网络和由 Takagi 及 Sugeno 提出的 T-S 型模糊神经网络控制器的模型结构以及它们的常用学习算法。最后给出了对于变风量空调末端的控制应用。

常规模糊神经网络的标准结构为五层，依次对应模糊逻辑的输入层、模糊化处理层、模糊推理层、归一化处理层和清晰化（解模糊）输出层。每层对应的神经网络的连接权意义不同，需要对其赋予的模糊逻辑意义加以区分，对需要学习的参数加以识别，以此为基础可以研究合适的学习算法。本章给出的学习算法可供参考，也可以进一步改进。

T-S 型模糊神经网络控制器的模型结构由两大部分组成，即前件网络和后件网络。前件网络用来匹配模糊规则的前件，后件网络用来产生模糊规则的后件。前件网络可以采用类似于常规模糊神经网络的结构，由四层组成，包括输入层、模糊化处理层、规则层以及规范化处理层。后件网络是一个三层网络，由 r 个结构相同的子网络组成，每个子网络产生一个输出量。前件网络的输出用作后件网络第三层的连接权值。对于 T-S 模糊神经网络的学习算法可以如同常规模糊神经网络的学习算法一样，适用于神经网络学习的诸多学习算法也是可以应用到 T-S 模糊神经网络的学习算法。

第14章 楼控系统的通信网络架构

对于楼宇自控系统来讲，一个好的通信网络架构可以方便地融入各种成熟、先进的技术；产品选型范围广，使系统具有较高的性价比；可方便系统升级；能适应未来一定时期的发展要求，扩展性好；系统运行维护的备品备件容易获得；开放性与兼容性好。因此，楼宇自控系统的通信网络架构设计是系统设计的基础。系统架构的技术水准决定了能否实现系统的关键功能，决定了系统设备的选型与协调配合以及系统投入运行后的维护与扩展升级等方面。

楼宇自控系统的网络一般包括管理网络和控制网络。若考虑控制网络的特点，又可将控制网分为一、二层，组成二层或三层网络结构。控制网络可由多种不同的控制总线来承担，同时也包括传统的 RS 232 和 RS 485 总线。

14.1 RS 232 和 RS 485 总线

14.1.1 RS 232 总线

1. RS 232 总线部分特性

RS 232C 总线是一种异步串行通讯总线，总线标准是 EIA 正式公布的 RC 232C。
RS 232C 总线的下部分特性：
（1）传输距离一般小于 15m，传输速率一般小于 20kbps。
（2）完整的 RS 232C 接口有 22 根线，采用标准的 25 芯 DB 插头座。
（3）RS 232C 采用负逻辑。
（4）用 RS 232C 总线连接系统。
近程通讯：10 根线，或 6 根线，或 3 根线。

2. RS 232C 的三根线连接方式

RS 232C 的三根线连接方式如图 14-1 所示。

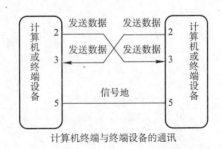

图 14-1 三根线连接方式连接方式

14.1 RS 232 和 RS 485 总线

RS 232C 插头在数据通讯设备（Data Communication Equipment，DCE）端，插座在数据终端设备（Data Terminal Equipment，DTE）端。一些设备与 PC 机连接的 RS 232C 接口，因为不使用对方的传送控制信号，只需三条接口线，即"发送数据"、"接收数据"和"信号地"。所以采用 DB-9 的 9 芯插头座，传输线采用屏蔽双绞线。

DB-9 的 9 芯插头插座之间的连线情况如图 14-2 所示。

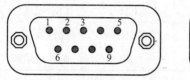

公头 接线端子排序图　　　母头 接线端子排序图

图 14-2　DB-9 的 9 芯插头插座之间的连线

9 针串口公口如图 14-3 所示，针脚定义情况如下：

9 针针脚定义（公口）：

Pin 1　　CD　　Received Line Signal Detector（Data Carrier Detect）；
Pin 2　　RXD　　Received Data；
Pin 3　　TXD　　Transmit Data；
Pin 4　　DTR　　Data Terminal Ready；
Pin 5　　GND　　Signal Ground；
Pin 6　　DSR　　Data Set Ready；
Pin 7　　RTS　　Request To Send；
Pin 8　　CTS　　Clear To Send；
Pin 9　　RI　　Ring Indicator。

对应的中文含义如表 14-1 所示。

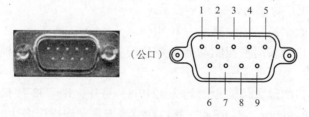

图 14-3　9 针串行接口公口

9 针串行接口针脚定义（公口）　　　表 14-1

针脚	信号来源	缩写	描述
1	调制解调器	CD	载波检测
2	调制解调器	RXD	接收数据
3	PC	TXD	发送数据

续表

针脚	信号来源	缩写	描述
4	PC	DTR	数据终端准备好
5		GND	信号地
6	调制解调器	DSR	通讯设备准备好
7	PC	RTS	请求发送
8	调制解调器	CTS	允许发送
9	调制解调器	RI	响铃指示器

一般只用2、3、5号三根线，三根线的接线端子情况：

2：RxD Receive Data，Input；

3：TxD Transmit Data，Output；

5：GND Ground。

14.1.2 RS 485 总线

在要求通信距离为几十米到上千米时，广泛采用RS 485串行总线标准。RS 485采用平衡发送和差分接收，因此具有抑制共模干扰的能力。加上总线收发器具有高灵敏度，能检测低至200mV的电压，故传输信号能在千米以外得到恢复。RS 485采用半双工工作方式，任何时候只能有一点处于发送状态。因此，发送电路需由使能信号加以控制。RS 485用于多点互联时非常方便，可以省掉许多信号线。应用RS 485可以联网构成分布式系统，其允许最多并联32台驱动器和32台接收器。

1. RS 485 特点

RS 485 具有以下特点：

（1）RS 485的电气特性：逻辑"1"以两线间的电压差为+（2～6）V表示；逻辑"0"以两线间的电压差为-（2～6）V表示。

（2）RS 485的数据最高传输速率为10Mbps。

（3）RS 485接口是采用平衡驱动器和差分接收器的组合，抗共模干扰能力增强，即抗噪声干扰性好。

（4）RS 485接口的最大传输距离约为1219m，另外，RS 232接口在总线上只允许连接1个收发器，即单站能力。而RS 485接口在总线上是允许连接多达128个收发器。即具有多站能力，这样用户可以利用单一的RS 485接口方便地建立起设备网络。

RS 485接口组成的半双工网络，一般只需两根连线（A、B线），RS 485接口均采用屏蔽双绞线传输。

2. RS 485 通信网络拓扑结构

通过计算机的RS 232接口连接到一个RS 232～RS 485转换器，通过RS 485总线和RS 485接口芯片，实现和几台单片机实现通信的通信网络拓扑结构如图14-4所示。

3. 正确的RS 485连接

一个使用RS 485总线的控制系统正确接线原理如图14-5所示。

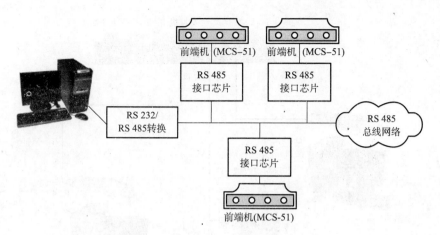

图 14-4　RS 485 通信网络拓扑结构

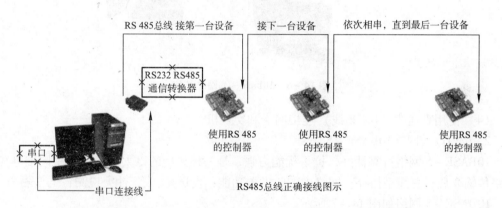

图 14-5　一个使用 RS 485 总线的控制系统正确接线原理

14.2　管理层网络

楼控系统的管理层网络一般为以太网。

14.2.1　IEEE 802.3/4/5 标准的局域网

在楼宇自控系统的管理层网络中，主要使用 IEEE 802.3 以太网。

1. 10base-T 网络

10base-T 中，"10"表示该网络的传输速率为 10Mbps；"Bace"表示基带传输；"T"表示使用双绞线网络电缆（两种典型的双绞线组网技术是 10base-T 和 100base-TX）。

10base-T 网络结构如图 14-6 所示。

硬件设备：

（1）使用 RJ45 接口的 10Mbps 网卡；

（2）10Mbps 的交换机；

（3）超 5 类 UTP 线缆；

第14章 楼控系统的通信网络架构

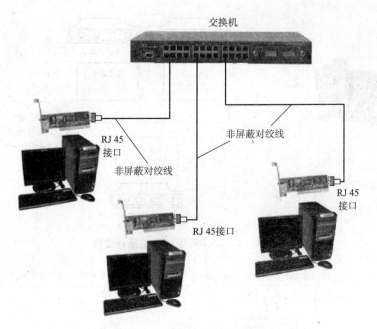

图 14-6 10base-T 网络结构

（4）使用直通线（B-B线）连接网卡和交换机。

2. 粗缆以太网（10BASE-5）

10BASE-5 网络可靠性好，抗干扰能力强，是一种典型的以太网。使用粗同轴电缆作网络传输介质；总线型拓扑；网络中的收发器功能：发送/接收，冲突检测，电气隔离。

10BASE-5 网络如图 14-7 所示。

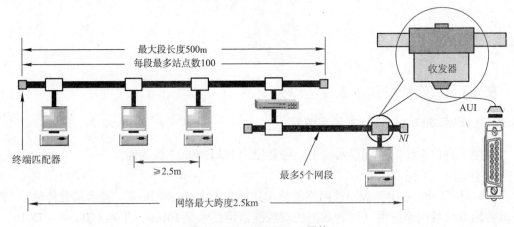

图 14-7 10BASE-5 网络

3. 细缆以太网（10Base-2）

10Base-2 网络也是一种典型的以太网。10Mb/s 的传输速率，基调传输，覆盖距离为 185m，近似为 200m；传输介质使用细同轴电缆；总线型拓扑。

10Base-2 网络如图 14-8 所示。

14.3 楼宇自控系统与集散控制系统

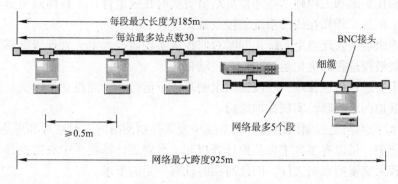

图 14-8　10Base-2 网络

14.3　楼宇自控系统与集散控制系统

DCS 系统是分布式控制系统的英文缩写（Distributed Control System），也叫集散控制系统。楼宇自控系统就是一个 DCS 系统。DCS 系统结构图如图 14-9 所示。

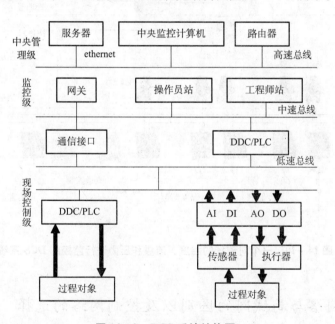

图 14-9　DCS 系统结构图

DCS 系统是一个多层级结构的计算机控制系统。最上一层是管理层，向下分层为监控级层和现场控制级层，系统中可由多层总线构成不同的层级，方向自上而下，有高速总线、中速总线和低速总线。中央监控计算机在管理层。

现场控制级由现场控制器 DDC 和其他现场设备组成。DDC 直接和现场中的传感器、执行器相连，对现场的被控对象的状态和参数进行检测和控制。DDC 还与上层计算机相连，接受指令和管理控制，并向上传递现场采集的数据。

监控级负责对现场被控对象进行监控和组态，实现控制过程的动态最优化运行。监控级一般包含操作员站和工程师站。操作员站负责实时在线监督；工程师站负责进行对系统的离线配置、组态工作和在线的系统监控及维护。

中央管理级负责管理整个系统，同时对监控级实现监控。中央管理级能够进行综合性的管理来实现被控过程的优化运行和综合自动化。

管理级主要进行信息管理，一般在以太网环境下运行。管理级通过网关、路由器或网络控制器与其他网络互联，实现数据通信。

挂接 DDC 的网络是控制网络，DCS 系统中要求控制网络的实时性好和可靠性高。

DCS 系统中，可以有多台中央监控计算机和一台管理计算机，中央监控计算机之间需要互相传输较大流量的数据文件，因此对实时性有一定的要求。

一个对现场的温度、流量和压力进行监控的 DCS 系统如图 14-10 所示。

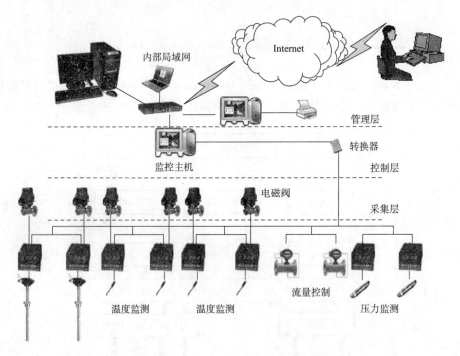

图 14-10　一个对现场的温度、流量和压力进行监控的 DCS 系统

14.4　控制网络与局域网的区别以及控制网络的选择

14.4.1　什么是控制网络

建筑设备自动化系统（BAS）是以局域网技术为基础的集散式监控网络结构，使建筑物内的智能设备基于标准通讯协议，通过一定的通信介质联网，来实现设备的综合自动化控制和管理，这种网络被称为控制网络，属于计算机网络在控制领域中的应用。控制网络也叫控制域网络，和工业场合的控制网络一样，由于控制过程要求可靠和实时性好，应用于楼宇自动化的控制网络也要求有良好的实时性和可靠性。所以实时性高和可靠性性好是

控制网络的基本属性。

应用于楼控领域的部分现场总线属于控制网络，用于控制域的工业以太网和实时以太网也是控制网络。

14.4.2 控制网络与局域网的区别

控制网络与局域网的区别如下：

（1）局域网主要用于实现小范围内计算机系统之间的互相通信及资源共享；控制网用于实现各种传感器、智能仪器仪表、智能控制装置、现场控制器、控制分站等设备之间的相互通信的数据网络。

（2）局域网传输速率高，适合大量的数据传输；控制网络传输的信息主要为控制、监测和状态信息，数据量小，传输速度较低。

（3）局域网可用于传送大数据量的文件；控制网络数据较小，传送的都是数据量较小的监测和控制指令，实时性较强。

（4）局域网实时性较低；控制网实时性较好。

1. 底层控制网络的选择：
（1）底层控制网络的种类
1）传统的通信总线；
2）现场总线；
3）基于TCP/IP的工业以太网等。
（2）底层控制网络选择原则
1）可靠性高；
2）满足具体应用场所获得通信速率和通信距离要求；
3）满足先进性、实用性与经济性相结合的原则；
4）抗干扰能力强。

2. 楼宇自控系统中常用到的控制网络
楼宇自控系统中常用到的控制网络主要有以下一些：
（1）LonWorks网络；
（2）BACnet网络；
（3）CAN总线；
（4）Modbus总线；
（5）Profibus总线；
（6）DeviceNet总线；
（7）EIB总线；
（8）工业以太网。

在楼控系统中传统的通信总线用得很多，这里说的传统的通信总线主要指串行通信总线：RS 232C（RS 232A，RS 232B）、RS 422A 和 RS 485 总线等。

14.4.3 现场总线技术

现场总线是应用在生产现场、微机化测量控制设备之间实现双向串行多点数字通信的系统，也称为开放式、数字化、多点通信的底层控制网络。现场总线是连接智能现场设备和自动化系统的数字式、双向传输、多分支结构的通信网络。使用现场总线技术构建的控制系统叫现场总线控制系统 FCS（Fieldbus Control System）。

FCS 的总体结构与集散控制系统类似，所不同的是现场控制级中的现场控制器利用智能化仪表实现了彻底的分散控制，同时克服了分散控制系统需要模拟量传输的缺点，使得系统的可靠性大大加强。

1. 现场总线控制的特点

现场总线控制系统具有以下特点：

（1）分散控制系统的通信网络接至现场控制级，现场仪表仍然是一对一的模拟信号传输，现场总线的现场设备采用智能化仪表（智能传感器、变送器或执行器等），现场总线的通信网络实现了这些智能现场仪表的互联，把通信线一直延伸到被控现场和设备。数字信号传输抗干扰能力强、精度高，无需采用过多的抗干扰措施，可有效减少系统成本。

（2）在现场总线控制系统中，不同厂商的现场设备可以实现相互通信，而且可以统一组态，构成所需的控制回路，共同实现控制策略。

（3）FCS 废弃了 DCS 的现场控制器，把现场控制器的功能块分散给现场仪表。

（4）由于现场设备或现场仪表（传感器、变送器、执行器）内嵌入了智能控制单元，这些设备通过一对传输线互连。

（5）现场总线允许使用通信线供电方式，此时现场仪表直接从通信线上摄取能量。

（6）现场总线为开放式互联网络，既可与同类网络互连，也可与不同类型网络互连。

现场总线控制系统的原理结构如图 14-11 所示。

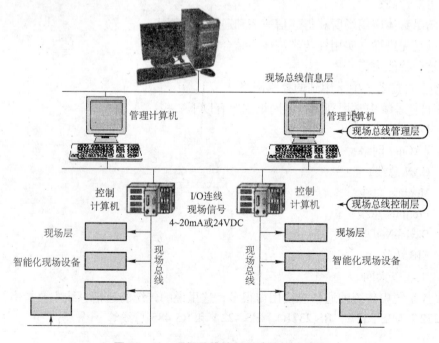

图 14-11　现场总线控制系统的原理结构

2. 集散控制系统与现场总线控制系统的区别

集散控制系统与现场总线控制系统如图 14-12 所示，二者的主要区别在于：许多智能化仪表或执行器挂接在现场总线上，而且现场总线是双向全数字的底层通信网络，而集散控制系统中的传感器和执行器均通过模拟线缆接入现场控制器，传输传感器信号和执行器信号的线路是普通连接线缆。

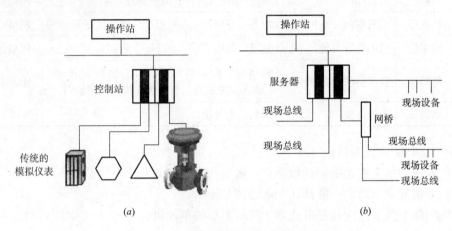

图 14-12 集散控制系统与现场总线控制系统
(a) 集散控制系统；(b) 现场总线控制系统

3. 现场总线与局域网的区别

现场总线与局域网的区别如表 14-2 所示。

现场总线与局域网的区别　　　　　表 14-2

项目	现场总线	局域网
功能	连接自控系统最底层的现场控制器和智能化仪表和设备，网络上传输的主要是数据量较小的信息和指令，如检测信息、设备工作状态信息、控制指令等。现场总线是一种传输速率不高但可靠性和实时性好的控制网络	用于连接局域网内部的组成计算机，网络中传输的文件一般数据量较大，如文本、声音、图像和视频等。局域网的数据传输速率高，但实时性要求不高
实现方式	可采用多种不同的传输介质，如：双绞线、光纤、同轴电缆、电力线、红外线、无线物理信道，实现成本不高	根据不同的网络结构和性能要求，使用双绞线、同轴电缆、光纤

14.5 LonWorks 现场总线

LonWorks 技术是美国 Echelon 公司推出的一种现场总线技术，Lon（LocalOperatingNetwork）的意思为局部操作网络，LonWorks 技术在楼宇自控系统中有较为广泛的应用。

14.5.1 LonWorks 模型分层

LonWorks 技术的通信协议为 LonTalk，采用了 ISO/OSI 模型的全部七层通信协议，其模型分层如表 14-3 所示。

模型分层　　　　　　　　　　　　　表14-3

层号	OSI层次	标准服务	LON提供的服务	处理器
7	应用层	网络应用	定义标准网络变量类型	应用处理器
6	表示层	数据表示	网络变量、外部帧传送	网络处理器
5	会话层	远程操作	请求/响应、认证、网络管理	网络处理器
4	传送层	端对端的可靠传输	应答、非应答、点对点、广播、认证等	网络处理器
3	网络层	目的地址寻址	地址、路由	网络处理顺
2	链路层	介质访问和数据组帧	帧结构、数据解码、CRC差错检测预测、CSMA磁撞回避、选择优先级、碰撞检测	MAC处理器
1	物理层	电气连接	介质、电气接口	MAC处理器

采用 LonTalk 协议的特点：
（1）发送的报文都是很短的数据，一般是几个字节到几十个字节；
（2）通信带宽不高，一般从几 kbps 到 2Mbps；
（3）网络上各节点往往是低成本、维护量小的单片机；
（4）多节点；
（5）可采用多种不同介质；
（6）可靠性高；
（7）实时性好。

14.5.2 神经元芯片

Lonworks 技术的核心之一就是由神经元芯片组成的网络节点。每个神经元芯片内部包括三个 CPU：第 1 个 CPU 为介质访问控制处理器，处理 LonTalk 协议的 1、2 层；第 2 个 CPU 为网络处理器，处理 LonTalk 协议的第 3~6 层；第 3 个 CPU 为应用处理器，执行应用程序，实现 LonTalk 协议的第 7 层（简称为媒体访问控制器、网络处理器和应用处理器）。

Lonworks 节点以神经元芯片为核心，采用 MIP（Modular Information Processor）结构。还有一种神经元节点是 HostBase 节点，在该节点中，采用神经元芯片作为通信协议处理器，用高性能的主机实现复杂的测控功能。HostBase 节点结构如图 14-13 所示。

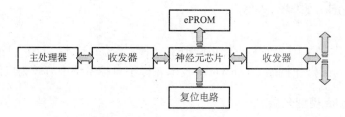

图 14-13　HostBase 节点结构

神经元节点的组成结构如图 14-14 所示。

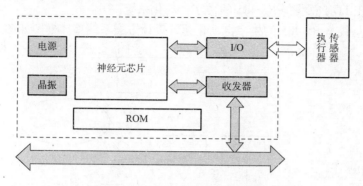

图 14-14 神经元节点的组成结构

14.5.3 LonWorks 技术在住宅小区和楼宇自动化系统中的应用举例

1. LonWorks 技术在住宅小区电能计费控制中的应用

根据自动电能计费控制要求、LonWorks 现场总线的特点及数据采集的智能节点的现场环境，自动电能计费系统选用两级计算机监控系统，即由上位管理机、LonTalk 适配器以及多个智能节点组成，节点数量可根据监控的需要增减，使用 LonWorks 现场总线作为控制和通信网络，把各节点连接成一个分布式智能控制系统，网络拓扑结构采用总线方式，传输介质采用双绞线，其网络结构如图 14-15 所示。

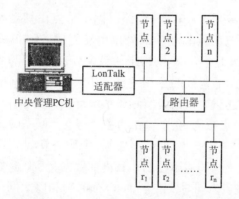

图 14-15 基于 LonWorks 技术的住宅小区自动电能计费系统框图

其中，上位机通过 LonTalk 适配器与 LonWorks 总线相连，一方面用于整个系统的集中监控与管理及分析并检测网络通信上的节点间的通信包、网络变量等的通信状况，包括通信量的分析、数据包的误码率和内容检测；另一方面用于与现场总线节点的数据交换、显示、报警、操作、参数设定等；LonWorks 接口控制器负责接收上位机下达的指令和上传本节点的实时检测参数。根据智能建筑的数量和分布情况，划分为不同的网段，网段之间使用 LonWorks 路由器相连，从而扩大了网络的容量，提高了网络的可靠性。为了提高系统的抗干扰能力，在控制器和传输介质之间加入光电隔离。数据采集的智能节点的功能是采集用电量、显示用电量、用电时间和控制用电等数据，完成对电度表的脉冲量的采集、电度量的换算和对用户用电的控制。

2. 一个基于 LON 总线与 RS 485 的楼宇自动化系统

基于 LON 总线与 RS 485 的楼宇自动化系统设计方案系统整体框图如图 14-16 所示

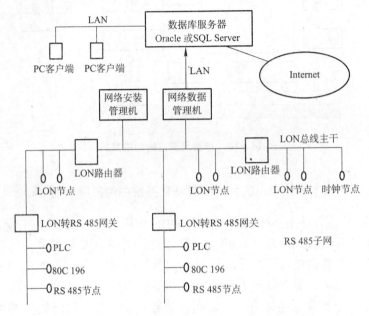

图 14-16 LON 总线与 RS 485 分级混合控制网络

系统混合网络的主干级是 LonWorks 网络，网络节点由神经元芯片和 PSD9XX 构成的核心模块，加上 FTT-10 收发器和相应的外围电路组成。LonWorks 网络的扩展通过 LonWorks 路由器实现。主干级 LonWorks 网络子网最大节点数为 128 个。混合网络的支干级是由 PLC、单片机等通用控制器构成的小型主从式 RS 485 控制网络系统，它作为混合网络的一个特殊子网存在。其通讯协议与各实际子系统有关，是非开放式专用协议。支干主从式 RS 485 网络子网最大节点数为 80 个。作为主干与支干联系的纽带，开发了 LON 总线转 RS 485 协议的专用网关。它既作为 LON 总线的一个普通节点，又是相应主从式 RS 485 控制网络的通讯主机，进行子网的通讯控制；其内部数据交换区进行网络数据的转换。主干 LonWorks 网络的数据管理机内同时安装了 LonWorks 网和以太网网卡，在控制网络和信息网络之间采用 DDE 技术来交换数据信息，从而达到实时控制网络与计算机信息网络的信息共享。

LON 总线与 RS 485 分级混合控制网络主要包括三个核心部分：LonWorks 多功能控制节点核心模块、用于扩展 LON 总线的 LonWorks 路由器和实现 LonWorks 与 RS 485 转换的网关。

3. 使用 LonWorks 技术构建楼控系统的灵活性

LonWorks 技术通过网络变量把复杂的网络通信系统设计简化为参数设置。LonWorks 总线网络中的通信过程寻址分为三级：域、子网和节点；LonWorks 网络规模可大可小，小到几十个设备，大到挂入上万个设备。

使用 LonWorks 技术组成楼宇自控系统的方式很灵活，可采用的具体结构形式也很丰富，一种基于 LonWorks 技术的楼宇自控系统如图 14-17 所示。

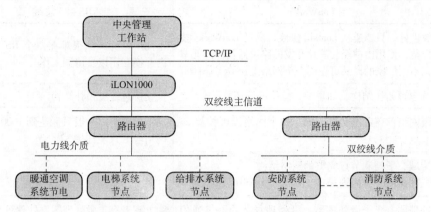

图 14-17　一种基于 LonWorks 技术的楼宇自控系统

14.5.4　LonWorks 网络与 Internet 的互联

LonWorks 技术中专门开发了一种能够使 LonWorks 网络与 Internet 互联的网关，使 LonWorks 网络可以方便地挂接到 Internet 上去，如图 14-18 所示。

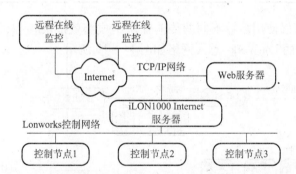

图 14-18　LonWorks 网络可以方便地挂接到 Internet

图中的 iLON 1000 就是实现接入互联网的网关。

14.5.5　LonWorks 网络与 RS 485 总线的区别

LonWorks 网络与 RS 485 总线的主要区别如表 14-4 所示。

LonWorks 网络与 RS 485 总线的主要区别　　表 14-4

	LonWorks	RS 485 总线
1	现场总线是控制域网络，体系结构完整，包括从物理层到应用层以及网络操作系统的全部内容	是网络物理层的一种规范
2	支持多种传输介质，如光纤、双绞线、同轴电缆、电力线、红外线和无线物理信道	不支持多种传输介质

233

续表

	LonWorks	RS 485 总线
3	开放性好,只要遵从 Lontalk 协议,满足 LonWorks 技术规范,使用由神经元芯片开发的路由器及神经元节点,不同厂家的产品可在同一个网络上协调工作	不同厂家的产品很难在一个 RS 485 网络内互换互用以及协调工作
4	支持多种拓扑结构,如星型、总线型等拓扑	仅支持总线型拓扑结构
5	每段网络覆盖距离为 2700m,每个网络段可挂接 64 个节点	网络覆盖距离一般只能达到 1000m,每个网络段上只能挂接 32 个节点
6	支持域、子网和节点完整的网络结构 每个网络的一个域内最多支持 32385 个节点	
7	微处理器有 3 个微处理器,可处理复杂的网络通信和网络应用程序	微处理器有 1 微处理器,处理较复杂的网络通信和应用程序能力弱
8	耐共模干扰的能力强,能够适合恶劣的应用环境	抗干扰的能力不强
9	属于对等式通信网络,各节点地位均等,部分主、从节点,工作可靠性高实时性好	主从式结构
10	维护便捷,可直接在线安装程序	无法做到这些

LonWorks 系统可以使用多种不同的传输介质组成高效能的楼控系统,一个由多种介质不同速率网段组成的 LonWorks 总线网络如图 14 – 19 所示。

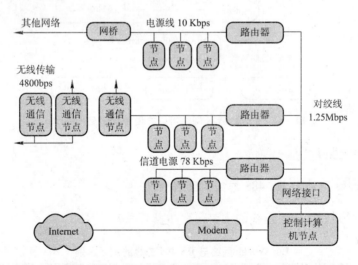

图 14 – 19 由多种介质不同速率网段组成的 LonWorks 总线网络

14.6 CAN 总线

CAN（Controller Area Network）即控制器局域网,是国际上广泛应用的现场总线之一。最初,CAN 被设计作为汽车环境中的微控制器通讯,在车载电子控制装置之间交换信息,形成汽车电子控制网络。后来应用领域迅速扩展到电力、石化、空调、建筑等许多行业。CAN 总线技术已经有相关的国际标准。

14.6.1　CAN 总线的特点

CAN 总线技术有以下特点：
（1）通信方式灵活；
（2）CAN 上节点信息可以分成不同的优先级，因此可以很好地解决通信信道争用问题；
（3）CAN 采用非破坏性总线仲裁技术；
（4）只需通过报文滤波即可实现点对点通信；
（5）直接通信距离可达 10km，数据通信速率可达 1Mbps；
（6）CAN 节点数取决于总线驱动能力，总线挂载节点数多达上百个；
（7）通信格式采用 8 字节的短帧格式，故传输时间短、抗干扰性强；
（8）每帧信息都有 CRC 校验及其检错措施，形成强大的差错控制能力；
（9）CAN 总线通信接口集成了 CAN 协议的物理层和数据链路层；
（10）通信介质，可以是双绞线，同轴电缆或光纤；
（11）CAN 节点在错误严重的情况下具有自动关闭的功能，避免影响总线上其他节点；
（12）CAN 芯片不但价格低而且供应厂商多。

14.6.2　CAN 总线的基本通信规则和 CAN 总线的分层结构

1. CAN 总线的基本通信规则

CAN 总线技术依据以下基本规则通信：
（1）总线访问规则；
（2）仲裁规则；
（3）编码/解码规则；
（4）出错标记规则；
（5）超载标记规则。

2. CAN 总线的分层结构

CAN 总线的通信协议体系的分层结构如图 14-20 所示。

14.6.3　ISO 标准化的 CAN 协议

CAN 协议经 ISO 标准化后有 ISO 11898 标准和 ISO 11519-2 标准两种。ISO 11898 和 ISO 11519-2 标准对于数据链路层的定义相同，但物理层不同。

1. 关于 ISO 11898

ISO 11898 是通信速度为 125kbps~1Mbps 的 CAN 高速通信标准。目前，ISO 11898 追加新规约后，成为 ISO 11898-1 新标准。

2. 关于 ISO 11519

ISO 11519 是通信速度为 125kbps 以下的 CAN 低速通信标准。ISO 11519-2 是

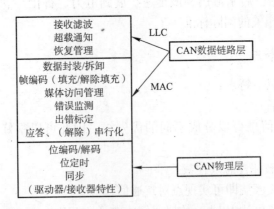

图 14-20 CAN 总线的通信协议体系的分层结构

ISO 11519-1 追加新规约后的版本。

使用 CAN 模块进行总线电气连接的方法如图 14-21 所示。

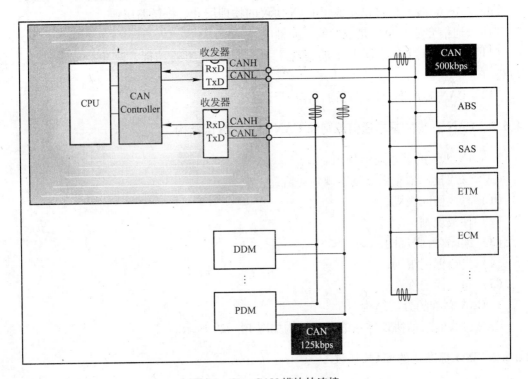

图 14-21 CAN 模块的连接

14.6.4 CAN 总线技术在楼宇自控和消防系统中的应用

一个在控制网络层使用 CAN 总线技术的楼控系统如图 14-22 所示。

一个基于 CAN 总线设计的火灾报警系统如图 14-23 所示。

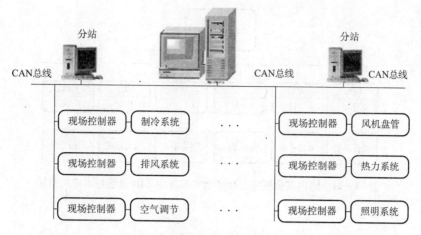

图 14-22 一个在控制网络层使用 CAN 总线技术的楼控系统

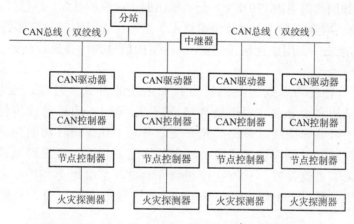

图 14-23 一个基于 CAN 总线设计的火灾报警系统

14.7 EIB 总线

EIB 总线也叫欧洲安装总线（European Installation Bus）。它在 1990 年被提出，经过十多年的发展，成为欧洲最有影响的建筑智能化现场总线标准，在欧洲得到了近 300 家厂商的支持。近年来，EIB 总线技术在会展中心、博物馆、办公大楼、别墅等场所的灯光、窗帘、空调等控制和安防系统方面获得了广泛应用。

EIB 总线技术可以采用多种不同的网络传输介质，如用双绞线、电力线、同轴电缆、无线介质等，但大多数应用场合中使用双绞线和电力线。使用双绞线时，每个物理网段可长达 1000m，传输速率为 7.6kB/s；使用电力线时，最大传输距离为 600m。

EIB 总线应用于楼宇自动化（BA）和家庭自动化（HA）领域中有着较优良的性能，所已经被美国消费电子制造商协会（CEMA）吸收作为住宅网络 EIA-776 标准。

国内某会展中心楼宇弱电系统中 EIB 总线技术应用系统如图 14-24 所示。

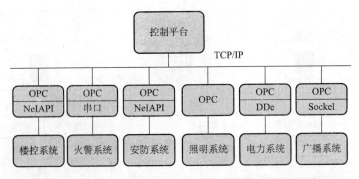

图 14-24　国内某会展中心楼宇弱电系统中 EIB 总线技术应用系统

14.8　基于 InterBus 总线的智能楼宇控制系统

InterBus 是德国跨国集团 PHOENIX 公司推出的工业现场总线。现已广泛地应用于电子工业、汽车工业、冶金工业、仓储及传送技术、造纸工业、智能建筑等行业。InterBus 作为 IEC 61158 标准之一，用于连接传感器/执行器的信号到计算机控制站，是一种开放的串行总线系统。

InterBus 也具有现场总线的共同特点，如系统的开放、可靠；现场设备模块化、智能化；系统结构高度分散、对现场环境适应强。但 InterBus 总线传输距离远，远距离传输不需要中继器来接续，系统扩充方便。各种 I/O 模块、功能模块可根据现场需要分布安装，控制器与各模块之间通过一根总线电缆相连，扩充时只要将模块接到总线上，硬件上无需更改设置，只需在控制软件上更改系统组态和添加新的功能，总线运行时，上位机可通过 InterBus OPC Server 读写过程数据和变量，从而实现对系统的监控。

以某公司厂房楼宇自动化系统为应用背景，该控制系统以空调系统控制为主，控制部分包含空调机组、冷水系统、热水系统、照明系统、排风系统、空气压缩机系统。各个控制部分距离上跨度比较大，而且 I/O 节点达 2000 多个。

针对实际系统特点，采用 InterBus 总线设计系统结构如图 14-25 所示。

图 14-25 中的组件模块说明：

BK 模块：总线耦合器；

RFC：PLC 控制器。

RFC 控制器 9 针 D 型口连接 InterBus 总线系统，通过 RFC 控制器上的以太网口连接工业以太网，RFC 控制器之间可通过以太网进行通讯。InterBus 总线两个相邻子站之间的距离为 400m。根据现场安装的需要，通过增加 InterBus 总线耦合器 BK 模块，可灵活加入新的子站。InterBus 总线为全双工数据传输方式，有极高的数据传输实时性。

现场 BK 模块是每个子站的总线耦合器，每个 BK 模块可带 63 个输入/输出模块。BK 模块之间用总线电缆进行连接。

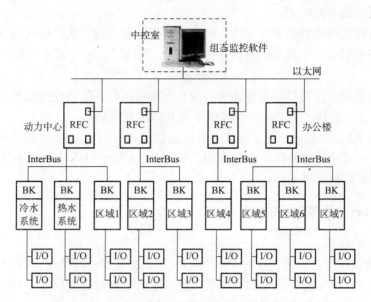

图 14-25 采用 InterBus 总线设计系统结构

14.9 BACnet 网络

14.9.1 BACnet 协议概述

在楼宇自控领域中，于 1995 年 6 月由美国采暖、制冷和空调工程师协会（American Society of Heating Refrigerrating and Air-Condition Engineers，ASHRAE）制订的 BACnet（A Data Communication Protocol For Building Automation and Control Network）协议，标准编号为 ANSI/ASHRAE Standard 135-1995，于 1995 年 6 月推出，并于当年被批准为美国国家标准和得到欧盟标准委员会的承认，成为欧盟标准草案。

一般楼宇自控设备从功能上讲分为两部分：一部分专门处理设备的控制功能；另一部分专门处理设备的数据通信功能。而 BACnet 就是要建立一种统一的数据通信标准，使得设备可以实现互通信并在互通信的基础上实现互操作。BACnet 协议只是规定了设备之间通信的规则，并不涉及实现细节。

对于 BACnet 协议，所有的网络设备，除基于 MS/TP 协议以外，都是完全对等的；每个设备实体都是一个标准"对象"或几个标准对象的集合，每个对象用其"属性"描述，并提供了在网络中识别和访问设备的方法；设备相互通信是通过读/写某些设备对象的属性，以及利用协议提供的"服务"完成。

BACnet 应用系统的部分重要特点：

（1）专门用于楼宇自控网络；
（2）BACnet 应用系统具有较好的开放性；
（3）互连特性和扩充性好；
（4）应用灵活；

(5) 应用领域不断扩大；

(6) 所有的网络设备都是对等的，但允许某些设备具有更大的权限和责任；

(7) 网络中的每一个设备均被模型化为一个"对象"，每个对象可用一组属性来加以描述和标识；

(8) 通信是通过读写特定对象的属性和相互接收执行其他协议的服务实现的，标准定义了一组服务，并提供了在必要时创建附加服务的实现机制；

(9) 由于 BACnet 标准采用了 ISO 的分层通信结构，所以可以在不同的支持网络中进行访问和通过不同的物理介质去交换数据，即 BACnet 网络可以用多种不同的方案灵活地实现，以满足不同的网络支持环境。

14.9.2 BACnet 的体系和系统拓扑

1. BACnet 的体系

BACnet 协议模型是参考 ISO 的 OSI/RM 的 7 层级模型进行简化得到的，BACnet 标准采取了简化的 4 层级结构，其中的物理层、数据链路层和网络层保留了 OSI 模型的底 3 层的结构形式，并定义了简单的应用层，如图 14-26 所示。

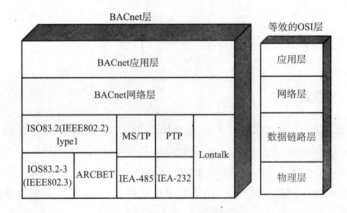

图 14-26 BACnet 的简化结构

BACnet 四层级中的最底下两层与 OSI 模型的数据链路层和物理层对应提供了 5 种选择方案。

BACnet 支持以下 6 种网络结构：

(1) 以太网，Ethernet（100Mbps）；

(2) ARCNET（2.5Mbps），这里的 ARCNET 是一种局域网技术，采用令牌总线（token-bus）方案来管理；

(3) MS/TP 子网（76.8Kbps），这是专门为楼宇自动化和控制设备设计的主-从标志传递（MS/TP: Master Slave/Token-Passing）协议，MS/TP 协议提供了网络层的界面，可控制对于 EIA-485 物理层的访问；

(4) PTP 点对点（point-to-point/serial communications/modems）；

(5) LonTalk（专用 LAN-BACnet 设备能与 LonWorks 设备共有同一种网络结构）；

(6) Virtual LANs 虚拟网络（TCP/IP，ATM，VPN 等）。

2. BACnet 应用系统的拓扑

BACnet 标准不对 BACnet 网络的拓扑做最严格的限定，目的是使应用系统有充分的灵活性。BACnet 设备可通过专用线缆或异步串行线与局域网进行物理连接。

BACnet 网络体系如图 14-27 所示。

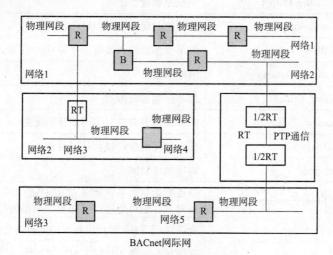

图 14-27　BACnet 网络体系

R ——中继器；

B ——网桥；

RT ——路由器；

1/2RT ——半路由器

BACnet 应用系统中，各种基本组件的作用：

（1）物理网段：通过物理线缆直接将若干 BACnet 设备连在一起形成的网络区段；

（2）网段（网络段）：由若干个物理网段通过中继器进行物理连接形成的网络区段；

（3）中继器 R：将不同的物理网段进行连接，实现网络覆盖范围的扩大；

（4）网桥 B：将若干个 BACnet 网段互连而成一个个的 BACnet 网络。每个 BACnet 网络都对应一个唯一的 MAC 地址域；

（5）路由器 RT：使用 BACnet 路由器将若干个 BACnet 网络互连，形成一个 BACnet 网际网。

14.9.3　BACnet 的对象、服务

1. BACnet 的对象和对象属性

BACnet 采用面向对象技术，提供一种表示楼宇自控设备的标准。在 BACnet 体系中，网络设备通过读取、修改封装在应用层 APDU 中的对象数据结构，实现互操作。BACnet 目前定义了 18 个对象，如表 14-5 所示，每个对象都必须有三个属性：对象标志符（Object Identifier）、对象名称（Object Name）和对象类型（Object Type）。其中，对象标志符用来唯一标识对象；BACnet 设备可以通过广播自身包含的某个对象的对象名称，与包含相关对象的设备建立联系。BACnet 协议要求每个设备都要包含"设备对象"，通过对其属性的读取可以让网络获得设备的全部信息。

第14章 楼控系统的通信网络架构

BACnet 对象 表 14–5

序号	对象名称	应用举例
1	模拟输入（Analog Input）	模拟传感器输入
2	模拟输出（Analog Output）	模拟控制量输出
3	模拟值（Analog Value）	模拟控制设备参数如设备阀值
4	数字输入（Binary Input）	数字传感器输入如电子开关 On/Off 输入
5	数字输出（Binary Output）	继电器输出
6	数字值（Binary Value）	数字控制系统参数
7	命令（Command）	向多设备多对象写多值如日期设置
8	日历表（Calender）	程序定义的事件执行日期列表
9	时间表（Schedule）	周期操作时间表
10	事件登记（Event Enrollment）	描述错误状态事件如输入值超界或报警事件。通知一个设备对象，也可通过"通知类"对象通知多设备对象
11	文件（File）	允许访问（读/写）设备支持的数据文件
12	组（Group）	提供单一操作下访问多对象多属性
13	环（Loop）	提供访问一个"控制环"的标准化操作
14	多态输入（Multi–state Output）	表述多状态处理程序的状况，如制冷设备开、关和除霜循环
15	多态输出（Multi–state Output）	表述多状态处理程序的期望状态，如制冷设备开始冷却、除霜的时间
16	通知类（Notification Class）	包含一个设备列表，配合"事件登记"对象将报警报文发送给多设备
17	程序（Program）	允许设备应用程序开始和停止、装载和卸载，并报告程序当前状态
18	设备（Device）	其属性表示设备支持的对象和服务以及设备商和固件版本等信息

2. BACnet 的服务

在 BACnet 中，把对象的方法称为服务，对象及其属性提供了对一个楼宇自控设备"网络可见信息"的抽象描述，而服务提供了如何访问和操作这些信息的命令和方法。BACnet 设备通过在网络中传递服务请求和服务应答报文实现服务。BACnet 定义了 35 种服务，并将其划分为 6 个类别：

（1）报警与事件服务（Alarm and Event Services）：包含 8 种服务；
（2）文件访问服务（File Access Services）：包含 2 种服务；
（3）对象访问服务（Object Access Services）：包含 9 种服务；
（4）远程设备管理服务：包含 11 种服务；
（5）虚拟终端服务（Virtual Terminal Services）：包含 3 种服务；
（6）网络安全服务：包含 2 种服务。

14.9.4 一个典型的 BACtalk 应用系统——BACtalk 系统

1. BACtalk 系统结构

BACtalk 系统结构分为四个层级，如图 14-28 所示。

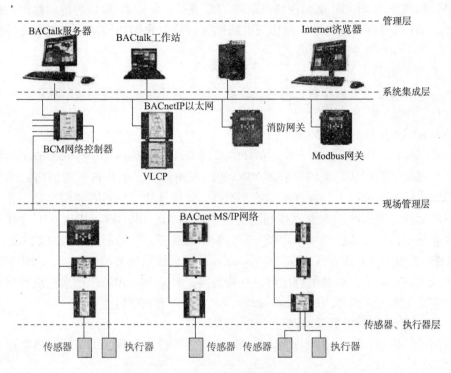

图 14-28 BACtalk 系统结构的四个层级

（1）管理层

系统的 BACnet 网络可方便地连接到本地网络及互联网络。管理层的特点是数据传输的速率高，采用以太网连接（TCP/IP）。

（2）集成层

在点对点通讯的基础上，智能型 BACnet 可编程控制器能对整体简单或复杂的站点执行全局控制策略。这些设备能无缝连接第三方系统，如火灾自动报警系统、门禁管理系统及照明系统等。

（3）现场控制层

BACtalk 系统中的集成、本地的 BACnet 逻辑控制器：VLC。每个控制器可编写程序去支持一定范围的应用，从综合的空气处理单元到末端控制单元设备，如 VAV 控制器、热泵和空气调节单元等。

（4）传感器/执行层

系统的该层级支持楼宇自控系统中的新型传感器，同时也支持传统的传感器及执行器。

2. BACtalk 控制器

（1）全局控制器

全局控制器也叫网络控制器，是连接管理域网络和控制域网络的关键设备。一般情况下，层级结构的楼控系统必须使用网络控制器来实现层级结构的构建，但不同的楼宇自控系统中，名称各不相同。

网络控制器与 BACnet 完全兼容，适用于现场控制器 VLC 的数量在 255 个以内的楼宇自控系统。

网络控制器通过 MS/TP 网和现场控制器 VLC 连接，负责对 VLC 的协调管理，数据储存。同时，BTI 通过以太网与中央操作站电脑连接，负责数据的传输，实现中央操作软件 Envision for BACtalk 的各种控制功能。

（2）现场控制器

现场控制器的种类有若干种，现场控制器直接负责采集现场传感器的监测量和控制执行器的动作。

3. BACtalk 系统的的编程环境

BACtalk 系统有着简便直观、界面友好的编程工具——VisualLogic。BACtalk 的编程包括对上位机界面的编程和对现场控制器 DDC 的编程两部分。上位机监控界面的编程主要是：在选取的被控系统图上，设置不同的监测点，或者是数字的或者是模拟的，并编辑这些监测点的属性，把这些监测点直接和现场控制器的 AI、BI、AV、BV、AO、BO 等直接联系起来，从而能时时监测每一个现场控制器的状态或者远程控制现场控制器的动作。

BACtalk 系统为用户提供了 DDC 和 VisualLogic 图形模块两种编程环境，两种不同编程环境在本质上是相同的，编制的程序可以互相转换，只是 VisualLogic 图形模块程序更容易理解，学起来更方便。对于 VisualLogic 编程，主要有以下几个特点：

（1）完全图形化 DDC 编程环境

只需简单的拖放、单击鼠标及连接图形功能模块并设定参数，即可编制出完整专业的 BACtalk 系统控制策略。

（2）编程就是画图

在绘制完成图形程序后，编制程序注释文档，简单打印 VisualLogic 图形，保存输出产生一个顺序自动操作。

（3）管理硬盘和现场控制器上 DDC 文件

通过点击鼠标，下载 DDC 程序文件到现场控制器。同时，也可以从现场控制器上下载 DDC 程序文件到 VisualLogic 软件中，并且 DDC 程序文件被转换为图形方式，便于整理和修改。

许多楼控系统的 DDC 编程软件都使用这种类似的图形模块化的编程语言，来编制 DDC 的控制程序。

4. BACnet 应用系统的网络控制器可以挂接多个不同总线网络

BACnet 应用系统的网络控制器可以挂接 MS/TP 网络、PTP 网络、ARCNET、虚拟网络，如图 14-29 所示。

在一个基于 BACnet 协议的楼控系统中，使用 MS/TP 总线做控制域网络的情况如图 14-30 所示。

5. 专用系统网关

针对不符合 BACnet 协议的第三方系统，BACtalk 备有相应的网关接口产品（如 BtP ModBus），其提供的网关可将原专用网上的数据格式"翻译"成 BACnet 兼容设备能识别

14.10 使用通透以太网的楼控系统

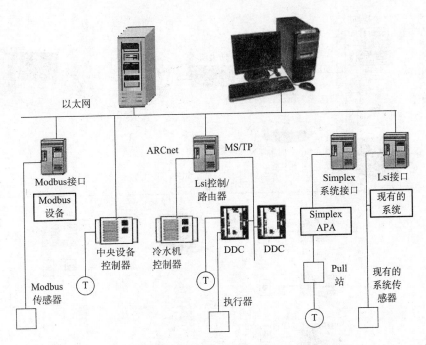

图 14-29 系统的网络控制器可以挂接多种控制总线

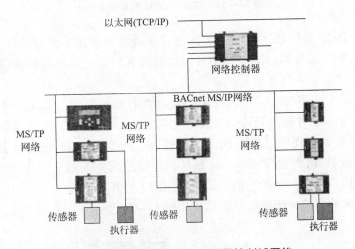

图 14-30 使用 MS/TP 总线做控制域网络

的格式，从而将其产品集成到 BACtalk 系统中。集成第三方异构系统的基本方法就是使用网关连接的方法。

14.10 使用通透以太网的楼控系统

研华 iBAS-2000 智能楼宇自动化系统就是一个采用通透以太网的楼宇自控系统，管理层和控制层采用 TCP/IP 协议，开发机服务器和控制器 DDC 通过以太网连接，每一个现场控制器 DDC 都有一个独立的 IP 地址，内部数据均采用开放性的 Modbus 通讯协议。

iBAS-2000 系统架构如图 14-31 所示。

第14章 楼控系统的通信网络架构

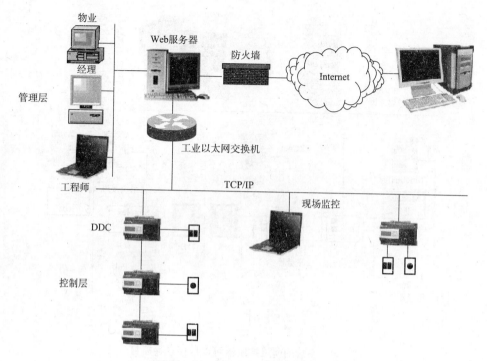

图 14-31 iBAS-2000 系统架构

研华 iBAS-2000 智能楼宇自动化系统由管理级设备和现场控制级设备两部分组成。管理级设备包括 Web 服务器、操作员站和远程登录客户端；现场控制级设备包括各种类型的现场控制器 DDC 和 I/O 扩展模块。

中央工作站系统由 PC 机、显示器、UPS 电源和打印机等设备组成，是 BAS 系统开发平台，同时作为 Web 服务器以及作为数据库记录历史数据，是 BAS 系统的核心。中央工作站通过 TCP/IP 网络与现场控制器 DDC 直接连接。所有受监控的机电设备都在这里集中监视。中央工作站 Pc 机内置 WebAccess 软件，提供给操作人员全中文菜单、人机对话、动画显示等，为用户提供一个灵活的、简单易用的工程开发工具。

一个智能小区的建筑智能化系统的结构如图 14-32 所示。

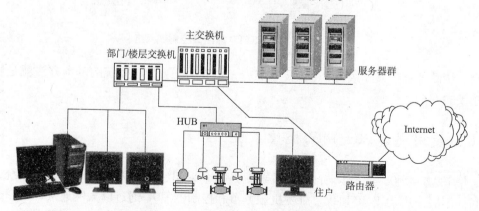

图 14-32 基于 TCP/IP 和以太网的智能小区底层控制网和信息管理网

14.11 信息域网络和控制网络组合的部分方式

遵从 IEEE 802.3 标准及协议的局域网就是以太网，楼宇自控系统的信息域网络（管理层网络）一般采用以太网。

1. 以太网和 RS 485 总线组合

一个以太网和 RS 485 总线组合的网络环境如图 14-33 所示。

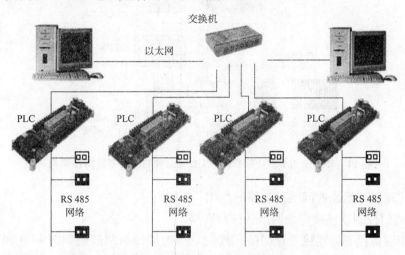

图 14-33 一个以太网和 RS 485 总线组合的网络环境

在上图中，管理层网络是以太网，控制网络是 RS 485 网络。

2. 罗克韦尔楼控系统的通信网络

一个楼控系统的通信网络架构如图 14-34 所示。

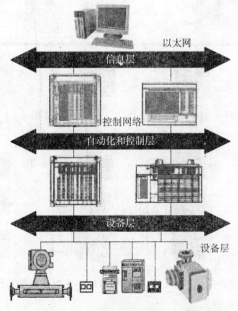

图 14-34 一个楼控系统的通信网络架构

在图 14-34 中，设备层挂接了许多传感器和执行器，在控制网络层与以太网之间挂接着网络控制器，其主要功能就是将管理网络与控制网络实现互联。

3. PROFIBUS 与以太网组合的楼控系统网络环境

一个使用 PROFIBUS 与以太网组合的楼控系统网络架构如图 14-35 所示。

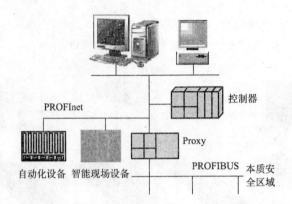

图 14-35　使用 PROFIBUS 与以太网组合的楼控系统网络架构

图中的代理服务器起着网络控制器的作用。

4. 使用通信控制器连接管理网络和控制网络

一个使用通信控制器连接管理网络和控制总线的楼控系统架构如图 14-36 所示，图中的空调系统、照明设备和给排水系统可以接在同一种控制总线上，也可以接入不同的控制总线中。

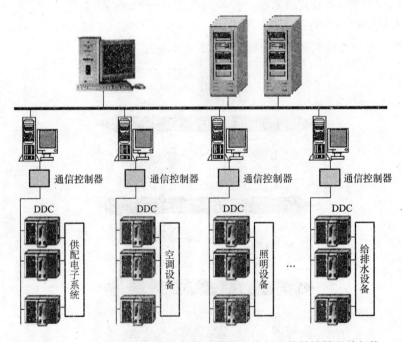

图 14-36　使用通信控制器连接管理网络和控制总线的楼控系统架构

14.11 信息域网络和控制网络组合的部分方式

5. 采用 Lonworks 总线结合以太网组态方式构成的楼宇自控化系统

一个采用 Lomworks 现场总线结合以太网组态方式构成的楼宇自控化系统如图 14-37 所示。该系统使用 PC 机来作为网络控制器来连接管理层网络和现场总线控制网络。

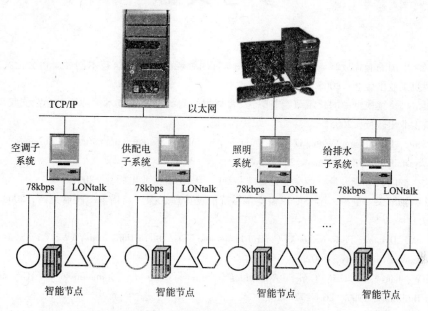

图 14-37 使用 PC 机来作为网络控制器

6. 一个以太网结合 MS/TP 网络构建的楼控系统

管理层网络是以太网，控制网络采用 MS/TP 网络的楼控系统如图 14-38 所示。MS/TP 网络是 BACnet 应用系统中的一种制式控制总线。

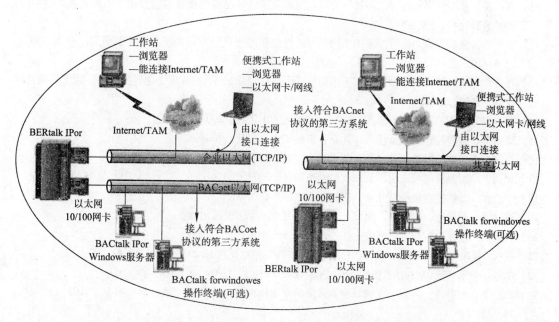

图 14-38 管理层网络是以太网，控制网络采用 MS/TP 网络的楼控系统

249

参 考 文 献

[1] 仇保兴. 中国的能源战略与绿色建筑前景.//首届智能与绿色建筑技术国际研讨会论文集. 北京：中国建筑工业出版社，2005.

[2] 徐一骐. 可持续视野中的建筑节能期望.//首届智能与绿色建筑技术国际研讨会论文集. 北京：中国建筑工业出版社，2005.

[3] Zhan Wang, Bin Zhwng, Wenlang Xu. Variable Air Volume System Application in Museums. ASME 2007 Energy Sustainability Conference, 2007.

[4] 叶大法，杨国荣. 变风量空调交流设计. 北京：中国建筑工业出版社，2007.

[5] 叶大法，杨国荣，董涛. 国外变风量空调系统的设计理念探讨与借鉴. 暖通空调，2008，38（3）：62-67.

[6] Fan Z. Y. Dynamic Performance of Control Loops and Their Interactions in a VAV HVAC System. Montreal：Concordia University，2002.

[7] Huang W, Lam H N. Using Genetic Algorithms to Optimize Controller Parameters for HVAC Systems. Energy and Buildings, 1997, 26：277-282.

[8] Kasahara M, Yamazaki T, Kuzuu Y, et al. Stability Analysis and Tuning of PID Controller in VAV systems. ASHRAE Transaction, 2001, 107（1）：285-296.

[9] 袁锋，胡益雄，杜朝辉. 变风量系统能耗及节能特性研究. 暖通空调，2005，35（3）：113-117.

[10] 孙勇，晋欣桥，杜志敏等. 变风量系统室内湿度控制分析. 上海交通大学学报，2005，39（2）：216-219.

[11] 晋欣桥，夏清，周兴禧等. 多区域变风量空调系统送风温度的优化节能控制. 上海交通大学学报，2000，34（4）：508-512.

[12] 晋欣桥，夏清，周兴禧等. 采用室内热舒适性控制的变风量空调系统节能控制研究. 节能，2000，5：6-10.

[13] 杜雪伟，王海斌，杜志敏等. 基于提前启动和建筑储能的 VAV 系统优化运行策略. 建筑热能通风空调，2007，26（5）：7-10.

[14] 蔡自兴. 智能控制原理与应用. 北京：清华大学出版社，2007.

[15] 韩力群. 智能控制理论及应用. 北京：机械工业出版社，2008.

[16] 张国忠. 智能控制系统及应用. 北京：中国电力出版社，2008.

[17] 姜长生. 智能控制与应用. 北京：科学出版社，2007.

[18] 宁胜利. 智能控制概论. 北京：国防工业出版社，2008.

[19] 党建武，赵庶旭，王阳萍. 模糊控制技术. 北京：中国铁道出版社，2007.

[20] 席爱民. 模糊控制技术. 西安：西安电子科技大学出版社，2008.

[21] 王军. 模糊解耦控制技术在VAV中的应用. 陕西师范大学学报，2002，30（2）：49-54.

[22] 李峰，李萍. 变风量空调系统的模糊控制. 仪器仪表学报，2004，25（4）：261-263.

[23] 陈艳平，安世奇，孙明. 变风量空调系统的室温模糊自适应控制. 微计算机信息，2005，21（7）：73-75.

[24] 蒋林，肖建，黄景春等. 非线性系统的输入多采样率模糊优化控制. 控制与决策，2008，23（4）：

382－387.

[25] 朱万民，陈懿华，沙立民. 基于模糊控制技术的中央空调控制器的仿真研究. 工业仪表与自动化装置，2008，2：57－59.

[26] 唐锐，文忠波，文广. 一种基于 BP 神经网络的模糊 PID 控制算法研究. 机电产品开发与创新，2008，21（2）：24－26.

[27] 侯媛彬，杜京义，汪梅. 神经网络. 西安：西安电子科技大学出版社，2007.

[28] 张良均. 神经网络实用教程. 北京：机械工业出版社，2008.

[29] Widrow B, Hoff M. Adaptive Switching Circuits. In IRE Western Electric Show and Convention Record. 1960：96－104.

[30] Widrow B, Stearns S D. Adaptive Signal Processing. Englewood Cliffs, NJ：Prentice－Hall, 1985.

[31] Widrow B, Walach E. Adaptive Inverse Control. 刘树棠，韩崇昭译. 西安：西安交通大学出版社，2000.

[32] Narendra K S, Parthasarathy K. Identification and Control of Dynamical Systems Using Neural Networks. IEEE Transactions on Neural Networks, 1990, 1（1）：4－27.

[33] Qin S, Su H, McAvoy T J. Comparison of Four Neural Net Learning Methods for Dynamic System Identification. IEEE Transactions on Neural Networks, 1992, 3（1）：122－130.

[34] Puskorius G V, Feldkamp L A. Neurocontrol of Nonlinear Dynamical Systems with Kalman Filter Trained Neural Networks. IEEE Transactions on Neural Networks, 1994, 5（2）：279－297.

[35] Lu S, Basar T. Robust Nonlinear System Identification Using Neural－Networks. IEEE Transactions on Neural Networks, 1998, 9（3）：407－429.

[36] Polycarpou M M. Stable Adaptive Neural Control Scheme for Nonlinear Systems. IEEE Transactions on Neural Networks, 1996, 3（3）：447－451.

[37] McFarlank M B, Rysdyk R T, Calise A J. Robust Adaptive Control Using Single－Hidden－Layer Feedforward Neural Networks. Proceedings of the American Control Conference. California：San Diego, June 1999：4178－4188.

[38] Gregory LP. Adaptive Inverse Control of Plants with Disturbances. Ph. D. Dissertation. Stanford：Stanford University, 1998.

[39] Caudill M, Butler C. Naturally Intelligent Systems. Cambridge, Massachusetts：MITPress, 1990.

[40] Wolpert D H. The Lack of a Priori Distinctions between Learning Algorithms. Neural Computation, 1996, 8：1341－1390.

[41] Wolpert D H. The Existence of a Priori Distinctions between Learning Algorithms. Neural Computation, 1996, 8：1391－1420.

[42] Bishop C M. Neural Networks for Pattern Recognition. London：Clarenolon Press, 1995.

[43] Weigend A. On Overfitting and the Effective Number of Hidden Units. Proceedings of the 1993 Connectionist Models Summer School, 1993：335－242.

[44] 阎平凡，张长水. 人工神经网络与模拟进化计算. 北京：清华大学出版社，2000.

[45] 舒迪前. 预测控制系统及其应用. 北京：机械工业出版社，1996.

[46] Richalet J. Model Predictive Heuristic Control：Applications to Industrial Processes. Automatic, 1978, 14（5）：413－428.

[47] Culter C R, Ramaker B L. Dynamic Matrix Control：A Computer Control Algorithm. Proceedings of Joint Automatic Control Conference. San Francisco, 1980：WP5～B.

[48] Clarke D W, Mohtadi C, Tuffs P S. Generalized Predictive Control. Automatic, 1987, 23（2）：137－160.

参考文献

[49] Seong C, Widrow B. Neural Dynamic Optimization for Control Systems – Part I: Background. IEEE Transactions on Systems, Man, and Cybernetics, 2001, 31 (4): 482-489.

[50] Seong C, Widrow B. Neural Dynamic Optimization for Control Systems – Part II: Theory. IEEE Transactions on Systems, Man, and Cybernetics, 2001, 31 (4): 490-501.

[51] Seong C, Widrow B. Neural Dynamic Optimization for Control Systems – Part III: Application. IEEE Transactions on Systems, Man, and Cybernetics, 2001, 31 (4): 502-513.

[52] 蔡敬琅. 变风量空调设计. 北京：中国建筑工业出版社, 2007.

[53] 陆亚俊, 马最良, 邹平华. 暖通空调. 北京：中国建筑工业出版社, 2007.

[54] 薛殿华. 空气调节. 北京：清华大学出版社, 1991.

[55] 刘应明. 模糊数学导论. 四川：四川教育出版社, 1990.

[56] 李安贵, 张志宏, 孟艳等. 模糊数学及其应用. 北京：冶金工业出版社, 1994.

[57] 贺仲雄, 赵大勇, 李建文等. 模糊数学及其派生决策方法. 北京：中国铁道工业出版社, 1992.

[58] 王铭文, 金长泽, 王子孝. 模糊数学讲义. 长春：东北师范大学出版社, 1988.

[59] 李鸿吉. 模糊数学基础及实用算法. 北京：科学出版社, 2005.

[60] 诸静. 模糊控制原理与应用. 北京：机械工业出版社, 2005.

[61] 王立新. 模糊系统与模糊控制教程. 北京：清华大学出版社, 2003.

[62] 谢海敏. 空调系统中的除湿技术及其节能分析. 应用能源技术, 2008. 124 (4): 35-40.

[63] 徐学利, 张立志, 朱冬生. 液体除湿研究与进展. 暖通空调, 2004. 34 (7): 22-26.

[64] 李士勇. 模糊控制·神经控制和智能控制论. 哈尔滨：哈尔滨工业大学出版社, 1998.

[65] Narendra K S, Mukhopadh S. Adaptive Control Using Neural Networks and Approximate Models. IEEE Transactions on Neural Networks, 1997, 8 (3): 475-485.

[66] Cabrera J, Narendra K S. Issues in the Application of Neural Networks for Tracking Based on Inverse Control. IEEE Transaction on Automation and Control, 1999, 44 (11): 2007-2027.

[67] Nguyen D. Applications of Neural Networks in Adaptive Control. Ph. D. Dissertation. Stanford: Stanford University, 1991.

[68] Chen L, Narendra K S. Identification and Control of a Nonlinear Discrete – Time System Based on Its Linearization: A Unified Framework. IEEE Transactions on Neural Networks, 2004, 15 (3): 663-673.

[69] Chen L. Nonlinear Adaptive Control of Discrete – time Systems Using Neural Networks and Multiple Models. Ph. D. Dissertation. New Haven, Connecticut: Yale University, 2001.

[70] Su H T, McAvoy T J, Werbos P J. Long – Term Predictive Chemical Processes Using Recurrent Neural Networks. Industrial Application of Chemical Engineering Research, 1992, 31 (8): 1338-1352.

[71] Buescher K L, Baum C C. A Two – Timescale Approach to Nonlinear Model Predictive Control [A]. Proceedings of American Control Conference. Seatle, 1995: 2250-2256.

[72] Zanarreno J M, Vega P. Neural Predictive Control: Application to a High Nonlinear System [A]. Proceeding of 13th IFAC World Conference. San Francisco, 1996: 19-24.

[73] Najim K, Rusnak A, Meszaros A. Constrained Long – Range Predictive Control Based on Artificial Neural Networks. System Science, 1997, 28 (2): 1211-1226.

[74] 陈增强, 袁著祉, 车海平. 基于神经网络的非线性系统间接自校正预测控制. 南开大学学报, 1999, 32 (2): 51-55.

[75] 张兴会, 陈增强, 袁著祉. 基于神经网络模型的非线性多步预测学习控制器. 控制与决策, 2002, 17 (增刊): 820-822.

[76] 刘晓华, 杨振光. 基于动态 BP 网络误差修正的广义预测控制. 数学的实践与认识, 2002, 32 (3): 445-449.

参考文献

[77] 陈虹,刘志远,解小华. 非线性模型预测控制的现状与问题. 控制与决策,2001(7):385-391.

[78] 靳其兵,王建辉,顾树生. 多步预测控制性能指标函数下的神经网络逆动态控制方法. 控制与决策,1999,14(4):308-312.

[79] 张日东,王树青. 基于神经网络的非线性系统多步预测控制. 控制与决策,2005,20(3):332-336.

[80] Bryson A E. Dynamic Optimization. Menlo Park,CA:Addison-Wesley-Longman,1999.

[81] Bertekas D P,Tsitsiklis J N. Neural-Dynamic Programming. Belmont,MA:Athena Scientific,1996.

[82] Nguyen D. Applications of Neural Networks in Adaptive Control. Ph. D. Dissertation. Stanford:Stanford University,1991.

[83] Plumber E S. Optimmal Terminal Control Using Feedforward Neural Networks. Ph. D. Dissertation. Stanford:Stanford University,1993.

[84] Seong C,Neural Dynamic Programming and its Application to Control Systems. Ph. D. Dissertation. Stanford:Stanford University,1999.

[85] 刘金琨. 先进PID控制及其MATLAB仿真. 北京:电子工业出版社,2003.

[86] 魏东,支谨,张明廉. 基于人工神经网络的变风量空调控制系统. 暖通空调,2005,(04):112-116.

[87] 魏东. 计算机控制系统. 北京:机械工业出版社,2007.

[88] 曹承志. 微型计算机控制技术. 北京:化学工业出版社,2008.

[89] 姚锡凡. 人工智能技术及应用. 北京:中国电力出版社,2008.

[90] 蔡宣三. 最优化与最优控制. 北京:清华大学出版社,1982.

[91] 张洪钺,王青. 最优控制理论及应用. 北京:高等教育出版社,2006.

[92] 易继锴,侯媛彬. 智能控制技术. 北京:北京工业大学出版社,1999.

[93] 孙增圻. 智能控制理论与技术. 北京:清华大学出版社,1997.

[94] 张化光,孟祥萍. 智能控制基础理论及应用. 北京:机械工业出版社,2005.

[95] 刘金琨. 智能控制. 北京:电子工业出版社,2005.

[96] 曾光奇,胡均安,王东等. 模糊控制理论与工程应用. 武汉:华中科技大学出版社,2000.

[97] 韩峻峰,李玉惠. 模糊控制技术. 重庆:重庆大学出版社,2003.

[98] 张铭钧. 智能控制技术. 哈尔滨:哈尔滨工业大学出版社,2008.

[99] 张吉礼. 模糊-神经网络控制原理与工程应用. 哈尔滨:哈尔滨工业大学出版社,2004.

[100] [美] Martin T. Hagan Howard B. Demuth Mark H. Beale. 神经网络设计. 北京:机械工业出版社,2005.

[101] 徐湘元. 自适应控制理论与应用. 北京:电子工业出版社,2007.

[102] 伍世虔,徐军. 动态模糊神经网络——设计与应用. 北京:清华大学出版社,2008.

[103] 董长虹. Matlab神经网络与应用. 北京:国防工业出版社,2007.

[104] 乔俊飞,孙雅明,柴天佑. 基于模糊预测的自适应控制方法及应用. 电工技术学报. 2000,15(4):67-70.

[105] Marsic J,Strejc V. Application of identification-free algorithm for adaptive control. Automatica,1989,25(2):273-277.

[106] 陈增强,车海平,贺江峰. 基于神经网络的二次逼近非线性自适应预测控制器. 电路与系统学报,1998,3(1):26-32.

[107] A. U. Levin and K S. Narendra,Control of nonlinear dynamical systems using neural networks,IEEE Trans on Neural Networks,1993,7(1):30-42.

[108] 陈增强,袁著祉,张燕. 基于神经网络的非线性预测控制综述. 控制工程,2002,9(4):7-10.

参考文献

[109] Yonghong Tan, Achiel R. Van Cauwenberghe. D-step-Ahead Non-linear Predictors Using Neural Networks. 14th World Congress of IFAC, Beijing, 1999.

[110] 高昇,杨延西,刘军. 模糊遗传滚动优化的 LS-SVM 预测控制研究. 系统仿真学报, 2007, 19 (6): 1277-1281.

[111] 付亮,李平. 时滞系统的 Elman 网络多步预测模糊控制方法. 南京航空航天大学学报, 2006, 38 (增刊): 66-69.

[112] 徐立鸿,胡克定. 时滞系统的多步预测控制. 控制与决策, 1994, 9 (3): 200-204.

[113] 张阿卜. 利用 BP 算法的一种自适应模糊预测控制器. 控制理论与应用, 1999, 16 (1): 105-108.

[114] 宋崇辉,王永富,柴天佑. 离散非线性系统模糊双模预测控制算法. 东北大学学报, 2004, 25 (9): 821-824.

[115] 高海燕,薄亚明,刘国栋. 模糊控制器与神经网络预估器组合控制系统的研究. 船舶力学, 2000, 4 (2): 61-64.

[116] 于标. 时变滞后系统的一种自补偿模糊控制. 工业仪表与自动化装置, 2002, 6: 16-18.

[117] 刘辉,张吉礼. 实验台送风温度规则自校正模糊控制研究. 暖通空调, 2005, 35 (12): 97-99.

[118] 张吉礼,孙德兴. 舒适性空调系统模糊控制的研究. 制冷学报, 1996, 3: 37-44.

[119] 刘斌,方康玲,蒋峥. 温度预测模糊控制系统. 武汉科技大学学报, 2000, 23 (1): 90-92.

[120] Lee C C. Fuzzy logic in control systems: fuzzy logic controller, part Ⅰ and Ⅱ. IEEE Trans Syst Man Cybern, 1990, 20 (2): 404-435.

[121] 张昊,郁滨,吴捷. 在预测领域中应用模糊控制的研究. 自动化学报, 1999, 25 (5): 620-626.

[122] 李涛,吴钢. 制冷系统 FIRNN 预测自适应模糊控制器的设计与仿真. 制冷与空调, 2006, 6 (6): 57-61.

[123] 王萌,徐奇,周健伟. 工位空调系统的能耗研究. 节能技术, 2008, 26 (148): 123-128.

[124] 徐英. 时变大纯滞后系统的单神经元预测控制. 清华大学学报(自然科学版), 2002, 42 (3): 383-386.

[125] 宋新佩. 室内空气品质改善措施. 山西建筑, 2008, 34 (11): 204-206.

[126] 冯少华. 中央空调送风系统节能改造方案及控制器电路. 电气传动, 2008, 38 (2): 58-60.

[127] 李伟,沈勇. 模糊控制在恒温车间温度控制中的应用. 计算机测量与控制, 2006, 14 (9): 1191-1193.

[128] 陈炜,王淑青. 模糊整定 PID 控制在水电机组中的应用研究. 计算机与现代化, 2006, 133 (9): 36-38.

[129] 谢海敏. 空调系统中的除湿技术及其节能分析. 应用能源技术, 2008, 124 (4): 35-40.

[130] 徐胜红. 非线性预测控制模型方法综述. 海军航空工程学院学报, 2007, 22 (6): 633-635.

[131] 高昇,杨延西,刘军. 模糊遗传滚动优化的 LS-SVM 预测控制研究. 系统仿真学报, 2007, 19 (6): 1277-1280.

[132] M. Feng, Y-X. Tao. Energy and Exergy Performance of Building HVAC System With Cogeneration Plant in Subtropical Climate [C]. ASME 2007 International Mechanical Engineering Congress and Exposition, 2007, Volume 6: 159-171.

[133] Shui Yuan, Ronald A Prerz. Model Predictive Control of Supply Air Temperature and Outside Air Intake Rate of a VAV Air-Handling Unit. ASHRAE Transaction, 2006, 112 (1): 145-161.

[134] Shui Yuan, Ronald A Prerz. Multiple-Zone ventilation and temperature control of a single-duct VAV system using model predictive strategy. Energy and Building, 2006, 38 (10): 1248-1261.

[135] Lv Hongli, Duan Peiyong, Jia Lei. One novel fuzzy controller design for HVAC systems [C]. Chinese

Control and Decision Conference, 2008: 2071 - 2076.
[136] 俞炳丰. 中央空调新技术及其应用. 北京：化学工业出版社, 2005.
[137] 徐湘元. 自适应控制理论与应用. 北京：电子工业出版社, 2007.
[138] 罗承忠. 模糊集引论. 北京：北京师范大学出版社, 2005.
[139] 佟绍成. 非线性系统的自适应模糊控制. 北京：科学出版社, 2006.
[140] 师黎. 智能控制理论及应用. 北京：清华大学出版社, 2009.
[141] 喻宗泉. 神经网络控制. 西安：西安电子科技大学出版社, 2009.
[142] 魏东. 非线性系统神经网络参数预测及控制. 北京：机械工业出版社, 2008.
[143] 胡玉玲. 模糊神经网络用于变风量空调系统末端的控制. 控制工程, 2007, 7.
[144] 张少军. 建筑智能化系统技术. 北京：机械工业出版社, 2006.
[145] 魏东, 张明廉等. 神经网络非线性预测优化控制及仿真研究. 系统仿真学报, 2005, 17（3）: 697 - 701.
[146] 付龙海, 李蒙等. 基于 PID 神经网络解耦控制的变风量空调系统. 西南交通大学学报, 2005, 40（1）: 13 - 17.